单边核磁共振

[德]F. Casanova　　[德]J. Perlo　　[德]B. Blümich　编著

李　新　肖立志　编译

石油工业出版社

内 容 提 要

本书重点阐述以核磁共振测井为代表的单边核磁共振原理和应用相关的前沿技术。主要按照单边核磁共振理论基础、仪器硬件与重点应用共三部分展开论述。第一部分介绍强非均匀磁场中的核磁共振自旋响应机理和演化过程，讨论单边核磁共振传感器信噪比最优化方法，论述基于逆拉普拉斯变换的多维核磁共振反演理论方法。第二部分详细阐述以核磁共振测井为主的各种单边核磁共振仪器（磁体系统、射频天线系统、电子系统等）及其丰富的测量技术与方案。第三部分讨论核磁共振在岩石物理和材料检测领域的重要应用和相关实例。

本书适合测井、考古、医院等相关工作人员及高等院校相关专业师生参考使用。

图书在版编目（CIP）数据

单边核磁共振／（德）F·卡萨诺瓦（F. Casanova），
（德）J·皮尔洛（J. Perlo），（德）B·布拉米克（B. Blümich）编著；
李新，肖立志编译. —北京：石油工业出版社，2022.6
书名原文：Single-Sided NMR
ISBN 978-7-5183-5103-9

Ⅰ. ①单… Ⅱ. ①F… ②J… ③B… ④李… ⑤肖…
Ⅲ. ①核磁测井-研究 Ⅳ. ①P631.8

中国版本图书馆 CIP 数据核字（2022）第 016076 号

First published in English under the title
Single-Sided NMR
edited by Federico Casanova, Juan Perlo and Bernhard Blümich
© Springer-Verlag Berlin Heidelberg 2011
This edition has been translated and published under licence from Springer Nature.

本书经 Springer Nature 授权石油工业出版社有限公司翻译出版。版权所有，侵权必究。
北京市版权局著作权合同登记号：01-2021-7421

出版发行：石油工业出版社
　　　　　（北京安定门外安华里 2 区 1 号　100011）
　　　　网　址：www. petropub. com
　　　　编辑部：（010）64523736
　　　　图书营销中心：（010）64523633
经　　销：全国新华书店
印　　刷：北京中石油彩色印刷有限责任公司

2022 年 6 月第 1 版　2022 年 6 月第 1 次印刷
787×1092 毫米　开本：1/16　印张：13
字数：320 千字

定价：120. 00 元
（如发现印装质量问题，我社图书营销中心负责调换）
版权所有，翻印必究

中文版前言

单边核磁共振（Single-Sided NMR）是核磁共振大家族中的一个独特分支，其探测区域位于传感器外部的一侧，实现了对任意大小物体的无损核磁共振测量或扫描。便携是单边核磁共振系统的重要特征，一直伴随其发展壮大，它使得核磁共振从专用实验室的局限中全面解放出来，极大地扩展了核磁共振的应用范围，开创了全新的研究领域，在包含但不限于化学、医学、生物、地学、材料、农林、食品和考古等学科中，展现出旺盛的生命力。

近年来，便携式单边核磁共振吸引了国际上一流研究机构和科学家的广泛关注。针对不同的应用需求，多种门类的单边核磁共振装置陆续问世，推动了核磁共振理论和技术的发展。从 1996 年第一只核磁共振鼠标（NMR-MOUSE）的出现至今，小型化单边核磁共振装置已经能够实现波谱、成像和弛豫等几乎所有核磁共振信息的获取，同时兼具低成本和低维护的优势。有理由相信，小型化及微型化的单边核磁共振甚至可以走进家庭，走进日常生活，从而改变人们的生活方式。

单边核磁共振的早期思想和概念发源于为井下油气原位探测而设计的"Inside-Out"核磁共振装置，后来的发展也一直与井下核磁共振息息相关。井下核磁共振面对的问题都是单边核磁共振的共性问题，具有普遍科学意义。井下核磁共振对赋存多相流体岩石的研究发现了多孔介质表面弛豫现象并建立了表面弛豫理论，还发展出多维核磁共振和逆拉普拉斯反演，成为单边核磁共振的重要方法。而在其他领域科学研究中成功的单边核磁共振新仪器和新方法又能为井下核磁共振技术提供借鉴和启发。正因如此，笔者被本书中单边核磁共振的普适理论、独特仪器和新颖应用所深深吸引，并促成本书中文版的问世。

我国单边核磁共振，尤其是便携式核磁共振和井下核磁共振的相关研究和应用正在兴起，具有巨大的需求和发展潜力。本书全面介绍了单边核磁共振领域的基本问题和前沿成果，希望有助于国内各领域相关研究人员全面系统地理解单边核磁共振的原理、方法和仪器，掌握理论和应用的最新进展，并最终在此基础上有所继承和创新。

在本书编写过程中，得到著名核磁共振专家——德国亚琛工业大学 Bernhard Blümich 教授的关怀和鼓励。在此对本书出版给予支持和帮助的专家们表示诚挚的谢意！

由于笔者水平有限，书中难免存在不足，恳请读者批评指正。

李　新

2021. 9. 5

前　　言

研究复杂分子需要高灵敏度和高分辨率的化学分析手段。这正是核磁共振界不断发展能产生更强、更均匀磁场的强大超导磁体的原因。今天，庞大的核磁共振磁体安装在能控制温度、屏蔽电磁干扰、减少磁场失真的特殊实验室内，以便在磁体内部很小的区域内实现理想的实验条件。实验样品必须被带到实验室进行测量，样品体积也须符合磁体中心的有限可用区域，大体积样品要切割才能分析。人们在早期核磁共振研究中就意识到了这个问题，核磁共振技术当时被视为描述地层原位状态下岩石性质的潜在方法。在井下利用核磁共振测量孔隙结构性质并描述储层流体的核磁共振测井技术，揭开了"Inside-Out"核磁共振的发展序幕。这种独特的测量方式将核磁共振仪器放置在物体内部或外部，无须将被测样品放置在磁体内部。

"Inside-Out"概念的实现需要核磁共振传感器将适当的静磁场和射频场投射到位于磁体外部的被测样品内。核磁共振测井仪器最初将地磁场作为极化场达30年之久，但地磁场的低灵敏度和较差的空间选择性限制了其商业成功。开放式核磁共振传感器在测量建筑材料或土壤水分中的应用激发了工程师们利用电磁铁增强磁场强度的想法，但这种设备质量很大（达300kg），工作频率也较低（约3MHz）。利用永久磁体产生静磁场是核磁共振测井仪体积成功缩小的关键，同时解决了电磁铁磁体的大功耗要求。20世纪80年代末至90年代初，不同测井公司提出了许多单边磁体结构设计，一些小型单边磁体可在传感器外部产生0.5T的磁场。例如，将传统封闭式"C"形磁体打开就能获得NMR-MOUSE的"U"形磁体结构。

在磁体外部进行核磁共振测量的最大挑战在于静磁场和射频场均具有很强的非均匀性。这种实验条件下，甚至硬脉冲都将变为选择性脉冲，偏共振效应十分明显。因此，在20世纪90年代，许多研究机构重点研究强非均匀磁场中的自旋系统在施加传统核磁共振脉冲序列（例如CPMG）过程中的响应，这将在第1章介绍。第2章阐述在开放式核磁共振传感器的磁场中，评价磁化矢量在脉冲序列施加期间的演化过程的数学工具，给出常用脉冲序列时序和用于消除共振偏移引起的多余信号的相位循环射频脉冲，讨论实现时必须考虑的系统典型特征。此外，还推导了非均匀场下核磁共振实验敏感度的一般表达式。基于分析结果，给出优化单边核磁共振传感器磁体和射频线圈来获得最高信噪比的原理。

在非均匀磁场中，弛豫时间和扩散系数是评价样品组分和状态的关键核磁共振参数。为了从弛豫和扩散测量中获得更多的信息，发展了一系列的数学工具。其中最重要的一种方法是基于计算信号衰减的逆拉普拉斯变换来获得弛豫时间分布。这种方法最初应用于一维数据体，新的算法缩短了计算时间，近期又扩展到二维实验，即通过测量多维扩散—弛豫和弛豫—弛豫关联图谱，像传统多维傅里叶核磁共振波谱那样解决信号重叠问题。第3章中将详细介绍这些内容。

最初的磁体优化基于磁场强度最大化（以强静磁场梯度为代价）和敏感区域最大化（牺牲磁场强度）来实现敏感度的最大化。为了产生便于测量的磁场剖面，对磁体设计又提出了更严格的限制。第 4 章介绍这类磁体和配套的射频天线。

沿深度方向呈固定梯度的磁场剖面非常有用，能够用于激发物体内部不同位置处、平行于传感器表面的共振切片，探明较大物体内部不同深度上的深度维结构。这类磁体再装配上沿另外两个方向产生脉冲梯度场的梯度线圈，能够获得物体三维空间图像。开放式层析成像需要改编单点成像脉冲序列，使其能在非均匀场中强制采集多个回波获得最大敏感度。第 5 章介绍如何在施加 CPMG 式脉冲序列时对不同空间位置进行编码，同时讨论用于强背景梯度下测量分子速度的脉冲梯度序列。

磁场梯度是开放式传感器不可避免的自然属性，因此出现了许多最小化偏共振效应的特殊脉冲序列设计。如何在非均匀场中获得波谱信息是十分受关注的一个挑战。人们在很长的一段时间内认为这是无法实现的，因为静磁场非均匀性通常是被检测分子微观结构产生的非均匀性的几个数量级。另外，化学位移或磁场非均匀性引起的自旋汉密尔顿函数项在形式上相同，因此人们自然地认为射频脉冲不具备区分这两种作用的能力。直到 2001 年，出现了一种能够在非均匀磁场中获得化学位移谱的新方法，该方向才获得突破。这种技术基于静磁场和射频场空间依赖性的匹配，产生的章动回波的相位只对化学位移的差异敏感。第 6 章介绍这种技术在单边核磁共振传感器上的实现方法。

在过去的几十年中，磁场非均匀性都被视为单边核磁共振传感器的固有缺陷，但近几年来获得波谱分辨能力是其重大进步。特别地，研究证明利用小型可调永磁体块组成的匀场单元能够在磁体外部产生高度均匀的磁场区域。将不同温度系数的磁体材料适当组合，还能建立具有温度自补偿功能的磁体系统。第 7 章讨论单边磁体的匀场技术和策略。

多年以来，单边核磁共振传感器已广泛应用于许多领域，包括橡胶和高分子材料产品的无损检测、食品和家畜分析、文化遗产物品的评估等。第 8 章讨论其在生物组织检测领域的应用。第 9 章讨论其在材料科学和质量控制领域的应用。第 10 章讨论单边核磁共振的硬件需求。

Federico Casanova

Juan Perlo

Bernhard Blümich

德国·亚琛

2010 年 12 月

目　　录

1 单边核磁共振简介

核磁共振（Nuclear Magnetic Resonance，简写为 NMR）现象于 1945 年被发现[1-2]，如今已发展成为一个充满无限活力的研究领域。NMR 已广泛应用于物理学、化学、生物学和医学等领域，用于获取分子级别的独特信息[3-8]。在化学领域中，NMR 是描述分子结构最有力的工具之一；在医学领域中，NMR 已经成为诊断成像的标准手段。多年来，受敏感度和波谱分辨率随磁场强度和均匀性的提高而增强的驱动，NMR 磁体系统越来越大。目前，庞大的 NMR 磁体固定安装在能控制温度、屏蔽电磁干扰和减少磁场失真的特殊实验室内以获得理想的实验条件 ［图 1.1（a）］。在此条件下，实验样品必须带到实验室才能分析，样品体积也必须符合磁体内部的有限可用区域。这些问题对于进行任意体积物体的无损检测来说无疑有很大的限制。

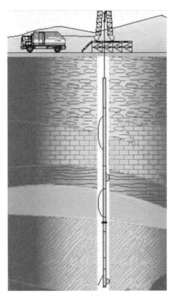

（a）德国亚琛工业大学科技与高分子化学　　　　　（b）NMR 测井示意图
研究所的 600MHz NMR 谱仪

图 1.1　NMR 仪器

在 NMR 发展早期，人们用它研究原位状态下地层岩石的性质，于是引出了将 NMR 仪器带至被测物体位置的问题。在井下利用 NMR 测量岩石孔隙流体的性质，揭开了"Inside-Out"NMR 概念发展的序幕，即把 NMR 仪器放入物体（例如地层）内部，而不是将样品放置在磁体中 ［图 1.1（b）］。这要求传感器能在被测物体内部产生强静磁场和射频（RF）场。20 世纪 50 年代，石油公司就已开始推动该领域的研究和应用[9-18]，其成果表明利用移动式 NMR 仪器可成功实施无损检测。

1.1 开放式 NMR 传感器的发展

1.1.1 NMR 测井仪器

NMR 测井仪器最初将地磁场作为极化场长达 30 年之久。这种地磁场仪器的灵敏度很低，对井眼流体和井壁地层流体的空间选择性非常差，限制了其商业成功。NMR 测井仪器获得突破在于利用永久磁体产生强于地磁场 1000 倍的静磁场。美国 Los Alamos 实验室提出的 Jackson 永磁体结构［图 1.2（a）］是首个可行的样机方案[11]。随后，Numar 公司（现为哈里伯顿公司）和斯伦贝谢公司各自推出了两种不同的 NMR 传感器，它们是目前电缆 NMR 测井服务公司中的领先者［图 1.2（b）（c）］。

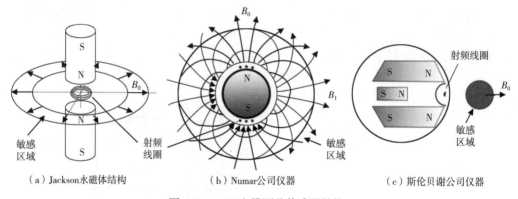

（a）Jackson 永磁体结构　　　（b）Numar 公司仪器　　　（c）斯伦贝谢公司仪器

图 1.2　NMR 电缆测井传感器结构

图 1.2（b）和图 1.2（c）为两种仪器不同的磁体系统概念。Numar 公司仪器（MRIL 系列）产生的磁场梯度相对较大，斯伦贝谢公司仪器（CMR 系列）在磁体外部产生一个"甜点"区域，区域内的磁场在若干方向上的导数为 0。虽然 Numar 公司仪器最初的想法是在磁体外部产生一个较大体积的相对均匀区域，以增加信号来源区域体积，但最终还是选择了具有相当大梯度的静磁场方案，并通过在磁体外部产生更强的静磁场提高了信噪比（SNR）。Numar 公司方案使用长圆柱磁体，沿其横轴方向磁化，在 x—y 平面上产生磁偶极子场。RF 线圈缠绕在磁体周围，产生另一个垂直于 B_0 的磁偶极子场。由于 B_0 在磁体外部的等半径圆环上是相等的，并随圆环半径 r 按 $1/r^2$ 衰减，因此可选择不同的激发频率获得来自不同深度位置的圆柱壳的核磁共振信号。与此同时，斯伦贝谢公司受 Jackson 永磁体结构启发，提出了另一种磁体结构：将传感器贴靠在井壁上，利用仪器一侧的外部磁场，通过提高磁场强度和最大化线圈填充系数来增加信噪比。磁体系统利用两块横向极化的条形磁体在地层某一位置处产生静磁场强度空间导数为零的区域，并增加第三块磁体用于在保持"甜点"区域的同时增强磁场强度［图 1.2（c）］。因为敏感区为点状而非圆环，第一感觉看上去该仪器与 Jackson 永磁体结构相比牺牲了敏感区体积，但这种结构能够通过增加磁体阵列的长度，在纵向上增加敏感区体积。

1.1.2　移动式单边 NMR 传感器

NMR 测井技术发展的同时，科学家和工程师们意识到类似的单边传感器可用于石油工业之外的其他领域[11-12,14,17]。单边 NMR 传感器早期用于检测建筑物、土壤和食物中的水分[14,17-18]，随后应用于医学、材料科学和过程控制领域[11]。美国西南研究院等研究机构还提出了适用于生产线检测的 NMR 仪器[12,14-15,17,19-20]。其他应用包括无损检测、加工处理和质量控制[11-12,16]。

图 1.3 为检测桥面 [图 1.3（a）][16]和土壤 [图 1.3（b）] 水分的早期 NMR 仪器。这类大体积仪器重达 300kg，主要利用电磁铁产生静磁场，工作频率较低（约 3MHz）。缩小这类仪器体积的关键为利用永久磁体产生静磁场，在减小仪器体积和重量的同时还解决了电磁铁的大功耗问题。美国西南研究所提出了一种单侧（OSA）NMR 传感器 [图 1.3（c）][12]，弗劳恩霍夫（Fraunhofer）无损检测研究所后来为其配套了便携式控制台 [图 1.3（d）]。

（a）检测桥面水分的电磁铁 NMR 仪器

（b）卡车携带电磁铁测量土壤水分用于刻度卫星图像（G. A. Matzkanin 提供）

（c）单侧 NMR 传感器（OSA）传感器，
西南研究所的谱仪机架和传感器

（d）弗劳恩霍夫无损检测研究所的
便携式控制台和 OSA 传感器

图 1.3　在线检测的 NMR 传感器

1.1.3　NMR-MOUSE

虽然早在几十年前就已经提出了单边 NMR 的思想，但文献显示直到 20 世纪 90 年代 NMR-MOUSE（MObile Universal Surface Explorer）的发布，才标志着对其开始系统的研究[21-22]。当认识到 NMR 成像中的绝大多数方法并不需要均匀场、而 NMR 成像中的空间编码却需要非均匀场这一事实之后，人们对 NMR 成像和材料表征技术中昂贵的均匀磁场需求提出了疑问，并开始寻找能够获得等价于 NMR 图像信息的最简单的 NMR 传感器。NMR-MOUSE 是一种小型单边 NMR 传感器，它能产生高达 0.5T 的静磁场和可调整的磁场梯度。作为一种无损检测仪器，NMR-MOUSE 被广泛应用于橡胶和高分子制品[23-30]、食品和家畜分析[24,31-34]、文化遗产的状态评估[28,35-46]等领域。单边 NMR 的进展又反过来促进了人们对高均匀场 NMR 的理解和发展。

目前，NMR-MOUSE 主要有两类磁体结构（图 1.4）。第一类为马蹄铁形磁体结构，通过打开老式的 NMR 磁体就能获得［图 1.4（a）][12,21,47]；第二类为条形磁体结构［图 1.4（b）][48-50]。当把传感器的体积限制在可手持、重量限制在 2kg 之内时，NMR-MOUSE 的敏感区最大深度约 10mm。调谐 RF 频率可以调节敏感区域到传感器表面的距离（图 1.4）。优化磁体和 RF 线圈的几何结构，能够在距离传感器表面不同深度处产生平面敏感区域。平面敏感区域方便探明较大物体的深度维结构。通过不断改变位于物体内部的切片位置可获得样品内部的剖面。常用的方法为简单地重新调谐共振频率或调整传感器与物体间距。

让 NMR-MOUSE 在敏感区域具有侧向分辨能力以实现单边层析成像是个很大的挑战。虽然专利文献中出现了许多解决磁场剖面、空间编码和信号采集的方法和概念[49,51-57]，但那时未见真正实现单边或开放式层析成像的报道。近年来，人们给 NMR 传感器装配梯度线圈来实现敏感区内的空间定位[58-60]。后来发现在非均匀场中甚至能对流体速度进行编

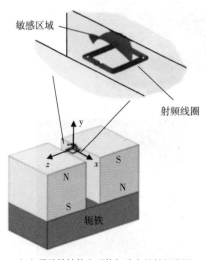

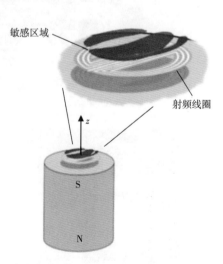

（a）马蹄铁结构和磁体气隙中的射频线圈　　　　（b）条形磁体NMR-MOUSE与位于磁体表面的"8"字形线圈（上）和原理（下）

图 1.4　单边 NMR 传感器

码和成像[61-62]。静态梯度场中的编码和检测方法使用纯相位编码与多回波采集方案来实现最大敏感度。

目前，已经开发出许多不同的单边 NMR 磁体结构[49-50,58,63]，主要设计目标有三个：（1）远离传感器表面的匀场区域[9,49,64-66]；（2）距离传感器表面一定线性距离上的磁场剖面[67-68]；（3）追求较大的探测深度（虽然特定距离上的一个恒定磁场强度的平面就足够进行切片选择成像）[69]。小型化单边 NMR 传感器已经能够满足这些要求，实现材料无损检测。

1.2 移动式 NMR 测量方法

单边 NMR 最初只能利用单个或多个回波脉冲序列（如 Hahn 回波和 CPMG 脉冲序列）测量弛豫时间 T_1 和 T_2[70-72]。随着强非均匀场下的 NMR 信号采集技术的进步，利用这类仪器能采集到越来越多的信息。除了弛豫时间之外，还出现了测量自扩散系数 D、多量子相干和其他弛豫时间、图像、速度分布、速度图像，以及不同弛豫时间和扩散系数关联性多维图谱的一系列方法。人们甚至在开放式磁体的杂散场中获得了化学位移谱，打破了过去 50 年间广泛认为在磁体外部不能测量 NMR 波谱的固有观念。

当前能够对样品进行原位 NMR 测量的方法总结如图 1.5 所示。图 1.5 给出了类似于传统 NMR 多维测量方案的一般形式。第一阶段为"磁化准备"，随后是"演化"阶段，再通过"混合"阶段，最后为"检测"阶段（典型的为 CPMG）。事实上，直接测量方法可对磁体产生的高度均匀场中的化学位移（单脉冲）或横向弛豫时间（Hahn 或 CPMG）进行频率编码。间接测量方法在重复的实验中系统地改变测量参数实现对弛豫时间、位置、分子扩散、位移或化学位移的编码。最后，改变混合时间可以研究磁化矢量在准备期和测量期之间的传递规律。本书后续章节将详细介绍这些不同的采集方法。首先集中介绍非均匀场中 NMR 原理和单边 NMR 测量方法，然后讨论单边 NMR 近年来在不同领域的应用，最后介绍单边 NMR 硬件的进展。

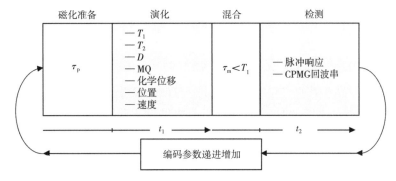

图 1.5 非均匀场中的数据采集

演化阶段：脉冲序列对弛豫、扩散、位移、位置甚至化学位移敏感；检测阶段：利用单回波或多回波串采集 NMR 信号；固定的混合时间可用来连接演化阶段和检测阶段

参 考 文 献

［1］ Bloch F（1946）Nuclear induction. Phys Rev 70（7-8）：460-474

［2］ Purcell EM, Torrey HC, Pound RV（1946）Resonance absorption by nuclear magnetic moments in a solid. Phys Rev 69（1-2）：37-38

［3］ Abragam A（1983）Principles of nuclear magnetism. Oxford University Press, Oxford

［4］ Fukushima E, Roeder SBW（1986）Experimental pulse NMR：a nuts and bolts approach. Addison Wesley, New York, NY

［5］ Slichter CP（1990）Principles of magnetic resonance, 3rd edn. Springer, Berlin

［6］ Ernst RR, Bodenhausen G, Wokaun A（1990）Principles of nuclear magnetic resonance in one and two dimensions. Oxford University Press, Cambridge

［7］ Callaghan PT（1991）Principles of nuclear magnatic resonance microscopy. Clarendon Press, Oxford

［8］ Blümich B（2000）NMR imaging of materials. Clarendon Press, Oxford

［9］ Cooper RK, Jackson JA（1980）Remote（inside-out）NMR. 1. Remote production of a region of homogeneous magnetic-field. J Magn Resonance 41（3）：400-405

［10］ Burnett LJ, Jackson JA（1980）Remote（inside-out）NMR. 2. Sensitivity of NMR detection for external samples. J Magn Reson 41（3）：406-410

［11］ Jackson JA, Burnett LJ, Harmon JF（1980）Remote（inside-out）NMR. 3. Detection of nuclear magnetic-resonance in a remotely produced region of homogeneous magnetic-field. J Magn Reson 41（3）：411-421

［12］ Matzkanin GA（1989）A review of nondestructive of composites using NMR, in：nondestructive characterization of materials. Springer, Berlin

［13］ Nordon A, McGill CA, Littlejohn D（2001）Process NMR spectrometry. Analyst 126（2）：260-272

［14］ Paetzold RF, Delosantos A, Matzkanin GA（1987, Mar）Pulsed nuclear-magnetic-resonance instrument for soil-water content measurement - sensor configurations. Soil Sci Soc Am J 51（2）：287-290

［15］ Paetzold RF, Matzkanin GA, Delosantos A（1985）Surface soil-water content measurement using pulsed nuclear magnetic-resonance techniques. Soil Sci Soc Am J 49（3）：537-540

［16］ Hogan BJ（1985）One-sided NMR sensor system measures soil/concrete moisture. Design News, May 5

［17］ Rollwitz WL（1985）Using radiofrequency spectroscopy in agricultural applications. Agric Eng 66（5）：12-14

［18］ Nicholls CI, Delosantos A（1991）Hydrogen transient nuclear-magnetic-resonance for industrial moisture sensing. Drying Technol 9（4）：849-873

［19］ Rollwitz WL, Persyn GA（1971）On-stream NMR measurements and control. J Am Oil Chem Soc 48（2）：59-66

［20］Maciel GE（1994）NMR in industrial process control and quality control. In：Nuclear magnetic resonance in modern technology. Kluwer, Academic, Dordrecht

［21］Eidmann G, Savelsberg R, Blümler P, Blümich B（1996, Sep）The NMR-MOUSE, a mobile universal surface explorer. J Magn Reson Ser A 122（1）：104-109

［22］Blümich B, Blümler P, Eidmann G, Guthausen A, Haken R, Schmitz U, Saito K, Zimmer G（1998, June）The NMR-mouse：construction, excitation, and applications. Magn Reson Imaging 16（5-6）：479-484

［23］Zimmer G, Guthausen A, Blümich B（1998）Characterization of technical elastomers by the NMR-mouse. Solid State Nucl Magn Reson 12：183-190

［24］Guthausen G, Guthausen A, Balibanu R, Eymael F, Hailu K, Schmitz U, Blümich B（2000）Soft-matter analysis by the NMR-mouse. Macromol Mater Eng 276/277：25-37

［25］Guthausen A, Zimmer G, Eymael R, Schmitz U, Blümler P, Blümich B（1998）Soft-matter relaxation by the NMR MOUSE. In：Spatially resolved magnetic resonance. Wiley-VCH, Weinheim

［26］Guthausen A, Zimmer G, Blümler P, Blümich B（1998, Jan）Analysis of polymer materials by surface NMR via the mouse. J Magn Reson, 130（1）：1-7

［27］Blümich B（2001）NMR for product and quality control of elastomers. Kautschuk Gummi Kunststoffe 54：188-190

［28］Blümich B, Bruder M（2003）Mobile NMR zur qualitätskontrolle. Kautschuk Gummi Kunststoffe 56：90-94

［29］Blümich B, Anferova S, Casanova F, Kremer K, Perio J, Sharma S（2004, July）Unilateral NMR：principles and a applications to quality control of elastomer products. Kautschuk Gummi Kunststoffe 57（7-8）：346-349

［30］Blümich B, Anferova S, Kremer K, Sharma S, Herrmann V, Segre A.（2003）Unilateral nuclear magnetic resonance for quality control. Spectroscopy 18：18-32

［31］Guthausen G, Todt H, Burk W（2002）Industrial quality control with time-domain NMR. Bruker Spin Rep 150/151：22-53

［32］Pedersen HT, Ablett S, Martin DR, Mallett MJD, Engelsen SB（2003, Nov）Application of the NMR-mouse to food emulsions. J Magn Reson 165（1）：49-58

［33］Veliyulin E, van der Zwaag C, Burk W, Erikson U（2005, June）In vivo determination of fat content in atlantic salmon（salmo salar）with a mobile NMR spectrometer. J Sci Food Agric 85（8）：1299-1304

［34］Martin DR, Ablett S, Pedersen HT, Mallett MJD（2003）The NMR mouse：its applications to food science. Magn Resona Food Sci Latest Dev 286：54-61

［35］Blümich B, Anferova S, Sharma S, Segre AL, Federici C（2003, Apr）Degradation of historical paper：nondestructive analysis by the NMR-mouse. J Magn Reson 161（2）：204-209

［36］Sharma S, Casanova F, Wache W, Segre A, Blümich B（2003, Apr）Analysis of historical porous building materials by the NMR-mouseo (r). Magn Reson Imaging 21 (3-4) : 249-255

[37] Proietti N, Capitani D, Pedemonte E, Blümich B, Segre AL (2004, Sep) Monitoring degradation in paper : non - invasive analysis by unilateral NMR. Part II. JMagn Reson 170 (1) : 113-120

[38] Casieri C, Senni L, Romagnoli M, Santamaria U, De Luca F (2004, Dec) Determination of moisture fraction in wood by mobile NMR device. J Magn Reson 171 (2) : 364-372

[39] Viola I, Bubici S, Casieri C, De Luca F (2004, July) The codex major of the collection altaempsiana : a non-invasive NMR study of paper. J Cult Heritage 5 (3) : 257-261

[40] Casieri C, Bubici S, Viola I, De Luca F (2004, Sep) A low-resolution non-invasive NMR characterization of ancient paper. Solid State Nucl Magn Reson 26 (2) : 65-73

[41] Casieri C, De Luca F, Fantazzini P (2005, Feb) Pore-size evaluation by single-sided nuclear magnetic resonance measurements : compensation of water self - diffusion effect on transverse relaxation. J Appl Phys 97 (4) : 043901

[42] Viel S, Capitani D, Proietti N, Ziarelli F, Segre AL (2004, July) NMR spectroscopy applied to the cultural heritage : a preliminary study on ancient wood characterisation. Appl Phys A Mater Sci Process 79 (2) : 357-361

[43] Poli T, Toniolo L, Valentini M, Bizzaro G, Melzi R, Tedoldi F, Cannazza G (2007, Apr) A portable NMR device for the evaluation of water presence in building materials. J Cult Heritage 8 (2) : 134-140

[44] Perlo J, Casanova F, Blümich B (2006) Advances in single-sided NMR. In : Modern magnetic resonance. Springer, Berlin

[45] Presciutti F, Perlo J, Casanova F, Gloggler S, Miliani C, Blümich B, Brunetti BG, Sgamellotti A (2008, July) Noninvasive nuclear magnetic resonance profiling of painting layers. Appl Phys Lett 93 (3) : 033505

[46] Blümich B, Casanova F, Perlo J, Presciutti F, Anselmi C, Doherty B (2010, June) Noninvasive testing of art and cultural heritage by mobile NMR. Acc Chem Res 43 (6) : 761-770

[47] Anferova S, Anferov V, Adams M, Blümler P, Routley N, Hailu K, Kupferschlager K, Mallett MJD, Schroeder G, Sharma S, Blümich B (2002, Mar) Construction of a NMR-mouse with short dead time. Concepts Magn Reson 15 (1) : 15-25

[48] Blümich B, Anferov V, Anferova S, Klein M, Fechete R, Adams M, Casanova F (2002, Dec) Simple NMR-mouse with a bar magnet. Concepts Magn Reson 15 (4) : 255-261.

[49] Fukushima E, Jackson JA (2002) Unilateral magnet having a remote uniform field region for nuclear magnetic resonance. US Patent, 6489872

[50] Rahmatallah S, Li Y, Seton HC, Mackenzie IS, Gregory JS, Aspden RM (2005, Mar) NMR detection and one-dimensional imaging using the inhomogeneous magnetic field of a portable single-sided magnet. J Magne Reson 173 (1) : 23-28

［51］ Crowley CW, Rose FH（1994）Remotely positioned MRI system. US Patent, 5304930

［52］ Fukushima E, Rath AR, Roeder SBW（1988）Apparatus for unilaterally generating a region of uniform magnetic field. US Patent, 4721914

［53］ Kikis D（1995）Magnetic resonance imaging system. US Patent, 5390673

［54］ Krieg R（1999）Pulssequenz für ein kernspintomographiegerät mit vorgegebener, zeitlich konstanter inhomogenität in einer raumrichtung und vorrichtung zur ausführung der pulssequenz. DE Patent, 195 11 835 C 2

［55］ Pissanetzky S（1992）Structured coil electromagnets for magnetic resonance imaging and method for fabricating the same. US Patent, 5382904

［56］ Pulyer YM（1998）Planar open magnet MRI system. US Patent, 5744960

［57］ Westphal M, Knüttel B（1998）Magnet arrangement for an NMR tomography system in particular for skin and surface examinations. US Patent, 5959454

［58］ Prado PJ, Blümich B, Udo Schmitz U（2000）One-dimensional imaging with a palm-size probe. J Magn Reson 144：200-206

［59］ Casanova F, Blümich B（2003, July）Two-dimensional imaging with a single-sided NMR probe. J Magn Reson 163（1）：38-45

［60］ Perlo J, Casanova F, Blümich B（2004, Feb）3D imaging with a single-sided sensor：an open tomograph. J Magn Reson 166（2）：228-235

［61］ Casanova F, Perlo J, Blümich B, Kremer K（2004, Jan）Multi-echo imaging in highly inhomogeneous magnetic fields. J Magn Reson 166（1）：76-81

［62］ Casanova F, Perlo J, Blümich B（2004, Nov）Velocity distributions remotely measured with a single-sided NMR sensor. J Magn Reson 171（1）：124-130

［63］ Prado PJ（2001, Apr）NMR hand-held moisture sensor. Magn Reson Imaging 19（3-4）：505-508

［64］ Kleinberg RL（1996）Well logging. In：Encyclopedia of NMR. Wiley-Liss, New York

［65］ Marble AE, Mastikhin IV, Colpitts BG, Balcom BJ（2005）An analytical methodology for magnetic field control in unilateral NMR. J Magn Reson 174（1）：78-87

［66］ Pulyer YM, Hrovat MI（2002）Generation of remote homogeneous magnetic fields. IEEE Trans Magn 38：1553-1563

［67］ Popella H, Henneberger G（2001）Design and optimization of the magnetic circuit of a mobile nuclear magnetic resonance device for magnetic resonance imaging. COMPEL 20：269-278

［68］ Glover PM, Aptaker PS, Bowler JR, Ciampi E, McDonald PJ（1999, July）A novel high gradient permanent magnet for the profiling of planar films and coatings. J Magn Reson 139（1）：90-97

［69］ Casanova F, Perlo J, Blümich B（2005）Depth profiling by single-sided NMR. In：NMR in chemical engineering. Wiley-VCH, Weinheim

［70］ Hahn EL（1950）Spin echoes. Phys Rev 80（4）：580-594

［71］Carr HY, Purcell EM（1954）Effects of diffusion on free precession in nuclear magnetic resonance experiments. Phys Rev 94（3）：630-638

［72］Meiboom S, Gill D（1958）Modified spin-echo method for measuring nuclear relaxation times. Rev Sci Instrum 29（8）：688-691

2 非均匀场中的核磁共振原理

2.1 简介

单边 NMR 在传感器外部激发和接收 NMR 信号，因此需要重新设计、改装传感器硬件或发展新型测量技术以适应在非均匀 B_0 场和 B_1 场中的工作[1-4]。非均匀 B_0 场中，较大被测物体的自旋系统谱宽很容易超出 RF 场强度 B_1 的范围，所有 RF 脉冲都变为选择性脉冲。RF 场的频率和幅度的空间依赖性决定了不可能对所有被激发自旋形成一致的扳转，样品内部存在一个扳转角度的分布。虽然可以以物体内部一定范围内发生的"准共振"来定义 90°脉冲，但其附近体素的磁化矢量将经历非标准的"α"角扳转（迅速偏离期望角度）。这时，α 脉冲不能将纵向磁化矢量完全扳转到横向平面上（假设样品处于初始极化热平衡状态），而是将部分磁化矢量扳转到横向平面，同时将大量磁化矢量分量保留在纵轴方向上。后续的自由演化阶段存在两类完全不同的磁化矢量发展方式，称为不同的"相干路径"。不完美的脉冲引起一系列的相干路径，路径数量随着脉冲个数的增加而急剧增加。每个相干路径在弛豫和分子自扩散的作用下表现出独特的衰减特性，这种特性还依赖于 RF 脉冲的相位（RF 脉冲引起相干路径的相位变化）。纵向磁化矢量按 T_1 规律弛豫，不受磁场梯度影响；横向磁化矢量按 T_2 规律衰减，在 B_0 梯度下发生散相。单个脉冲产生的横向磁化矢量的相位与脉冲相位成正比，剩余纵向磁化矢量则对该相位没有记忆。信号检测阶段，不同路径之间产生不期望的相互干扰，因此需要考察常用的绝大多数 NMR 脉冲序列在非均匀场中的自旋系统响应，以便找到消除非期望路径干扰的 RF 脉冲相位循环。

本章介绍描述非均匀 B_0 场和 B_1 场中的非相互作用的 1/2 自旋系统演化过程的必要数学工具。为了在矢量域描述磁化矢量的动态变化，RF 脉冲和自由演化阶段的效果均用矢量基函数 $\{M_x, M_y, M_z\}$ 表示。这种描述方式可将磁化矢量分离到由非均匀和偏共振 RF 场引起的不同相干路径中，便于识别和滤除非期望的信号、描述给定 B_0 和 B_1 空间分布下的自旋系统动态。下一节将利用这些数学工具计算脉冲序列作用下的自旋系统响应，例如 Hahn 回波[5]、CPMG[6-7]、反转和饱和恢复、受激回波。这些都是测量横向弛豫时间、纵向弛豫时间和分子自扩散系数的关键脉冲序列。分析过程中，首先考虑非均匀 B_0 场（假设 B_1 均匀）中所定义的偏共振条件；然后以表面线圈产生的 RF 场为例，考察非均匀 RF 场激发的复杂性；最后讨论如何计算强非均匀场下的信噪比。基于文中提供的方程，可优化磁体和线圈结构以获得最大传感器敏感度。

2.1.1 脉冲序列施加期间的磁化矢量演化

所有脉冲序列都是两类"事件"的连续组合：（1）RF 脉冲作用阶段；（2）自由演化

阶段。每个事件对磁化矢量的作用都用一个 3×3 的旋转矩阵表示。因此，在包含 n 个事件的脉冲序列作用下，磁化矢量 $\boldsymbol{M}(t) = \{M_x, M_y, M_z\}$ 的分量的变化规律服从 n 个矩阵的简单乘积形式：

$$\boldsymbol{M}(t) = \prod_{i=1}^{n} R_{\hat{n}_i}(\epsilon_i) \boldsymbol{M}(0)$$

式中，$\boldsymbol{M}(0) = (0, 0, M_0)$ 为初始极化平衡时的磁化矢量；$\boldsymbol{M}(t)$ 为施加脉冲序列过程中 t 时刻的磁化矢量[8]；$R_{\hat{n}_i}(\epsilon_i)$ 表示绕 $\hat{n}_i$ 轴旋转 ϵ_i 角度。

若施加的 RF 脉冲强度为 B_1，频率为 ω_{rf}，相位为 ϕ，则磁化矢量将绕有效场 $\boldsymbol{B}_{eff}$ 进动，有效场 $\boldsymbol{B}_{eff}$ 的幅度为

$$\boldsymbol{B}_{eff} = \sqrt{B_1^2 + \Delta B_0^2} \tag{2.1}$$

$\boldsymbol{B}_{eff}$ 与 z 轴的夹角为

$$\theta = \tan^{-1}(B_1 / \Delta B_0) \tag{2.2}$$

其中：

$$\Delta B_0 = B_0 - \omega_{rf} / \gamma$$

当施加的 RF 脉冲的相位为 $\pi/2$ 时，磁化矢量绕有效场进动的圆锥面轨迹如图 2.1 所示。磁化矢量将以等效磁场 $\boldsymbol{B}_{eff}$ 为旋转轴进动，若脉冲宽度为 t_p，则章动角度由下式决定：

$$\beta_{eff} = \gamma \boldsymbol{B}_{eff} t_p \tag{2.3}$$

RF 脉冲对磁化矢量分量的作用可以利用矩阵形式进行计算。为了计算的简便，首先利用坐标变换将 RF 脉冲施加之前的磁化矢量变换到临时坐标系下（临时坐标系的 z 轴沿 $\boldsymbol{B}_{eff}$ 方向，x 轴位于与由 $\boldsymbol{B}_{eff}$ 和 B_1 确定的平面内）。此坐标变换矩阵 $\boldsymbol{A}$ 与脉冲相位 ϕ 有关：

$$\boldsymbol{A} = \begin{pmatrix} \cos\theta\cos\phi & \cos\theta\sin\phi & -\sin\theta \\ -\sin\phi & \cos\phi & 0 \\ \sin\theta\cos\phi & \sin\theta\sin\phi & \cos\theta \end{pmatrix}$$

在临时坐标系下，利用矩阵 $\boldsymbol{B}$ 对磁化矢量实施绕等效磁场 $\boldsymbol{B}_{eff}$ 的扳转，扳转角度为 β_{eff}：

$$\boldsymbol{B} = \begin{pmatrix} \cos\beta_{eff} & -\sin\beta_{eff} & 0 \\ \sin\beta_{eff} & \cos\beta_{eff} & 0 \\ 0 & 0 & 1 \end{pmatrix}$$

再将得到的磁化矢量通过反旋转矩阵 $\boldsymbol{A}^{-1}$ 变换回到原坐标系下：

$$\boldsymbol{A}^{-1} = \begin{pmatrix} \cos\theta\cos\phi & -\sin\phi & \sin\theta\cos\phi \\ \cos\theta\sin\phi & \cos\phi & \sin\theta\sin\phi \\ -\sin\theta & 0 & \cos\theta \end{pmatrix} \tag{2.4}$$

综上可知，脉冲序列中的单个脉冲作用的整个过程可表示为三个矩阵的乘积：

$$\boldsymbol{P} = \boldsymbol{A}^{-1}\boldsymbol{B}\boldsymbol{A} \tag{2.5}$$

自由演化阶段，磁化矢量绕偏移场 ΔB_0 以角频率 $\Delta\omega_0$ 自由进动［图 2.1（b）］，经过

时间 τ 后的磁化矢量分量由 $\boldsymbol{M}(t+\tau) = \boldsymbol{E}\boldsymbol{M}(t)$ 得到，其中：

$$\boldsymbol{E} = \begin{pmatrix} e_2(\tau)\cos\Delta\omega_0\tau & e_2(\tau)\sin\Delta\omega_0\tau & 0 \\ e_2(\tau)\sin\Delta\omega_0\tau & e_2(\tau)\cos\Delta\omega_0\tau & 0 \\ 0 & 0 & e_1(\tau) \end{pmatrix} \tag{2.6}$$

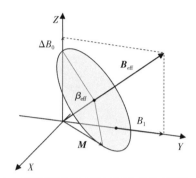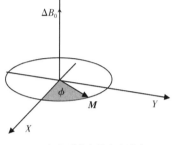

（a）射频脉冲持续时间内磁化矢量进动过程　　　　（b）磁化矢量自由进动

图 2.1　施加脉冲与脉冲完成后的磁化矢量变化

　　自由进动过程中的纵向和横向弛豫效应由衰减因子 $e_1(\tau) = \exp(-\tau/T_1)$ 和 $e_2(\tau) = \exp(-\tau/T_2)$ 实现，但在 RF 脉冲施加过程中通常做忽略处理。此衰减因子 e_1 只考虑了 T_1 衰减，而未考虑自由演化过程中的磁化矢量增量。因此，在自由演化结束时，还需要加上新增磁化矢量的增量 $\boldsymbol{M}_{\mathrm{new}}(\tau) = (0, 0, 1 - \exp(-\tau/T_1))$。这样一来，经过了时间 τ 的自由演化后的磁化矢量为 $\boldsymbol{M}(t + \tau) = \boldsymbol{E}\boldsymbol{M}(t) + \boldsymbol{M}_{\mathrm{new}}(\tau)$。利用上述数学描述方程，通过对原始磁化矢量施加正确数量的矩阵旋转，就能计算特定 B_0 场和 B_1 场下的脉冲序列施加过程中任一时间点的磁化矢量演化状态。在特定脉冲序列下，综合整个自旋系统总信号响应的方案需要将样品划分为微小的体素，在单个体素内可认为其共振频率和射频脉冲幅度是一致的。

　　本章第 2.2 节中将利用这种磁化矢量动态的计算方法分析不同脉冲序列下的自旋系统响应特征。

2.1.2　磁化矢量相干路径的分离

　　本章第 2.1.1 节中介绍了矢量基函数 $\{M_x, M_y, M_z\}$ 形式的磁化矢量演化过程。这种基函数形式可提供脉冲序列施加期间的磁化矢量演化轨迹，便于从图形角度进行理解。但是，当施加一系列具有不同相位的脉冲时，想要将磁化矢量分离为固定演化的不同相干路径时则变得极其复杂，甚至不具有可行性。这种基函数的表达方式能够分离纵向和横向磁化矢量，但不能简单地识别横向磁化矢量的散相和聚相。自旋回波序列就是产生这两类相干路径的典型例子：第 1 个和第 2 个 RF 脉冲之间的散相磁化矢量被转化为重聚磁化矢量，于第 2 个脉冲过后的特定时刻形成回波。但如果第 2 个脉冲不是完美的 180° 脉冲，正在散相的部分磁化矢量将在第 2 个脉冲过后仍然保持散相状态，该相干路径将在施加第 3 个脉冲之后产生的 4 个回波中产生贡献。将磁化矢量划分为三种相干状态：

$$M_{+1} = M_x + iM_y$$

$$M_{-1} = M_x - iM_y \tag{2.7}$$

$$M_0 = M_z$$

式中，M_{+1} 为散相；M_{-1} 为聚相；M_0 为纵向磁化矢量。

式（2.7）中的三种状态分别以符号 $q = +1$、-1 和 0 表示[9]。

依照 Hürlimann 的符号记法[4]，经历时间 τ 的自由进动可用如下矩阵描述：

$$\boldsymbol{\Gamma} = \begin{pmatrix} e_2 e^{i\Delta\omega_0\tau} & 0 & 0 \\ 0 & e_2 e^{-i\Delta\omega_0\tau} & 0 \\ 0 & 0 & e_1 \end{pmatrix} \tag{2.8}$$

式中，$e_1(\tau) = \exp(-\tau/T_1)$ 和 $e_2(\tau) = \exp(-\tau/T_2)$ 为自由演化过程中的弛豫衰减因子。

由于该矩阵只有对角元素，相干路径在自由进动阶段并不混合。M_{+1} 和 M_{-1} 仅与一个依赖于偏共振频率的相位项相乘。RF 脉冲与此正相反，将所有状态按如下矩阵旋转：

$$\boldsymbol{\Lambda} = \begin{pmatrix} \Lambda_{+1,+1} & \Lambda_{+1,-1} & \Lambda_{+1,0} \\ \Lambda_{-1,+1} & \Lambda_{-1,-1} & \Lambda_{-1,0} \\ \Lambda_{0,+1} & \Lambda_{0,-1} & \Lambda_{0,0} \end{pmatrix} \tag{2.9}$$

对于脉宽为 t_p、偏振频率为 $\Delta\omega_0$、幅度为 B_1、有效章动频率 $\Omega = \gamma B_{\text{eff}}$、相位为 ϕ 的脉冲来说，矩阵中的复杂元素为[4,10]：

$$\Lambda_{+1,\,+1} = \frac{1}{2}\left\{ \left(\frac{\omega_1}{\Omega}\right)^2 + \left[1 + \left(\frac{\Delta\omega_0}{\Omega}\right)^2\right]\cos(\Omega t_p) \right\} + i\frac{\Delta\omega_0}{\Omega}\sin(\Omega t_p)$$

$$\Lambda_{0,\,0} = \left(\frac{\Delta\omega_0}{\Omega}\right)^2 + \left(\frac{\omega_1}{\Omega}\right)^2\cos(\Omega t_p)$$

$$\Lambda_{+1,\,0} = \frac{\omega_1}{\Omega}\left\{ \frac{\Delta\omega_0}{\Omega}[1 - \cos(\Omega t_p)] - i\sin(\Omega t_p) \right\}\exp(+i\phi)$$

$$\Lambda_{0,\,+1} = \frac{1}{2}\frac{\omega_1}{\Omega}\left\{ \frac{\Delta\omega_0}{\Omega}[1 - \cos(\Omega t_p)] - i\sin(\Omega t_p) \right\}\exp(-i\phi)$$

$$\Lambda_{+1,\,-1} = \frac{1}{2}\left(\frac{\omega_1}{\Omega}\right)^2[1 - \cos(\Omega t_p)]\exp(+i2\phi)$$

$$\Lambda_{-1,\,-1} = \Lambda_{+1,\,+1}^*$$

$$\Lambda_{-1,\,0} = \Lambda_{+1,\,0}^*$$

$$\Lambda_{0,\,-1} = \Lambda_{0,\,+1}^*$$

$$\Lambda_{-1,\,+1} = \Lambda_{+1,\,-1}^* \tag{2.10}$$

由于这三种状态只在 RF 脉冲施加过程中混合，Kaiser 等[9]提出利用一组数字 q_0，q_1，q_2，$\cdots$，q_N（q_k 表示第 k 个脉冲后的相干路径，$k = 1$，$\cdots$，N）描述特定相干路径的简单索引方法。例如，施加 N 个 RF 脉冲之后被自由演化（时间为 t_k）分离的相干相位按下式计算：

$$M_{q_0,q_1,q_2,\cdots,q_N} = \prod_{k=1}^{N} \Lambda_{q_k,q_{k-1}}^{k} \times \exp\left(\mathrm{i}\Delta\omega_0 \sum_{k=1}^{N} q_k t_k\right) \times \exp\left[-\sum_{k=1}^{N}\left(\frac{q_k^2}{T_2} + \frac{1-q^2}{T_1}\right)t_k\right] \quad (2.11)$$

式中，当系统处于初始热平衡状态时 $q_0 = 0$。

可以从此表达式中发现其内在数学之美。首先，每个特定的路径均通过系数矩阵 Λ^k 与 RF 脉冲的相位相关，Λ^k 将第 k 个脉冲前后的状态联系起来。例如，如果 $q_{k-1} = -1$，并且 $q_k = +1$，则式（2.11）中的第 k 个矩阵元素 $\Lambda_{q_k,q_{k-1}}^k = \Lambda_{+1,-1}^k$ 以 $\exp(+\mathrm{i}2\phi_k)$ 的方式依赖于第 k 个脉冲的相位 [式（2.10）]。将定义路径的系数 Λ^k 相乘之后，可以得到以特定方式依赖于 RF 脉冲相位的最终相位因子，并利用该相位定义适当的相位循环来消除不需要的项。该表达式的第二个优点在于：如果第 k 个间隔中的磁化矢量保存为纵向磁化矢量 $q_k = 0$ 或无相位累积，那么在自由进动阶段的相位积累变化可以根据 q_k 的符号简单地相加或相减。如果 N 个脉冲过后，某一时间点 t_N 处满足如下条件：

$$\sum_{k=1}^{N} q_k t_k = 0 \quad (2.12)$$

则此相干路径产生一个回波。如果时间 t_k 远大于 T_2^*，则第 k 个脉冲产生的自由感应衰减（以下统称 FID）在 t_k 时间内完全散相，不会对后续自由演化时间内检测到的信号产生贡献。对于单边 NMR 传感器来说，该条件很容易满足，而不满足式（2.12）的路径将被舍弃。但必须注意，首次被第 N 个脉冲扳转至检测平面的磁化矢量在 t_N 时间内并不满足式（2.12）。但是，t_N 时间内的信号计算还应该予以保留，因为它确实产生一个在脉冲结束之后开始散相（依赖于脉冲序列的时序）的信号，并可能影响所需信号。影响式（2.11）中的磁化矢量衰减的其他因素为弛豫。

最后，使用该公式还需要满足下列条件：

$$M_{-q_0,-q_1,-q_2,\cdots,-q_N} = M_{q_0,q_1,q_2,\cdots,q_N}^* \quad (2.13)$$

这意味着除了一直处于横向平面上的磁化矢量路径之外，其他所有的路径均存在着包含相同信息的孪生路径。孪生路径在信号计算中无须考虑，计算时从产生回波的、且从 $q_N = +1$ 结束的路径中进行选择。作为惯例，认为只有 $+1$ 相干路径对信号有贡献。于是，整个信号可以根据下式计算：

$$S_{\mathrm{Re}} + \mathrm{i}S_{\mathrm{Im}} = \sum_{q_1,\cdots,q_{N-1}} \left[\mathrm{Re}(M_{q_0,q_1,q_2,\cdots,+1}) + \mathrm{iIm}(M_{q_0,q_1,q_2,\cdots,+1}) \right] \quad (2.14)$$

为了说明如何选择特定路径，下面以由 3 个具有任意相位 ϕ_1、ϕ_2 和 ϕ_3 的脉冲组成的序列为例，分析每个自由演化时间产生信号的路径。施加 3 个 RF 脉冲产生的相干路径树如图 2.2 所示[9]。第一个脉冲产生 3^1 个路径，但只有 M_{+1} 产生一个 FID 信号（FID$_1$）。经过 t_1 时间后施加的第二个脉冲序列将 3 个初始的相干路径分离为 $3^2 = 9$ 个路径。其中哪些路径能够在 t_2 时间内产生回波信号与它们是否在 t_1 产生了信号无关。寻找方法是找出具有 $q_2 = +1$ 的路径的总数。因此，能够在 t_2 内产生信号的潜在路径为 $M_{0,+1,+1}$、$M_{0,-1,+1}$ 和 $M_{0,0,+1}$。第一个路径为第一个脉冲扳转到横向平面上、但不受第二个脉冲影响的磁化矢量。如果 $t_1 \gg T_2^*$，则该路径在 t_2 内不产生任何信号，因为在施加第二个脉冲之前它已经完全散相了。第二个路径描述的是磁化矢量在 t_1 时间内散相、在 t_2 时间内聚相，并最终产生 Hahn 回波的路径。第三个路径描述的是磁化矢量在第一个脉冲结束后仍处于 z 轴、但被第二个脉冲序列扳转至横向平面上，并在第二个脉冲序列之后产生 FID（FID_2）的路径。后两个路径在 t_2 时间内相互干涉，必须进行相位循环才能将它们分离。将式（2.11）中的两类特定路径明确地写出，可以发现 Hahn 回波相位与 RF 脉冲相位有关，为 $-\phi_1+2\phi_2$；而 FID_2 的相位只与第二个脉冲的相位有关，为 ϕ_2。用于消除 FID_2 的典型相位循环包含两次实验：将第一个脉冲的相位由 0 增加至 π。这时，回波相位变化仍为 π，但 FID_2 保持不变。接收器的相位同样从 0 增加至 π，并将回波信号叠加，就能消除 FID_2，即典型的"加/减"相位循环方法。

最终，第三个脉冲将前两个回波产生的 9 个路径再次分离为 $3^3 = 27$ 个路径。以 $q_3 = +1$ 结束的 9 个路径之中，只有 5 个可以产生信号[5]。图 2.2 给出了能够产生信号的路径（假设 $t_2>t_1$），并标注了它们对 RF 脉冲相位的依赖性。表 2.1 中第一个回波是直接回波（DE），由始终位于横向平面上的磁化矢量产生（文献［1］中定义为直接回波）。第二个回波由在前两个演化阶段散相，但在第三阶段聚相的磁化矢量产生（E_{13}）。第三个回波为"受激回波（以下统称 STE）"由在第一个自由进动阶段散相，在第二个自由进动阶段保持在纵向，在第三个 t_3 阶段被第三个脉冲扳转到横向平面后聚相的磁化矢量生成。第四个回波是由被第二个脉冲扳转到横向平面上，并被第三个脉冲重聚的磁化矢量生成（E_{23}）。最后的路径是由第三个脉冲产生的信号（FID_3）。表 2.1 列举了从这 5 个信号中筛选出 STE 的相位循环方案，同时给出每个组合的脉冲相位。由于提取 STE 需要进行信号叠加，接收器相位也需要依照特定方式进行相位循环变化。这时可以发现，经过 4 次实验扫描便能够消除其他信号。如果需选择其他路径，也可以进行相应的相位循环。

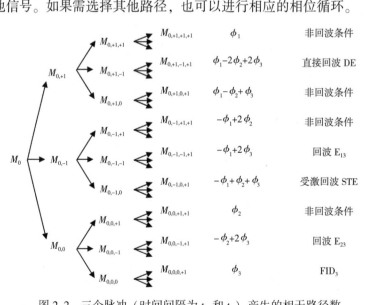

图 2.2　三个脉冲（时间间隔为 t_1 和 t_2）产生的相干路径数

第三个脉冲之后只给出了 $q_3 = \pm 1$ 的路径。所有能在第三个脉冲之后产生信号的路径必须满足回波条件式（2.12），图中给出了它们对相位 ϕ_1、ϕ_2 和 ϕ_3 的依赖

表 2.1　选择由 3 个脉冲的序列产生的受激回波的相位循环

ϕ_1	ϕ_2	ϕ_3	ϕ_{DE}	$\phi_{E_{13}}$	ϕ_{STE}	$\phi_{E_{23}}$	ϕ_{F_3}	ϕ_{rec}
0	0	0	0	0	0	0	0	0
π	0	0	π	π	π	0	0	π
0	π	0	π	π	0	π	0	0
π	π	0	π	π	0	π	0	0

第 2.1.1 节给出的向量化表达式能够直观地识别相干信号，并简化分离所需路径的正确相位循环设计，其另一个重要优势是可以考察每个特定路径受扩散衰减的影响。自由演化阶段引起磁化矢量衰减的弛豫可以简单地以乘法因子的形式填加到两种表达式上；但想要弄清扩散的影响必须知道在上一演化阶段中的相干类型，以便确定所产生的回波是直接回波还是受激回波。众所周知，直接回波和受激回波所经历的扩散衰减是不同的[5,11-13]。因此，每个路径必须使用不同的扩散因子权重。这种方案需要将给定的相干路径进行细分，以（-1，+1）、（-1，-1，+1，+1）或递增如单、双或更高次 Hahn 回波的形式；（-1，0，…，0，+1）、（-1，-1，0，…，0，+1，+1）或递增如单、双或更高次受激回波的形式。一旦确定回波类型和时序，就很容易计算对应的扩散衰减因子。因此，N 个脉冲过后的总衰减量只是这些衰减因子的乘积[4,10]。

注意，此计算过程中未包括自由演化阶段新生成的磁化矢量。演化时间 t_k 内新增的磁化矢量为 $\boldsymbol{M}^k = [0,\ 0,\ 1 - \exp(-t_k/T_1)]$，并且只需要从第 $k+1$ 个脉冲开始考虑[4]。绝大多数情况下，首个脉冲过后的自由演化阶段产生的磁化矢量是不期望出现的，可通过首个脉冲的加（减）相位循环将其消除。但在测量 T_1 时除外，因为在准备阶段之后的演化阶段生成的磁化矢量是所要测量的量。

2.1.3　NMR 信号的数值计算

一个给定 NMR 传感器探测到的信号只与产生静磁场的磁体和产生 RF 场表面线圈几何结构有关。总信号的计算方法是将物体细分为微小体素，假设单个体素中具有确定 $\boldsymbol{B}_0$ 和 $\boldsymbol{B}_1$ 场。每个体素在脉冲序列下的响应根据前面章节中介绍的磁化矢量旋转方法进行计算，总信号则是在敏感区内所有体素上积分，并在每个体素上考虑 RF 线圈对它的检测效率以计算其贡献量。

磁体阵列和轭铁或磁极产生的静磁场可利用电磁场有限元法（FEM）计算。线圈产生的 RF 场可以根据线圈结构利用毕奥—萨（Biot-Savart）方程获得，这种计算方法不考虑线圈附近的金属器件对 RF 场造成的失真影响，但在绝大多数场合下是有效的，更精确的求解需要利用有限元方法仿真。一旦知道了每个体素处的静磁场和射频场矢量分布，就可以计算每个体素内的磁化矢量演化过程。由于每个体素中的 $\boldsymbol{B}_0$ 和 $\boldsymbol{B}_1$ 在强度和方向上均不一定相同，在计算单个体素上的 RF 场作用时必须使用 RF 场与静磁场垂直的分量（设 $\boldsymbol{B}_0$ 方向为 z 方向）：

$$(B_1)_{xy} = |\boldsymbol{B}_0 \times \boldsymbol{B}_1|/B_0$$

RF 线圈除了在激发中起主要作用之外，还决定了传感器能够检测到的每个体素的 NMR 信号敏感度。敏感度不同会导致弱 $(B_1)_{xy}$ 处体素对信号的贡献有所衰减，主要有两方面影响：（1）仅有一部分磁化矢量被扳转到横向平面上；（2）检测效率相对较低。根据互易原理，每个体素对总信号的贡献可以通过位于 r 处的磁化矢量分量 M_{xy} 在 RF 线圈中感应出的电动势（EMF）来计算[14]。

$$\xi = -\partial/\partial t\left[(B_1/i)_{xy}M_{xy}\exp(i\omega_0 t)\right] \tag{2.15}$$

显然，信号检测的效率与单位电流产生的 $(B_1)_{xy}$ 成正比。因此，旋转坐标系下总的复信号可以通过将每个体素横向磁化矢量 $M_{xy}=M_x+iM_y$ 的贡献积分来获得，见下式：

$$S(t) \propto (B_1/i)_{xy}\int_{V_s}M_{xy}(r)\mathrm{d}r^3 \tag{2.16}$$

式中，磁化矢量的分量为将初始磁化矢量 $M_0=(0,0,1)$ 依照脉冲序列进行相应的旋转后在采集时刻的数值。

2.2 脉冲序列分析

利用 2.1 节给出的方程组可以很方便地计算磁化矢量对不同脉冲序列的响应和演化，这种响应和演化是偏共振和 B_1 不均匀性的函数。为简单起见，本节将假设磁场强度随深度线性减小，且 RF 场为均匀场。在这种状态下，共振频率的分布是恒定的，所有的频率都被相同的 RF 幅度激发，简化了对偏共振效应的理解。接着，当 B_1 的非均匀性的影响为可估计的情况下，通过模拟一个表面线圈的 RF 场分布来计算响应。为了仿真单边传感器中一种最常见的空间分布，样品位于传感器外部与传感器表面平行的 B_0 磁场中，RF 场由单匝环形表面线圈激发。文中使用的线圈直径为 10mm，并假定在其上部 2.5mm 处满足准共振条件。激发的平面切片所在的 RF 场可看作是近似恒定的，但在切片位置大于线圈半径后迅速衰减。这种假设条件中的 RF 场并非极端非均匀，而是具有中等梯度。

2.2.1 单个射频脉冲

最简单的脉冲序列是单个脉冲。首先考虑施加一个选择性脉冲时的磁化矢量动态变化，用于解释为什么说偏共振激发是绝大多数脉冲序列信号误差的来源。图 2.3（a）为施加单个方波 RF 脉冲后的磁化矢量分量随偏共振频率的变化（频率为偏共振 $\Delta\omega_0$ 的函数）。模拟结果假设均匀 RF 场的幅度为 B_1，所以使用 $\omega_1 t_p=\gamma B_1 t_p=\pi/2$ 来定义准共振的 90°脉冲。可以观察到，沿 y 轴施加一个 RF 脉冲时，磁化矢量并不一定保持在 x—z 平面内，而是绕有效场章动。图 2.3（b）给出了沿 y 轴施加 RF 脉冲时，磁化矢量位置随偏振频率的变化。

RF 脉冲将磁化矢量扳转至 x—y 平面上，每个频率对应的可探测信号强度为 $M_{xy}=\sqrt{M_x^2+M_y^2}$，式中 M_x 和 M_y 为图 2.3（a）的分量。M_{xy} 的幅度随偏振频率的变化关系如图 2.4（a）所示。从图中可以看出，当偏移频率与章动频率 ω_1 相当时，还能获得（近似）全信号幅度。但是其幅度随着偏移量的增加而快速衰减，说明只能在一定的带宽内实现有效激发。一般来说，通常认为脉宽为 t_p 的 RF 脉冲激发的带宽为 $\Delta v_0 = 1/t_p$。考虑到对于90°脉冲来说 $v_1 = 1/(4t_p)$，该带宽定义了图 2.4（a）中 $\Delta\omega_0/\omega_1 = \pm 2$（图中竖线所示）的区域。此带宽边界处，横向平面上的磁化矢量 $M_{xy} = 0.8$。最终，图 2.4（a）中的虚线给出了矩形脉冲对应的傅里叶变化后的 sinc 函数，也就是工作在线性响应条件下的频率响应[8]。除了预测节点位置，两条曲线的差异也不能忽略不计（特别是在脉冲激发带宽范围内），分析结果表示在预测磁化矢量演化时要使用真实的自旋响应。

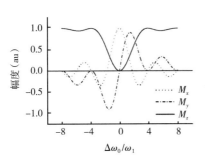 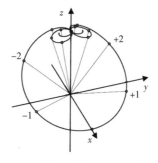

（a）施加 90° RF 脉冲后的磁化量 （b）磁化矢量方向随（a）中的
　　分量随偏振频率的变化　　　　　　　 RF 脉冲偏振频率的变化

图 2.3　单个脉冲时的磁化矢量演化

圆点标记出了偏振 $\Delta\omega_0/\omega_1 = 0$，$\pm 1$，$\cdots$，$\pm 8$ 时的磁化矢量最终位置

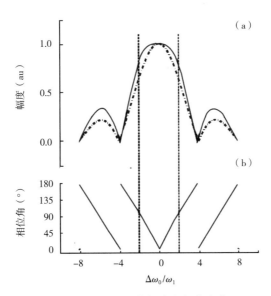

图 2.4　磁化矢量的幅度和相位变化

（a）被 RF 脉冲扳转到横向平面上的磁化矢量分量随偏振大小变化的关系。利用完美 90°脉冲达到准共振
条件，激发效率随偏移量增大而迅速降低。竖线范围为 $1/t_p$ 对应的带宽，通常作为方波脉冲的激发范围。

（b）横向磁化矢量的相位。脉冲期间磁化矢量的相位与偏移频率成高度线性相关关系，这是在施加脉冲来
重聚散相的磁化矢量时的一个重要性质

当自旋绕不同下垂角度的有效场沿圆锥形轨迹进动时，横向磁化矢量的幅度和相位均随偏移量变化。图 2.4（b）为按照 $\phi = \arctan(M_y/M_x)$ 计算得到的磁化矢量相位与激发频率的关系。相位在整个范围内几乎都呈线性变化，这在下一节讨论将磁化矢量重聚来产生回波时是一个非常重要的依据。在脉冲施加过程中，磁化矢量在 x—y 平面上的散相展布将在脉冲结束时产生重要的信号衰减。由于梯度连续存在，在脉冲结束之后的自由演化时间内（通常与 RF 探头死区时间相当），磁化矢量仍继续散相，FID 信号随之逐渐消失。因此，在存在静磁场梯度的情况下对较大物体施加一个选择性 RF 脉冲将无法探测到 FID 信号。

2.2.2　Hahn 回波的产生

当共振频率不是单一的频率而是一个分布时，将造成横向磁化矢量在施加 RF 脉冲和脉冲过后发生散相。1950 年，Hahn 首先发现能够将散相的磁化矢量重聚，这是单边 NMR 领域最重要的认识之一[5]。实现重聚需要沿 x—y 平面上某一坐标轴施加第 2 个能够产生 180°旋转的 RF 脉冲。虽然最初使用的是 90°脉冲，但人们很快发现 180°脉冲能够实现更为有效的重聚[15]。这个旋转能够改变 180°脉冲之前散相的磁化矢量的相位，并在脉冲结束之后的自由演化阶段将散相抵消。假设 90°脉冲和 180°脉冲之间的间隔为 τ，则同样需要时间 τ 的自由演化才能消除散相。在 90°脉冲发射期间内发生的散相也同样需要消除，才能获得完全的信号。由于在第一个脉冲发射期间的磁化矢量散相与偏振量呈线性关系，可以让磁化矢量在反向脉冲结束后再额外演化一段时间。如果频率范围较宽，则脉冲施加期间的散相约为自由进动期间采集到的散相的一半，所以施加 180°脉冲后需要的额外演化时间约为 $t_p/2$。但是，如图 2.4 所示的散相曲线在准共振附近的范围略大于半偏移共振频率所确定的范围，所需磁化量重聚延迟时间更长。如果信号来源带宽比脉冲激发带宽窄很多，则最优重聚时间为 $2t_p/\pi$，而不是 $t_p/2$。这个时间校正量首先由 Hürlimann 提出[16]。由于最优延迟仍然接近 $t_p/2$（与脉冲激发带宽相当），而且最优延迟带来的最小敏感度改善不大，所以下文仍将使用 $t_p/2$ 计算。

如图 2.5 所示为 Hahn 回波序列的时序，回波产生于施加重聚脉冲后 $\tau+t_p/2$ 时刻，其中 Acq 为窗内采集时间。首个 RF 脉冲施加期间的散相约为自由演化阶段相同时间的一半，所以将零点定义为 90°脉冲的中心。于是，定义回波形成时间为 t_E，该序列以 180°脉冲的

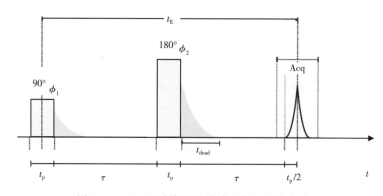

图 2.5　Hahn 回波序列的脉冲时序和回波生成

中心前后对称。重聚脉冲结束之后的额外演化时间与传统 NMR 成像中选择性脉冲结束后的梯度极性反转（为了重聚软脉冲施加期间的散相）类似[17]。

如果满足传统实验中的准共振条件，就可以较好地定义 180°脉冲。但是，如第 2.2.1 节所述，静态梯度场中的 RF 脉冲的效果依赖于共振偏移，不可能对每个共振频率都定义一个统一的 180°旋转。偏共振对重聚效率的影响可以通过假设 B_1 均匀并且根据准共振自旋定义 180°脉冲来计算。此时，有两种实现方法：（1）保持脉冲宽度不变，幅度变为原来的 2 倍；（2）保持脉冲幅度不变，宽度变为原来的 2 倍。本书的数值模拟中使用了前者。为了得到在 t_E 时刻回波形成的最终磁化矢量，应对 M_0 施加的总演化为：

$$M(t_E) = E(\tau + t_p/2) \rightarrow P(180°, \phi_2) \rightarrow E(\tau) \rightarrow P(90°, \phi_1) \rightarrow M_0 \qquad (2.17)$$

图 2.6（a）为最大回波幅度处的磁化矢量与偏共振量的变化关系。可以看出，该分量的幅度明显受到频率的调制。出现扰动的原因在于：在施加第二个脉冲的一刻，磁化矢量在横向平面上强烈地散相。由于脉冲是沿一个特定的方向施加的（本例为 x 轴），因而施加脉冲时处于与 RF 场同向的矢量不受脉冲影响（至少对于小偏移量成立）。但是，位于 y 轴上的矢量将沿有效场旋转，并与特定的偏移对应。对于较小的共振频率偏移来说，旋转角度接近于理想的 180°，磁化矢量在脉冲结束之后沿 y 轴方向。但是，随着偏移量的增加，磁化矢量的轨迹离理想值越来越远，造成 x—y 平面内磁化量分量的衰减。由于延迟 τ 越大，相位散开也越大，较小的偏移量可以完成绕 z 轴的旋转，且扰动频率随 τ 增大而增大。由于回波形成时受到反相磁化矢量组分之间的破坏性干扰，导致在实际实验中无法观察到这种扰动。因此，在模拟中有必要考虑实际实验探测到的信号中同时含有多种不同频率的信号，并在时间域内遭受强烈干扰。一种消除干扰的方法是在深度方向上产生恒定梯度的磁体结构中使用较薄的样品，这样就可以对每个频率的信号幅度进行独立的采样来重现模拟结果。

这里用于计算磁化矢量的数学工具可以很方便地用于计算脉冲序列生成的 NMR 信号。以往的信号计算需要真实静磁场和 RF 场的信息，这里假设静磁场沿深度维方向线性变化，并假设 RF 场为均匀场。在这个简化条件下，特定时刻的实部和虚部信号计算方法采用的

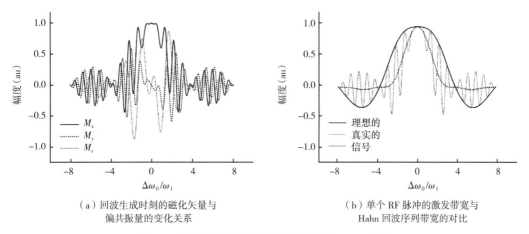

（a）回波生成时刻的磁化矢量与   （b）单个 RF 脉冲的激发带宽与
      偏共振量的变化关系   Hahn 回波序列带宽的对比

图 2.6   利用数学方法计算磁化矢量和 NMR 信号

是将频带范围（大于 RF 脉冲激发脉宽）内的很大数量的偏移值对应的 M_x 和 M_y 磁化矢量相加。

如图 2.6（b）所示分别为对所有频率施加理想 180° 脉冲和对准共振自旋施加真实的脉冲来确定 180° 旋转时，在 x 轴方向上产生的磁化量的对比。前者将第一个回波确定的谱线完整恢复（实线）。重聚脉冲施加期间的共振偏移引起的扰动行为是频率的函数（点线），将谱分布的有效可测量范围（回波信号的傅里叶变换频谱）减小了一半（虚线）。由于 RF 脉冲宽度决定脉冲序列的激发带宽，回波宽度同样依赖于脉冲持续时间：脉宽越长，回波越宽。一般来说，回波宽度约等于脉冲宽度。

考虑到可以通过叠加所采集到的信号点来改善回波的信噪比，那么如何设置采集时窗的长度使敏感度最大化？想要回答这个问题，需要知道给定 t_p 时的回波包络形状。这里对假设频率为均匀分布且 RF 场是均匀场的条件下产生的 Hahn 回波形状展开讨论。如图 2.7 所示为采用不同时窗时的信噪比变化规律，信噪比为所采集的数据点之和（总信号）与数据点个数的平方根的比值。由于噪声功率对所有点都是相同的，信号幅度随着偏离回波中点的程度而下降，当信号采集时窗长度与激发所用 RF 脉冲长度相等时敏感度最高。更详细的讨论可以在文献［8］的第 152 页中找到。

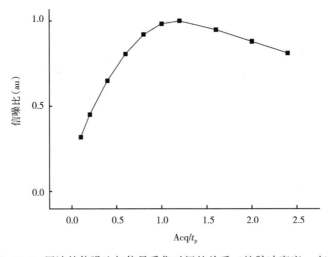

图 2.7　Hahn 回波的信噪比与信号采集时间的关系（按脉冲宽度 t_p 归一化）

为了采集位于时窗中心的回波，所用时序需要在施加完 180° 脉冲之后的 $\tau + t_p/2 - \mathrm{Acq}/2$ 时刻进行开窗采集，其中 Acq 为窗内采集时间。由于谐振电路激发和探测信号的带宽是有限的，需要引入一个正比于线圈品质因子 Q 的短延迟偏移（sh）。sh 需要被增加到第二个脉冲和采集窗之间，sh 的数值大小（通常几微秒）需要根据每个探头单独确定。这样就可以根据电路的死区时间 t_{dead}、采集时间、脉冲长度来确定可用的最短 τ，即 $\tau > t_{dead} + \mathrm{Acq}/2 - t_p/2 - sh$。想要缩短 τ，也可以在回波最大值处开窗来采集半个回波信号，但这是以牺牲敏感度为代价的。

第二个 RF 脉冲的相位影响回波的相位，但不影响对已散相的磁化矢量的重聚效率。在此例中，选择沿 y 轴施加 90° 脉冲、沿 x 轴施加 180° 脉冲的方案，因此产生的回波沿

x轴。通常使用至少两次实验进行相位循环（+/−），这需要在两次实验中首先沿+y轴施加90°脉冲，再沿−y轴施加90°脉冲，而一直保持180°脉冲的相位沿+x轴不变。第一个脉冲的相位循环改变了回波的相位，同时需要将接收器的相位从+x变到−x，以便能够实行信号叠加。

相位循环的作用体现在两个方面：（1）消除被非理想180°脉冲扳转至横向平面上的磁化量对信号的贡献（路径$M_{0,0,+1}$）；（2）消除谐振电路死区时间引起假信号和施加180°脉冲引起的振铃。由于所施加的180°脉冲的相位相同，因此可认为这些无用信号在两次实验中是相同的，一旦这些信号达到能被接收器探测的电压范围，它们就能够被这种正/负相位循环所消除。需要注意的是，对于非常短的回波间隔而言，首个RF脉冲产生的振铃甚至能一直存在到回波形成阶段，这时必须采用表2.2的相位循环方案。该方案能够同时消除小静磁场梯度中由于回波间隔太短导致的第一个RF脉冲引起的信号的残留（路径$M_{0,0,+1}$）及施加180°脉冲引起的振铃。

表 2.2　对 Hahn 回波进行第一脉冲和第二脉冲滤波并消除相应振铃的相位循环

ϕ_1	ϕ_2	ϕ_{rec}
+π/2	0	0
−π/2	0	π
+π/2	+π/2	π
−π/2	+π/2	0

Hahn 回波序列测量极短弛豫时间（几个谐振电路死区时间范围）的能力引起了人们的兴趣。因为如果弛豫时间过短，多回波序列只能产生很少数量的回波，并且使测得的样品T_2不准确。虽然共振偏移导致在样品内部形成一个扳转角度的分布，但是产生回波的磁化矢量在整个序列中作为横向磁化矢量进行演化，并单纯地按T_2衰减（不存在 CPMG 中的T_1污染）。在这种情况下，施加不完美的旋转来重聚由磁场不均匀性引起的散相时，不影响脉冲序列测得信号的时间衰减特性，即期望能与均匀场中测量得到的一致。但在测量强梯度场中的流体时例外，因为梯度磁场中的分子自扩散效应将引起信号幅度的额外衰减。非受限布朗运动条件下的衰减为：

$$S(t_E) = S_0 \exp\left(-\frac{t_E}{T_2} - \frac{1}{12}\gamma^2 G_0^2 D t_E^3\right) \tag{2.18}$$

对于静磁场梯度恒定的传感器来说，Hahn 回波是一种很灵敏的扩散系数测量方法。因为单边传感器产生的磁场梯度很大，能够测量非常小的扩散系数。目前，Hahn 回波序列已经发展成了研究高分子材料的有效手段，在应用中通常利用多指数方程或结合指数和高斯方程来拟合其回波衰减曲线。

2.2.3　CPMG 脉冲序列

单边 NMR 传感器的成功主要依赖于能够重聚静磁场不均匀性引起的散相来产生回波串的多回波脉冲序列。对于绝大多数样品来说，Hahn 回波序列最小回波间隔远小于T_2，施加一系列具有正确相位的重聚脉冲能够产生大量的回波。Carr 和 Purcell[6]首先提出利用重复性的重聚脉冲，一次测量实验就能获得样品的 T_2 分布。最初的脉冲序列采用的重聚脉冲相位与第一个脉冲相同，重聚脉冲扳转角度的微小误差随着回波数量的增加不断累加，导致出现较大累计误差，从而造成测量结果失真。Meiboom 和 Gill[7]不久后提出了修正的 CP 脉冲序列，即 CPMG 脉冲序列，如图 2.8 所示。

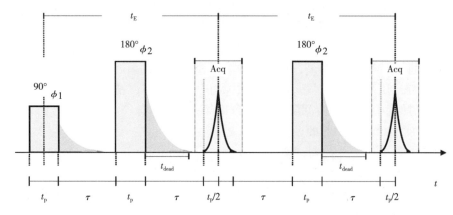

图 2.8　CPMG 脉冲序列的时序

第一个脉冲和后面一串 180°脉冲的相位相差 90°，消除了 RF 脉冲不完美和偏共振效应引起的累计失真。前两个脉冲之间的时间间隔不严格等于两个 180°脉冲间隔的一半，而是要比后者短 $t_p/2$。正如第 2.2.2 节所述，调整这个额外的时间能够改进敏感度[16]，但使用 $t_p/2$ 也具有相近的效果

Meiboom 和 Gill 所做的改进将首个脉冲与 180°脉冲的相位相差 90°，消除了 RF 脉冲不完美和偏共振效应引起的累计失真。因此，CPMG 能够用于强非均匀场，并且具有非常好的效果。如图 2.9 所示为 CPMG 脉冲序列产生的前几个回波的特征。计算使用的参数为 $t_E=0.2\text{ms}$，$t_p=10\mu\text{s}$，并假设 T_2 和 T_1 为无穷大。如图 2.9 所示，前三个回波的瞬态效应

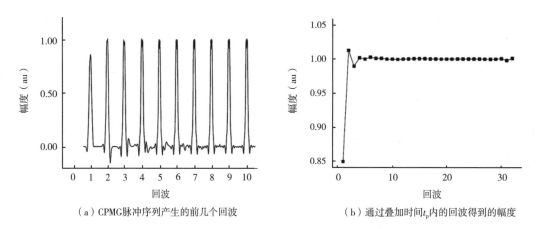

（a）CPMG脉冲序列产生的前几个回波　　　　　　　（b）通过叠加时间 t_p 内的回波得到的幅度

图 2.9　CPMG 脉冲序列施加过程中的信号特征

与前面章节的讨论一样，假设 RF 场是均匀的，回波由分布在带宽为 $\pm 2t_p$ 内的 2500 个频率的信号叠加而成。用于离散化带宽的频率数量依赖于序列的总时间 T。根据经验，总带宽必须除以频率步长 $1/T$

过后，信号幅度保持恒定，表明磁场的非均匀性没有引起这些回波信号的损失。CPMG 脉冲序列通常使用简单的"加/减"相位循环，具体为保持 ϕ_2 不变，循环 ϕ_1 和接收相位（0 到 π）。

前人对 CPMG 脉冲序列施加过程中的磁化矢量动态演化进行了广泛研究[1-3]。不同学者发现，检测到的回波串中的回波信号为不同相干路径磁化矢量的复杂叠加，磁化矢量可能不停地在纵向和横向平面之间交替变化。例如，首个回波由只在横向平面内演化的磁化矢量形成（路径为 $M_{0,-1,+1}$），而第 2 个回波由横向平面内的信号与受激回波组合而成，产生此受激回波的磁化矢量由第 1 个脉冲时储存在 z 轴上，并由第 2 个脉冲将其带回至横向平面从而被探测到（路径分别为 $M_{0,+1,-1,+1}$ 和 $M_{0,-1,0,+1}$）。随着回波个数的增加，对回波产生贡献的路径数量也随之增加。在强非均匀场中，路径的叠加效果很快达到稳态，从而使 3~4 个回波之后的信号幅度保持稳定不变（假设不存在弛豫）。典型的特征为首回波的幅度最小，第 2 个回波的幅度最大，其余的回波达到稳态。

通过计算每个回波的带宽也能观察到回波的这些特征。图 2.10 给出了单个脉冲的激发带宽作为参考，同时给出了第 1、第 2、第 8 个回波的带宽进行比较。显然，第 1 个回波的带宽最窄；第 2 个回波由于是直接回波和受激回波的叠加，带宽最宽；再逐渐地减小至稳定状态。这些频谱分布是根据图 2.9 中的信号做傅里叶变换得到的。瞬态效应依赖于 B_0 和 B_1 的分布和采集带宽。当设置采集窗口长于脉冲宽度时，则可以滤除偏共振信号，在前几个回波中几乎未观察到振荡扰动。瞬态效应的幅度可以利用后文的理论或实验方法来确定，以便在数据处理之前对数据进行校正。

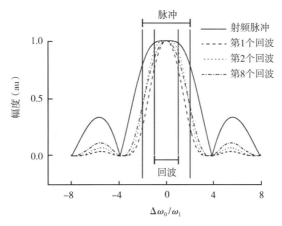

图 2.10　CPMG 脉冲序列不同回波的带宽
首个回波的带宽约为单个脉冲的一半，受益于相干路径的混合，稳定状态回波带宽略宽
于首个回波（Hahn 回波）

由于 z 轴上的磁化矢量按 T_1 弛豫，而 x—y 平面上的磁化矢量按 T_2 弛豫，所以不同相干路径的混合表现为回波串的有效衰减时间 $T_{2\text{eff}}$。$T_{2\text{eff}}$ 是 T_1 和 T_2 综合作用的结果，而不是单纯的 T_2 作用[1]。有效弛豫时间作用下的回波衰减直接利用自由演化方程［式（2.6）］中的旋转矩阵衰减因子 $e_1(\tau)$ 和 $e_2(\tau)$ 模拟得到。相干路径的叠加导致信号衰减偏离单指数衰减规律。如图 2.11 所示为 $T_1 = T_2$ 和 $T_1 = 6T_2$ 时的数值模拟结果。模拟中先假设 B_1 为均

匀场，再利用表面线圈产生的真实 B_1 场（非均匀场）进行计算。正如所期望的那样，$T_1 = T_2$ 时得到的是指数衰减；但 $T_1 = 6T_2$ 时，相干路径的叠加得到了非指数衰减，尤其当采集时间足够长时更加明显。当数值模拟采用了非均匀 RF 场时，相干路径的混合效果更强，但得到的 $T_{2\text{eff}}$ 只是略长于真实 T_2。实际中如果只考虑与 T_2 大小相当的采集时间内的回波数据，则仍可以利用单指数方程很好地拟合衰减信号，即使在非均匀 B_1 场时也成立。

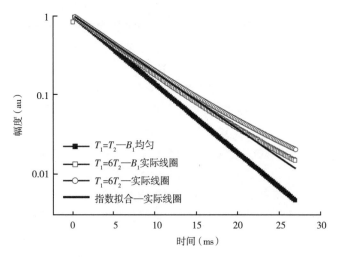

图 2.11　假设 $T_1 = T_2 = 5\text{ms}$ 和 $T_1 = 6\text{ms}$、$T_2 = 30\text{ms}$ 时（译者注：与原文正文中
"$T_1 = 6T_2$"的描述不符）得到的 CPMG 脉冲序列的信号衰减

其他参数：$t_E = 100\mu\text{s}$，采集带宽等于 RF 脉冲的激发带宽（$1/t_p = 100\text{kHz}$），$N_{\text{echoes}} = 300$。从图中能够看出 T_1 是如何影响 $T_{2\text{eff}}$ 得到非指数衰减信号的。与均匀 B_1 场相比，非均匀 B_1 场（信号为将直径 10mm 线圈上方 2.5mm 处的 15mm×15mm 区域内的信号叠加得到）并未明显增强 T_1 污染。拟合结果显示，利用单指数方程能够将衰减数据的前 1/3 很好地拟合

　　Goelman 和 Prammer 指出，利用 CPMG 脉冲序列测量 T_2 时的误差依赖于 T_1/T_2 比值和探测所用带宽（不大于激发带宽）[1]。如图 2.12 所示，误差仅在 $T_1 = T_2$ 时为零（唯一一个 $T_2 = T_{2\text{eff}}$ 的情况），而且误差随 T_1/T_2 的增大而增大。如前所述，T_1 和 T_2 的混合是由偏共振激发造成的，减小激发带宽能够降低混合作用的影响。图 2.12 清晰地显示了误差与 T_1/T_2 之间的依赖关系，并给出了不同带宽的影响。2.2.2 节得到敏感度在采集带宽与激发带宽相等时最大（图 2.7）。显然，当设置此激发带宽来获得最大敏感度时，即使 T_1 是 T_2 的 10 倍以上，测量 T_2 的误差仍然小于 15%。

　　模拟计算结果均基于均匀 B_1 场的假设，与真实 NMR 传感器的实际情况还有些差距。当存在非均匀 B_1 场时，连准共振磁化矢量也会扩展传播到受纵向弛豫时间 T_1 污染的相干路径之中。图 2.12 显示了利用表面 RF 线圈进行激发和探测时的 T_2 测量误差。这时采集窗口设置为将采集带宽与 RF 脉冲带宽匹配。虽然误差大于均匀 B_1 场情况，但当 $T_1 = 10T_2$ 时的误差仍约为 20%。这证实 CPMG 脉冲序列能够在强梯度静磁场中使用非均匀 B_1 场激发共振来测量横向弛豫时间。

　　将 CPMG 脉冲序列应用于测量梯度静磁场中的流体样品弛豫时间时，分子布朗运动还

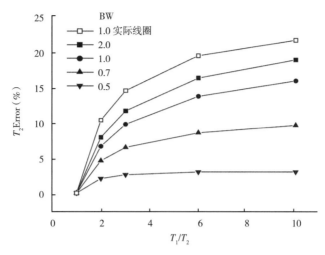

图 2.12　不同检测带宽下的 CPMG 脉冲序列回波串衰减弛豫时间随 T_1/T_2 的变化关系

弛豫时间 T_2 由对初始 1/3 回波串（1 个 T_2 时间）做单指数拟合得到。其中对表面线圈产生的非均匀 B_1 场

只进行了采集与激发带宽相匹配条件下（最大敏感度条件）的模拟计算。其他参数与图 2.11 中一致

将引起信号的额外衰减。如果磁场非均匀性不强（此时仅直接回波对信号有贡献），则回波串衰减特征可用下式描述：

$$S(mt_E) = A\exp\left\{-\left[1/T_2 + \frac{1}{12}(\gamma G_0 t_E)^2 D\right]mt_E\right\} \tag{2.19}$$

式（2.19）说明当存在分子自扩散时，CPMG 脉冲序列测量得到的信号衰减受静磁场梯度影响。减小该误差的方法为缩短回波间隔 t_E，但这在实际中有一定限制和极限。若静磁场梯度为 1T/m，0.1ms 的回波间隔测量 T_2 = 1s 样品的误差为 10%；而当梯度为 20T/m 时，测量结果只有 20ms。事实上，对于偏共振激发而言，式（2.19）已不再成立。对信号有贡献的每一个相干路径的衰减特征必须在考虑其特定时间依赖性的条件下单独计算。

Goelman 和 Prammer 分析了 CPMG 脉冲序列过程中的扩散影响[1]。他们将前三个回波信号分为直接回波和间接回波，并计算了前 3 个回波的显式表达式。后来 Hürlimann 提出将信号分解为不同相干路径的形式，并计算了前 15 个回波的扩散衰减（计算信号时使用了 10^6 个相干路径的叠加）。最后，Song 提出了将扩散衰减结合到整个回波串中的方法[10]。Song 将相干路径进行分类，分析结果表明所有相干路径之中只有部分路径对信号产生主要贡献。他观察到长相干路径能够分解为诸如受激段（−1，0，+1）和自旋回波（−1，+1）等短组分的组合。利用这种方法，他指出直接回波和受激回波对 CPMG 回波信号的贡献达到了 95%。因此，即使存在大量对信号有贡献的相干路径，最终的回波信号特征仍然较为简单。

材料分析研究需要对回波衰减包络（图 2.11）进行处理以获得所需数据信息。获得数据的方法有：（1）使用模型方程对实验数据进行拟合；（2）采用类似自旋回波成像的弛豫权重计算［例如 $S(t_1)/S(0)$］。指数弛豫条件下，拟合参数为弛豫时间 T_{2eff} 对应的自旋幅度 $S_0 = S(t=0)$。但是衰减信号通常并不服从单指数衰减规律。较好的经验拟合方程为比例广延指数方程 $S(t) = S_0\exp\left[-(t/T_{2\text{eff}})^b/b\right]$。式中引入因子 $1/b$，指数方程对应 $b = 1$，高斯方程对应 $b = 2$。如果使用双指数方程（具有长弛豫时间 $T_{2\text{eff,long}}$ 和短弛豫时间 $T_{2\text{eff,short}}$）来拟合此方程，则 $T_{2\text{eff,short}}$ 将接近 $T_{2\text{eff,long}}$，因为从经验上来说，$T_{2\text{eff,long}}$ 随材料属性不同的变化更为强烈。同双指数方程相比，该广延指数方程的拟合参数较少，因此在信号受噪声污染时的拟合结果的重复性更好。在拟合 CPMG 衰减信号之前，必须对首个回波做瞬态效应校正。首个回波的扰动特征可以通过测量具有很大 T_2 的样品来获得，或者通过采集大量的回波来直接简单地消除和压制其影响。

除了利用模型方程对实验数据进行拟合之外，还可以对数据进行变换来分析。其中一种非常有用的变换为正则化逆拉普拉斯（Laplace）变换，它能够将回波串包络转换为弛豫时间的分布。这种方法在测井中最为常用，因为弛豫时间谱能够解释烃含量、岩石孔隙流体黏度和孔隙大小分布等地质参数[18]。另外，回波包络的初始幅度还可以进行扩散编码，将测得的二维数据体转换为弛豫时间和扩散系数分布的相关图谱和交换图谱[19-20]。与二维波谱类似，该方法在区分多组分系统（例如测井中的原油和水）中的弛豫时间分布来源方面非常有用。该方法将在第 3 章详细阐述。

在真正的传感器上实现 CPMG 脉冲序列时，有两个参数需要谨慎选择，即最佳 RF 脉冲持续时间和最小回波间隔。在数值模拟中，可以简单地设置脉冲幅度或长度来定义出任意扳转角度。但是在实际实验中，测量的信号值是整个敏感区域的平均值，这是无法选择的。在此情况下，脉冲长度的选择标准为使信号幅度最大化。如图 2.13 所示为信号幅度与 RF 脉冲强度的变化关系，同时给出了均匀 RF 场和表面线圈非均匀 RF 场的结果。对于均匀 B_1 场，当 RF 脉冲幅度设置为略大于 90°扳转角时获得的最大信号幅度；对于非均匀 B_1 场来说该角度通常更大。在模拟条件下（使用单匝线圈的非均匀 B_1 场，激发深度约为其半径），当脉冲中心幅度为将准共振自旋扳转 90°所需脉冲幅度的 120% 时获得了最大信

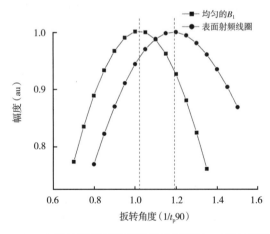

图 2.13　CPMG 脉冲序列探测到的信号幅度与 RF 脉冲强度的关系

RF 脉冲强度与将准共振自旋扳转 90°所需强度进行了归一化。B_1 场均匀时，获得最大信号的 RF 脉冲大于 90°最优值 5%。但对于实际线圈而言，获得最大信号的 RF 脉冲大于 90°最优值 20%。最优脉冲强度取决于线圈结构、激发深度和探测带宽。本次模拟采用直径为 10mm 的单匝线圈，激发位置距线圈 2.5mm，并将探测带宽与脉冲激发带宽进行了匹配

号幅度。获得最大信号幅度的脉冲长度取决于线圈的 RF 场分布，甚至在同一线圈不同工作深度位置处的结果都可能不同。

对于 CPMG 脉冲序列中的回波间隔设置问题，必须注意敏感度最大化需要在回波串中采集尽可能多的回波，这通过将回波间隔设置为不受死区时间影响的最小时间来实现。首先，将采集时间设置为短于回波宽度来保证所有采集点上均包含回波信号；然后，缩短回波间隔直到第一个采集数据点开始失真。该数据失真现象是死区时间大于两个 180°脉冲间隔和采集窗口的根据。最小回波间隔取未引起信号失真的最小值。

2.2.4　反转和饱和恢复脉冲序列

自旋晶格弛豫时间 T_1 是自旋系统与外界（晶格）交换能量的特征时间。测量 T_1 的脉冲序列主要包含三个步骤：（1）准备阶段，施加一个或多个 RF 脉冲来改变系统的纵向磁化矢量，使其离开热平衡状态；（2）自由演化阶段，让自旋系统朝着热平衡状态弛豫；（3）测量阶段，将纵向磁化矢量扳转至横向平面，并测量系统的状态。这种 T_1 测量需要进行二维实验，其演化持续时间的变化范围需要覆盖几个 T_1 时长。

如图 2.14 所示为用于测量 T_1 的两种主要的脉冲序列时序，分别称为反转恢复[21]和饱和恢复[22]脉冲序列，二者都适用于非均匀静磁场。在非均匀场中实现这些脉冲序列的主要困难在于无法将整个样品范围内的磁化量完全反转和饱和，下面详细阐述这个问题。这里还应该注意，探测阶段除了典型的单个 90°脉冲激发 FID 信号之外，还可以用 CPMG 脉冲序列来产生较长的回波串，通过回波叠加改善敏感度。

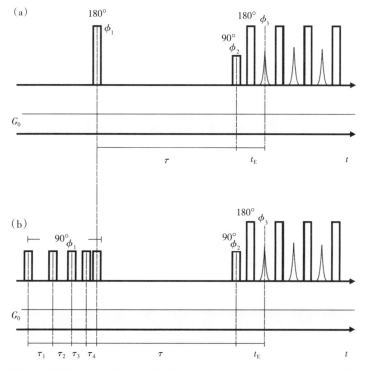

图 2.14　适用于非均匀场中测量自旋—晶格弛豫时间 T_1 的反转（a）和饱和（b）脉冲序列

在均匀 B_0 和 B_1 场条件下，反转恢复脉冲序列在准备阶段用一个硬 180° 脉冲将平衡状态的磁化量 M_0 从 z 轴反转到 $-z$ 轴方向。理想条件下，自由演化阶段(τ)中的磁化量按 $M(\tau)=M_0(1-2\mathrm{e}^{-\tau/T_1})$ 逐渐恢复。磁化矢量的增长是两类贡献的叠加：（1）由反转脉冲保留在 $-z$ 轴上的磁化量按 $M(\tau)=M_0\mathrm{e}^{-\tau/T_1}$ 衰减（路径 $M_{0,0,-1,+1}$）；（2）演化阶段(τ)内新产生的磁化量按 $M(\tau)=M_0(1-\mathrm{e}^{-\tau/T_1})$ 增长（路径 $M_{0,0,-1,+1}^1$）。但是正如 2.2.1 节所述，RF 脉冲的带宽是有限的（由脉冲长度 t_p 决定），其性能非常依赖偏共振频率（图 2.3）。在强梯度磁场中施加 180° 脉冲时，不能将覆盖物体的整个频率范围对应的磁化量全部反转。

180° 脉冲形成的部分反转导致：$\tau=0$ 时刻的磁化量不是 $-M_0$，而是其一部分。如果 $M_{\max}$ 是 CPMG 脉冲序列在特定脉冲宽度和长演化时间下探测到的最大磁化量，可以观察到能够测量的磁化量 $M(\tau=0)$ 取决于频率带宽。例如，如果只检测准共振条件附近的一个窄频谱范围，初始磁化量可以达到 $-M_{\max}$（假设 B_1 是均匀的）。但是，从敏感度来说这却不是一个实用性的方案，因为仅检测到了所激发自旋总量中的很小一部分。如果为了实现最优敏感度使信号带宽等于 $1/t_p$（图 2.7），则初始值约为 $-M_{\max}/2$［图 2.15（a）］。因此，T_1 曲线动态范围的减小（在非均匀 B_1 场时更显著）会降低计算 T_1 的精度，但不会导致测得错误的弛豫时间。

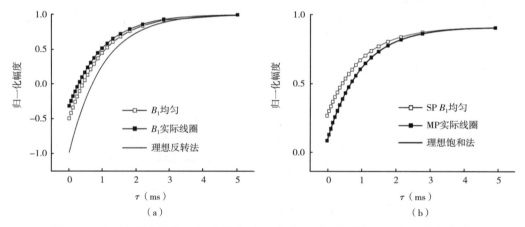

图 2.15　非均匀场中反转（a）和饱和（b）恢复脉冲序列测量得到的 T_1 恢复曲线

曲线按 $M_{\max}$ 归一化

在非均匀场中实现这两个脉冲序列的另一个复杂之处在于：反转脉冲产生的扳转角度是一个分布，这会产生可观的横向磁化量，并在检测阶段干扰 T_1 信息编码的相干路径。滤除这些无用信号需要选择适当的相位循环。由于演化阶段期间作为横向磁化量演化的路径取决于反转脉冲的相位，而反转恢复测量所需要的路径（$M_{0,0,-1,+1}$ 和 $M_{0,0,-1,+1}^1$ 分别表示被首个脉冲反转的磁化量和演化阶段新产生的磁化量）不依赖于反转脉冲的相位，因此可以通过将反转脉冲的相位循环 180°，同时保持接收相位不变来消除不需要的路径贡献。将这两步与检测阶段施加的 CPMG 脉冲序列的 90° 脉冲加（减）相位循环（用于消除 180° 脉冲之后的振铃等信号）组合，可以得到表 2.3 中的四步相位循环方案。虽然反转脉冲的相位不需要与 CPMG 中的脉冲相位同步，但是如果反转脉冲与 CPMG 中的 90° 脉冲在同一坐标轴上施加，无用信号将与需要的信号正交。这样一来，即便不利用相位循环也可能将这两类信号区分开来。因此，在一次实验的敏感度可以接受并且需要强制缩短实验时间的条件下，可以使用单一相位进行测量（180°脉冲之后的振铃信号可通过静态梯度场引起的散相效应来自然消除，只要 RF 脉冲短于死区时间就能满足条件）。当使用表 2.3 中的前两步相位循环时，T_1 信息编码的相干路径将只在实部通道上产生信号，无用信号将贡献到虚部通道上。这时，仅设定传统 CPMG 脉冲序列的接收相位用于探测实部通道上的回波即可。

表 2.3　反转和饱和脉冲序列所用相位循环

ϕ_1	ϕ_2	ϕ_3	ϕ_{rec}
0	0	$\pi/2$	0
π	0	$\pi/2$	0
0	π	$\pi/2$	π
π	π	$\pi/2$	π

测量 T_1 恢复曲线要改变延迟 τ 进行一系列重复性实验。考虑到采样点数据期望服从指数方程（至少对于流体样品是如此），将 τ 按对数规律变化会比较方便。这能保证恢复曲线按等幅分步取样，在前面靠近起始点的时间段内设定较多的点（这部分曲线变化速率最大），在后面设置较少的点（这部分曲线幅度没有大的变化）。考虑到长 τ 测量实验更为耗时，这种采样策略也更加省时。假设 τ 最大为 $5T_1$，则可由下式计算时间步长：

$$\tau_i = -T_1 \ln\left[1 - \frac{1-\exp(-5)}{N_{pts}-1}i\right] \qquad (2.20)$$

式中，假设方程 $e^{-\tau/T_1}$ 变化范围为 $1 \sim \exp(-5)$，N_{pts} 为 T_1 曲线上要测量的数据点个数。

由于磁化量受检测阶段影响，两次实验之间要至少包含 $5T_1$ 的循环延迟时间，以保证下一次实验开始之前系统已达到稳定平衡状态。不正确的循环延迟时间设置会产生一个小的初始磁化量（使 T_1 曲线失真），因此在实际测量之前要尽量准确地估计 T_1 范围。完成一个反转恢复实验所需时间：线性 τ 增加方案为 $7.5T_1 N_{pts}$，对数 τ 增加方案为 $6T_1 N_{pts}$。

另一种测量 T_1 的方法为饱和恢复脉冲序列[22]。在均匀场中，使用第一个 90° 脉冲将磁化量饱和代替反转；在演化阶段 τ 中，纵向磁化量从 0 按 $M(\tau) = M_0(1 - e^{-\tau/T_1})$ 增长至其平衡值 M_0。由于饱和恢复脉冲序列以将纵向磁化量变为零作为开始，它在两次实验之间不需要任何循环延迟时间。这不仅可以大大缩短测量时间，而且还可以避免对样品的 T_1 范围的提前预估计。换句话说，错误设定 τ 的范围仅造成恢复曲线的非最优采样。即便如此，根据曲线拟合得到的特征时间仍然是正确的。由于信号变化范围未能覆盖整个动态范围，实验的准确性会受到一些影响。

在非均匀场中进行测量时，饱和恢复序列仅对准共振自旋实现了饱和恢复（假设 B_1 场均匀），对偏共振仅实现了部分饱和。这导致在饱和阶段过后，z 轴上仍含有剩余磁化量。因此，$\tau = 0$ 时刻的 T_1 曲线将从一个偏移值开始恢复，探测带宽与脉冲带宽匹配时，对于 $\tau \gg T_1$ 而言，该值约为最大信号的 1/4。为了将这个偏移形象地表现出来，对 T_1 测量过程进行了数值模拟。模拟时假设系统在下一个饱和脉冲施加之前已达到平衡状态

[图 2.15（b）]，实验时在两次测量之间引入一个较长的循环延迟就能满足此条件。对于反转恢复脉冲序列来说，根据恢复曲线得到的 T_1 是准确值，不受偏共振效应影响。但是在实际实验时不使用循环延迟就会造成更为复杂的情况，原因是下一次测量中的偏移信号取决于上一次实验结束后的纵向磁化量。一次测量之后的剩余磁化量同时由演化时间和测量阶段的饱和效果决定。单个 Hahn 回波检测可能留下大量的纵向磁化量，后面跟一串长 CPMG 回波串可起到有效的饱和作用。此时在首次测量时可能存在偏移，但在第二次测量时偏移就可以忽略了，这是利用 CPMG 进行饱和的优势。从最长的 τ 开始 T_1 恢复曲线采样测量能够获得一个重要改进，这与常规的测量方式正好相反。如果测量第一个数据点所用 $\tau \gg T_1$，则测量值接近 M_0，并且不受饱和之后的偏移影响。当缩短 τ 来测量第二个数据点时，第一次测量形成的预饱和减小了残余纵向磁化量，并大大地抑制了偏移量大小。

虽然利用 CPMG 探测结合反向演化采样可以减小恢复曲线的偏移，必须注意给定数据点的测量取决于上一次测量饱和磁化量的效率，同时还取决于 B_1 场的均匀程度。另外，还必须指出测量间的循环延迟并不是一个精确的延迟，有可能在两次实验之间被谱仪打断。如果发生这种情况，磁化量的意外恢复可以使测量数据包含很大的偏移误差。改进相邻实验之间去耦合效果的一个方法是：在准备阶段内不规则的时间点上施加多个 90° 脉冲以实现更有效的饱和效果 [图 2.14（b）]。通过施加奇数个 90° 脉冲，脉冲间隔不断增加（但要大于 FID 的 T_2^*）的方案获得最佳效果。这种条件下，磁体的自然非均匀性能够破坏和消除脉冲间的磁化量。加上偏共振效应的影响和 B_1 场非均匀性的作用，可以更有效地消除磁化量，因为整个样品范围内的磁化量在施加饱和脉冲串的过程中按不同的频率章动。由 B_1 场非均匀性决定的磁化矢量展布甚至能有效地混合准共振磁化量。

这种方法对于均匀性较差的磁体非常有用，在单边 NMR 系统中也很有效，因为单边系统中非常短的脉冲间延迟（与脉冲长度相当）就足以实现磁化量的高效混合。注意在饱和阶段末尾，并非所有频率的纵向磁化量均为零，但它们按照偏共振的函数快速地在正负值之间振荡。在准备阶段产生的反相纵向磁化量对信号没有贡献，因为它们在检测阶段被扳转到了横向平面。因此，仅在演化阶段恢复的磁化量对信号产生贡献。使用多脉冲饱和结合反转采样方法，即使在非均匀场中也能获得磁化矢量的全动态范围（从 0 至 M_0）。图 2.15（b）的模拟过程使用了表面线圈产生的 B_1 场，结果表明脉冲序列具有很好的效果，并且不受 RF 场非均匀性影响。这里必须提到，为了减小曲线偏移量，脉冲间的延迟时间可能需要微调。这取决于特定的传感器，为的是消除以反相位保存的纵向磁化量（保留在 z 轴上的一些正、负磁化量）。在具有 RF 调制能力的谱仪上实现基于软脉冲和扫频的复杂方案，也能够改善饱和的程度。

最后，还需要消除在准备阶段被饱和脉冲扳转至横向平面内的一部分重要磁化量，以避免与检测阶段被扳转至横向平面内的、在演化时间 τ 内新增的磁化量发生互相干扰。与反转恢复脉冲序列相反，即使在理想条件下，准备阶段也将完全极化量留在横向平面内。装配梯度线圈的系统可以简单地在饱和脉冲后立即使用"破坏"梯度来消除残余磁化量。虽然非均匀场中的背景梯度也能在演化阶段起到类似作用，但在检测阶段施加重聚脉冲时也存在相同的梯度。在此条件下（演化时间短于检测序列持续时间），演化阶段散开的磁化量将被重聚，并且可能与所需 T_1 编码磁化量产生干扰。讨论反转恢复脉冲序列时给出的相位循环方案能够消除来自这类相干路径的干扰信号，但要求相位循环的所有测量在饱和阶段之前具有相似的磁化量。要满足该条件，需要对 T_1 曲线进行反向采样（τ 从长到短），并且最长的 τ 要大于 T_1。注意，若施加的多个饱和脉冲的相位与 CPMG 脉冲序列的 90° 脉冲相位相同，则所期望的相干路径产生的有用信号与无用信号的相位相差 90°。因此，可以利用与反转恢复脉冲序列相同的方法，通过循环接收相位实现有用信号和无用信号的分离。

若不使用循环延迟时间并忽略检测时间（CPMG 脉冲序列持续时间），则饱和恢复脉冲序列所需实验时间约为 $2.5T_1N_{pts}$（τ 为线性步长）和 T_1N_{pts}（τ 为对数步长），比反转恢复序列快 6 倍。考虑到反转恢复序列测量得到的 T_1 曲线动态范围约为 $1.5M_0$（若 B_1 为非均匀场时该范围变小），而饱和恢复序列为 M_0，并且饱和恢复法的两次测量还需要对敏感度差异进行近似补偿。所以在相同的敏感度条件下，饱和恢复比反转恢复序列快 3 倍。

单个回波检测通常需要很多的测量次数，导致实验非常耗时。在 T_1 编码序列之后施加一串重聚脉冲能有效缩短测量时间。但必须考虑的关键问题是当将长回波串叠加时，样品可能具有多个 T_1 时间。如果不同的 T_1 表现为相同的 T_2，那么回波串的叠加会导致 T_1 恢复曲线中只包含部分 T_1 组分信息。如果短 T_1 的自旋同样具有短 T_2，并且回波串的长度设置为采集长 T_2 信息，则信号幅度中长 T_2 组分的权重更大，短 T_1 信息可能被淹没在恢复曲线之中。为了保存两个或多个 T_1 组分之间的幅度比，参与叠加的回波个数必须足够小，才能在回波串中观测到最短 T_2 组分的衰减信号。如果叠加回波数量设置不正确，则会影响信号幅度比，但不影响根据曲线得到的 T_1。

2.2.5　扩散系数的测量

前文指出磁场非均匀性对于单边 NMR 来说是不利的，因为样品范围内的共振偏置使传统脉冲序列[1-4]的效果变得复杂，并且降低了检测阶段的敏感度[23]。但是，一些应用（如高分辨率样品剖面或扩散系数测量）同时也受益于强磁场梯度。

早期单边 NMR 尝试应用开放式磁体的静梯度磁场时，遇到了如何产生恒定梯度的困难。近年来出现的许多磁体结构都成功地解决了这个问题（见第 4 章）。本节介绍如何将强恒定梯度静磁场中的回波用于自扩散系数的编码。自扩散系数可揭示分子动态和样品微观结构。自 NMR 发展早期，就有人对分子自扩散影响 Hahn 回波和受激回波幅度的机理进行了理论和实验研究，其遵循的原理形成早于核磁共振成像（以下简称 MRI）本身[5,12-13]。利用强静磁场梯度（例如超导磁体周围的杂散场）能够测量到的分子位移均方根达到 20nm，自扩散系数达到 $10^{-16}m^2/s$。大梯度减小了样品内部磁化率差异引起的背景梯度的相对贡献，从而简化了多相材料（如多孔材料和生物系统）扩散系数的测量。理由是：背景梯度正比于所施加的 B_0 场的幅度，但基本与静磁场梯度无关。从这个角度看，单边低场 NMR 传感器提供的相对强的磁场梯度要优于传统方法。

扩散系数测量所用典型脉冲序列基于 Hahn 回波（SE）[5,12]和受激回波（STE）[13]，二者都在稳定梯度下适用（图 2.16）。为了改善实验的敏感度，在主扩散编码阶段后施加一个 CPMG 脉冲序列，利用流体样品的长横向弛豫时间产生一个回波串。

受益于叠加回波串获得的敏感度改进，在不到 1 分钟的时间内便能完成质子化溶剂完

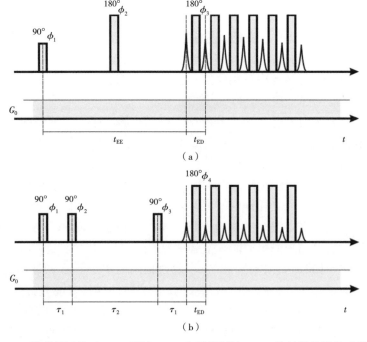

图 2.16　梯度场下基于 Hahn 回波（a）和受激回波（b）的扩散编辑脉冲序列

在幅度受到扩散衰减的回波生成之后，施加一串重聚脉冲产生一个回波串，用于叠加改善敏感度。

为了设置正确的时序，将 SE 和 STE 的中心或传统 CPMG 脉冲序列的 90° 脉冲中心设定为 0 时刻

全扩散曲线的测量。SE 和 STE 的归一化信号衰减为[17,24]

$$\ln \frac{S}{S_0} = -\frac{1}{12}\gamma^2 G_0^2 t_{EE}^2 D - \frac{t_{EE}}{T_2} \qquad (2.21)$$

和

$$\ln \frac{S}{S_0} = -\gamma^2 G_0^2 \tau_1^2 \left(\tau_2 + \frac{2}{3}\tau_1\right) D - \frac{2\tau_1}{T_2} - \frac{\tau_2}{T_1} \qquad (2.22)$$

式中，时间延迟 t_{EE}、τ_1 和 τ_2 如图 2.16 所示。

　　归一化信号 S_0 为使用非常小的 t_{EE} 和 τ_1 得到的 SE 和 STE 幅度。Hahn 回波和受激回波的幅度受横向弛豫和纵向弛豫［式（2.21）和式（2.22）］的衰减。对于较大的 D（如低黏度流体）和强磁场梯度而言，式（2.21）和式（2.22）中的扩散项相对于弛豫项起支配作用。另外，如果 $\tau_1 \ll T_2$ 且 $\tau_2 \ll T_1$，则式（2.21）和式（2.22）中的回波幅度主要受公式右侧的第一项控制。

　　即使没有弛豫的影响，自旋回波的幅度仍是受激回波的两倍。在某些特定条件下，利用 STE 序列测量扩散系数非常方便。正如 Hahn 所描述的那样[5]，受激回波的幅度在演化阶段 τ_2（磁化量在系统中为纵向磁化量）中按 T_1 弛豫。因此，在 $T_1 > T_2$ 的系统中，利用受激回波测量扩散系数可能优于基于 Hahn 回波的方法[13]。特别对于高黏度流体，短 T_2 对应着小扩散系数。对于单边 NMR 传感器来说，STE 方法相对于 Hahn 回波的最重要优势

在于：即使存在稳定的梯度，STE 序列仍然包含被明确的演化时间隔开的两个编码阶段。

　　为了在稳定梯度场中测量扩散对 Hahn 回波幅度引起的衰减，必须在给定范围内系统地增大回波间隔。这样一来，扩散曲线上的每个点都经历了不同的扩散时间，增加回波间隔还允许分子移动越来越长的距离。在受激回波序列中，τ_2 可以被设置得足够长来使编码时间 τ_1 远短于 τ_2。此时，通过增加 τ_1 可以在总扩散时间（$\tau_1 + \tau_2$）基本保持不变（主要由 τ_2 决定）的情况下对扩散曲线采样。

　　测量扩散时间的能力在研究分子在受限或存在物理屏障环境中的扩散行为非常有用，例如赋存在岩石骨架孔隙中的油和水的情况。Mitra 和 Sen[25-26] 的大量研究工作表明：对于较小的分子平均位移 L 来说，时间 τ_2 内的有效扩散系数 D（L）与 L 之间呈线性关系，斜率正比于孔隙材料的比表面积。测量 D 和 L 之间的关系，仅需要简单地测量扩散曲线随演化时间 τ_2 的变化关系。为了正确地对扩散曲线进行采样，编码时间 τ_1 的变化范围必须根据演化时间的增加而改变。由于最小 τ_1 是正值（事实上其最小值为脉冲长度 t_p 加上谱仪在 RF 脉冲之间转换所需的若干微秒），该技术最大可用演化时间受 T_1 或 τ_1 动态范围二者之一的限制（对于极长的 τ_2 来说，最小的 τ_1 已经能造成重要的信号衰减）。例如对水而言，当 $G_0 = 20 \text{T/m}$、$t_p = 5\mu\text{s}$ 时，最大演化时间 τ_2 约为 100ms。为了实现更长的演化时间，可选择使用较小的 G_0。同时，为了实现超短的演化时间（例如为了满足自由扩散条件），则需要使用强梯度磁场。因此在大多数情况下，两个不同传感器的组合将会非常的方便。为了使用较短的扩散时间，可以利用 CPMG 脉冲序列的直接回波[27]，这时扩散时间直接由脉冲序列中的回波间隔决定。

　　正如本章前面所述，施加一系列的 RF 脉冲将产生大量的相干路径（具有不同的弛豫和扩散权重）。为了保证 CPMG 脉冲序列采集的信号经历的是特定扩散编码阶段（Hahn 或 STE 序列）的扩散衰减，需要利用正确的相位循环来选择仅产生 Hahn 回波或受激回波的路径。前面已经介绍过如何利用每个路径对 RF 脉冲相位的特殊依赖性来选择特定的信号。但是必须指出这里与第 2.2 节中的方案存在重要差异。已知，Hahn 回波序列中的第二个脉冲之后有 9 个相干路径，其中仅 2 个路径能产生信号，简单的加（减）相位循环就足以将其区分开来。但当前情况是在产生 Hahn 回波之后施加大量的 RF 脉冲，该相位循环方案无法消除第二个脉冲之后产生的无用信号的路径。但必须确保这些路径在第二个脉冲之后不满足形成回波的条件（$M_{0,+1,-1}$ 或 $M_{0,-1,-1}$），并确保被第二个脉冲保留在纵向上的磁化量（$M_{0,\pm1,0}$）也被消除（因为它们很容易在 CPMG 脉冲序列施加过程中产生信号）。以路径 $M_{0,-1,-1}$ 为例，虽然它并不在第二个脉冲之后产生信号，但在施加第三个脉冲之后，它的一部分被转化为 $M_{0,-1,-1,+1}$。因此，正确的编辑序列设计需要将包含编码所需信息之外的所有路径全部消除。表 2.4 给出了用于选择产生 Hahn 回波、并能消除所有其他路径的相位循环方案。

表 2.4　仅选择 Hahn 回波序列中的直接回波的相位循环

ϕ_1	ϕ_2	ϕ_3	ϕ_{rec}
0	$+\pi/2$	$\pi/2$	π
π	$+\pi/2$	$\pi/2$	0

ϕ_1	ϕ_2	ϕ_3	ϕ_{rec}
0	$-\pi/2$	$\pi/2$	π
π	$-\pi/2$	$\pi/2$	0
0	0	$\pi/2$	0
π	0	$\pi/2$	π
0	π	$\pi/2$	0
π	π	$\pi/2$	π

第一个脉冲的加（减）相位循环用于消除第一个脉冲之后保留在纵向上的磁化量。从第一个脉冲之后以横向磁化量演化的路径开始（$M_{0,\pm1}$），要消除以纵向磁化量保存的、不受第二个脉冲影响的所有路径，这需要利用它们对 ϕ_2 的不同依赖性来实现。将第二个脉冲的相位从 0 至 π 循环，前四个相位循环步骤就能消除第一组路径；然后重复这四个步骤，但将 ϕ_2 增加 $+\pi/2$，可将不受第二个脉冲影响的路径从期望路径中分离。虽然不期望的回波产生的时间不同，可能不会与特定的 t_{EE} 和 t_{ED} 重叠，但是扩散实验中的 t_{EE} 是在一个范围内变化的，某些特定值下的信号仍可能重叠。而且利用 CPMG 脉冲序列进行检测时，无用相干路径在回波串中迟早要叠加出信号，若这时将回波串叠加来改善信噪比，则扩散曲线上能观察到振荡失真。

不同脉冲相位循环的作用可以通过图 2.17 说明，图中给出了进行到不同相位步骤时的实部和虚部回波串随编码时间 t_{EE} 的变化关系。使用这样的接收相位时，期望信号产生于虚部通道，实部通道无信号。曲线上最大的失真是由受激回波信号引起的，但其他两个

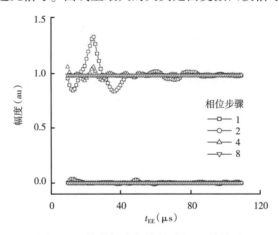

图 2.17　信号幅度与编码时间 t_{EE} 的关系

利用图 2.16 中的脉冲序列，将 Hahn 回波之后的 32 个回波叠加得到的信号幅度（$t_{ED}=50\mu s$，假设期间不存在扩散和弛豫）。只使用了一次测量时，回波串中所有相干路径相互干涉，使回波幅度上下波动，波动特征依赖于 t_{EE}。完成两次测量后，消除了第一个 RF 脉冲之后作为纵向磁化量保留的相干路径（这些信号位于实部通道中，需要的有用信号沿虚部通道）。按步长 π 循环第二个 RF 脉冲的通道，消除了受激回波。最终，通过将第二个脉冲的相位改变 $\pi/2$ 来循环前四步，使被第一个脉冲转化到横向平面的，但不受第二个脉冲作用的相干路径被消除

干扰通常无法忽略，需要消除。

　　受激回波序列也需要实现相同的目标，这时必须将产生受激回波的相干路径与其他 26 个路径分离。虽然第 2.2 节给出了滤除第三个脉冲之后信号的相位循环方案，但表 2.1 中的四个步骤并不足以保证其他路径不对 CPMG 信号产生贡献。因此，必须使用表 2.5 中 16 步相位循环方案[19]。

表 2.5　仅选择受激回波（三个脉冲之后）并消除其他路径的相位循环

ϕ_1	ϕ_2	ϕ_3	ϕ_4	ϕ_{rec}
0	0	0	$+\pi/2$	π
π	0	0	$+\pi/2$	0
0	π	0	$+\pi/2$	0
π	π	0	$+\pi/2$	π
0	0	π	$+\pi/2$	0
π	0	π	$+\pi/2$	π
0	π	π	$+\pi/2$	π
π	π	π	$+\pi/2$	0
$+\pi/2$	0	0	$+\pi/2$	$+\pi/2$
$-\pi/2$	0	0	$+\pi/2$	$-\pi/2$
$+\pi/2$	π	0	$+\pi/2$	$-\pi/2$
$-\pi/2$	π	0	$+\pi/2$	$+\pi/2$
$+\pi/2$	0	π	$+\pi/2$	$-\pi/2$
$-\pi/2$	0	π	$+\pi/2$	$+\pi/2$
$+\pi/2$	π	π	$+\pi/2$	$+\pi/2$
$-\pi/2$	π	π	$+\pi/2$	$-\pi/2$

2.3　非均匀场中的信噪比问题

　　单边 NMR 传感器都面临着磁场强度低和非均匀性强所带来的低探测灵敏度问题。从测量方法上讲，基于 CPMG 回波串的多回波探测方法能够有效提高传感器探测灵敏度。通过回波串的叠加，测量时间可以缩短到比单回波方法（例如 Hahn 回波）低两个数量级[3,28]。由于缺乏非均匀场信噪比的定量计算理论方程，单边 NMR 传感器的硬件优化进步并不明显。Hoult 给出的信噪比计算公式[14]不能直接适用于单边 NMR 传感器，主要原因是单边 NMR 传感器的研究样品比传感器本身大得多，单次实验只能测量样品中的一小部分。这便引出了如何定义与磁体、RF 线圈结构和脉冲序列相关的敏感区的问题。磁体的优化需要同时平衡磁场强度和磁场梯度：磁场越强越能够获得更高的敏感度，但如果以增大梯度为代价，只能激发更小的敏感区体积，这样一来对信噪比的影响又如何呢？此外，还有很多目前未能回答的一些问题，例如用 1kW 的 RF 功放代替 300W 的功放能够将信噪比提高多少？

本节将给出适用于单边 NMR 传感器的信噪比理论计算方法：（1）通过综合考虑 RF 脉冲的激发带宽和谐振电路带宽来定义敏感区体积；（2）解决单回波和多回波探测序列的相关问题；（3）通过一个实例讨论如何从敏感度角度优化单边 NMR 传感器。

2.3.1 互易原理

NMR 实验的信噪比最初由 Abragam 给出[29]，Hoult 和 Richard[14] 后来又进行了扩展。Hoult 和 Richard 虽然给出了信噪比的解析表达式，但基于的假设条件在高度非均匀场中并不成立。因此，需要给出考虑了偏共振激发和非均匀场条件的更一般形式，并且需要一个通用的探测方案。下面给出的是基于文献 [14] 的改进方案，并对其中不适用于单边 NMR 的假设条件进行了强调。

互易原理[14] 描述了位于 r 点处的磁偶极子 d 在线圈中的感应电动势为

$$\xi = - \partial / \partial t [B/i \cdot d] \tag{2.23}$$

式中，B/i 为线圈内单位电流在 r 处产生的磁场，在 NMR 中，$(B_1/i)_{xy}$ 为垂直于 B_0 的 RF 场分量；d 为施加脉冲序列之后，单位体积中的磁化矢量 M_0 的可探测分量 (M_{xy})。

如果样品体积为 V_s，则需要在三维空间上积分运算：

$$\xi = - \int_{V_s} \partial / \partial t [(B_1/i)_{xy}] M_{xy} \mathrm{d}r^3 \tag{2.24}$$

传统 NMR 实验中可认为整个样品体积范围内的 $(B_1/i)_{xy}$ 是均匀的，且都是准共振激发，因此 $(B_1/i)_{xy}$ 和 M_{xy} 都可以移到积分符号外面。如果这些假设成立，那么 90° 脉冲将把初始磁化矢量完全扳转，M_{xy} 就可以用 M_0 代替，积分运算也就简单地变为样品体积。但对于单边传感器来说，这些条件都不成立，积分项仍然需要保留。为了解决积分运算的问题，必须考虑特定脉冲序列下（如单脉冲、Hahn 回波和 CPMG 等）的信号响应 $\Gamma(B_0$、$B_1\Delta f_L)$。其中，Δf_L 是谐振线圈的带宽。该信号响应是一个复杂的函数，它描述了脉冲序列产生的横向磁化矢量的幅度和相位。信号的输出以 M_0 为单位，因此 Γ 为无量纲，记录的是能够被探测到的平衡磁化矢量的一部分。Γ（敏感区）对空间的依赖性由 B_0 和 B_1 的空间分布给出。RF 线圈带宽的作用为激发和接收过程中的滤波器，线圈探测死区时间决定了脉冲序列中可用的最小的回波间隔。

将式（2.24）改写为

$$\xi = - \int_{V_s} \partial / \partial t [(B_1/i)_{xy} M_0 \mathrm{e}^{-\mathrm{i}\omega_0 t} \Gamma(B_0, B_1, \Delta f_L)] \mathrm{d}r^3 \tag{2.25}$$

在高温限定条件下，平衡磁化矢量约为

$$M_0 = N\gamma^2\hbar^2 I(I+1) B_0 / (3kT) \tag{2.26}$$

式中，N 为单位体积内的自旋数量；γ 是旋磁比；T 是样品温度。

原则上，RF 线圈终端产生的均方根（RMS）噪声功率仅由热噪声决定，实际中还包括其他噪声源。典型的外部噪声源有：调频（FM）电台、梯度和匀场线圈、机械设备、NMR 谱仪，甚至样品本身。最佳情况下，外部噪声源产生的噪声可以被忽略，因此时间

域内的单位频率 Δf 的均方根噪声单纯由下式决定：

$$\sigma = \sqrt{4kT\Delta fR} \tag{2.27}$$

式中，R 和 T 分别为线圈的电阻和温度。

综合式（2.25）至式（2.27），信噪比可由下式表示：

$$\psi = \frac{N\gamma^3\hbar^2 I(I+1)}{6\sqrt{2}\,(kT)^{3/2}}\frac{B_0^2}{\sqrt{\Delta fR}}\int_{V_s}(B_1/i)_{xy}\,\Gamma(B_0,B_1,\Delta f_L)\,\mathrm{d}r^3 \tag{2.28}$$

式（2.28）可以分为两部分考虑：（1）中括号的参数内仅由样品属性决定；（2）括号外的参数取决于硬件和脉冲序列。在均匀 B_0 和 B_1 场中使用单个 90°脉冲时的信号响应非常简单。这时，Γ 在整个样品体积内部都为 1，积分运算可用 $(B_1/i)_{xy}V_s$ 代替，即完全转化为 Hoult 方程的形式[14]。

2.3.2 信噪比的数值计算

利用式（2.28）可以预测基于不同磁体和线圈结构的传感器的信噪比，进而优化传感器敏感度。但是单从式（2.28）出发很难形象地描述磁场梯度、谐振线圈带宽和 RF 功率的影响。下面通过数值模拟方法推导单边传感器的一般属性。第一，将磁体和线圈的参数进行耦合，给出激发体积和激发带宽之间的关系；第二，说明当 RF 线圈带宽与 RF 脉冲激发带宽匹配时，信噪比达到最大化。利用这两个主要结论求解式（2.28）来获得信噪比的直接表达式。

2.3.2.1 激发体积与激发带宽

利用单边 NMR 测量时，常观察到 RF 功率 W_{rf} 输出越高，RF 脉冲宽度越短，同时激发体积越大，信噪比也相应地提高。但是当激发带宽并不由 RF 脉冲长度决定、而由 RF 电路带宽（第 3 章）决定时，即使 W_{rf} 不断增加（$W_{rf}\to\infty$），信噪比的提高也存在上限。虽然如此，假设传感器在深度方向上产生的主梯度为 G_0，则激发带宽 Δf_{exc} 与激发体积 V_{exc} 存在如下关系：

$$V_{exc} = l^2\Delta z = \frac{l^2}{\gamma G_0}\Delta f_{exc} \tag{2.29}$$

式中，l 为 RF 线圈的侧向尺寸。

假设激发切片内的 RF 场在深度方向上恒定不变（典型切片厚约为 100μm），并且 RF 场在沿侧向一定区域内（约为线圈大小）也是恒定的，仅在线圈边缘处快速降低。通常，侧向选择能力是用于获得深度维信息的传感器的重要性质[28,30]。

式（2.29）在一维问题中容易成立，但看似并不适用于产生"甜点"类磁场的传感器。"甜点"类传感器的磁场梯度一阶分量（线性项）为 0，由二阶和更高阶项控制磁场空间分布，形成复杂的三维敏感区。定量确定敏感区的形状和大小不切实际，但可以计算"甜点"中心附近区域的磁场分布，并利用场强幅度直方图来简单地计算敏感区。磁场分布通常以"甜点"中心处的磁场值为中心。因此，最大体积（cm^3）和频率带宽（kHz）的简单关系图版就能说明激发带宽和激发区域大小的关系。图 2.18（a）为基于"甜点"

敏感区的典型桶形磁体结构的计算结果[31]。这种直方图最大值与频率带宽的关系也可应用于强梯度场传感器［图2.18（b）］。图2.18（b）中V_{exc}与Δf_{exc}呈完美的线性关系，图2.18（a）中的线性关系也很好。

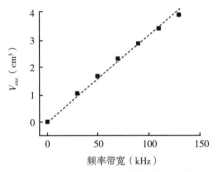
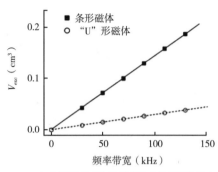

（a）桶形磁体激发带宽与激发区域大小的关系[31]　　　　（b）沿深度存在强梯度的磁体的激发带宽与激发区域大小的关系

图2.18　不同磁体激发带宽与激发区域大小的关系

计算时将磁场直方图的最大值与频率带宽的关系画出

值得注意的是，上述两种情况都假设敏感区域内的B_1是均匀的。侧向不均匀性的假设仅改变式（2.29）中的比例常数（l^2），并不影响激发体积和激发带宽之间的比例关系。深度方向上的磁场变化在$100\mu m$范围内可以忽略不计。"甜点"型磁体的侧向选择性并不重要。由于可以使用比"甜点"大小更大的RF线圈来激发，可以认为B_1的变化非常小。

下式在两种（梯度与"甜点"）结构中都成立：

$$V_{exc} = V^* \Delta f_{exc} \qquad (2.30)$$

式中，V^*为磁体均匀性（图2.18中线性拟合的斜率）。

磁体均匀性表示100kHz频率范围内包含多少cm^3样品，或者$1cm^3$样品覆盖多宽的频率范围。式（2.30）是将磁体参数和RF线圈参数进行分离的基本步骤。假设激发区域内的B_1一致，式（2.28）中的积分项可以用$(B_1/i)_{xy}V_{exc}$代替，进而得到：

$$\Psi = \frac{N\gamma^3\hbar^2 I(I+1)}{6\sqrt{2}(kT)^{3/2}}B_0^2 V^* \frac{(B_1/i)_{xy}\Delta f_{exc}(B_1,\Delta f_L)}{\sqrt{\Delta f R}} \qquad (2.31)$$

式（2.31）的一个直接结论为：在已知B_0和V^*时，可以根据此式比较不同磁体的敏感度。当传感器存在强梯度时，非均匀性只沿深度方向上（一维问题），信噪比可用B_0^2/G_0来定量化表示。

2.3.2.2　最佳射频电路带宽

非均匀场中，信噪比与RF线圈参数的关系非常复杂，而在均匀场中则为简单的$(B_1/i)_{xy}\sqrt{R}$。如前所述，问题的关键在于定量计算激发带宽，通常通过RF脉冲宽度或电路带宽，或结合二者来确定。电路带宽还决定了死区时间，限制着CPMG回波串能够采集的、用于信号增强的回波数量。进一步地，在发射和接收阶段都要充分考虑线圈的效率$(B_1/i)_{xy}$。线圈效率越高，RF 脉冲越短。考虑到其复杂性，可采用数值模拟来评价信噪比。磁体和 RF 线圈特性均基于文献［28］中的传感器结构。首先做如下假设和定义。

（1）用于探测的脉冲序列为 CPMG 回波串，脉冲序列持续时间为 T_2。假设 CPMG 和 Hahn 回波序列的激发带宽相等（图 2.10），因此 CPMG 的信噪比正比于式（2.31）中的 Ψ，比例常数与 CPMG 回波串中采集的回波个数 n_e 有关。回波幅度衰减为初始幅度的 $1/3$ 时，信噪比可计算为

$$\Psi_{\text{CPMG}} = \frac{2}{3}\sqrt{n_e}\,\Psi \tag{2.32}$$

$$\Psi_{\text{CPMG}} = \frac{2}{3}\sqrt{T_2/(2t_d + t_{\text{acq}})}\,\Psi \tag{2.33}$$

式中，n_e 为回波个数，是 T_2 和回波间隔 t_E 的比值；t_d 为死区时间，t_{acq} 为采集时间。

回波间隔选择最小值，例如 $t_E = 2t_d + t_{\text{acq}}$。

（2）死区时间：线圈中的电压由施加 RF 脉冲期间的 V_{pulse} 降低至由热噪声 V_{noise} 在线圈中引起的均方根电压水平所需的时间：

$$t_d = \frac{L}{2R}\ln\frac{V_{\text{pulse}}}{V_{\text{noise}}} \tag{2.34}$$

式中，L 和 R 分别为线圈电感和电阻。

虽然 $V_{\text{pulse}}/V_{\text{noise}}$ 对于每个线圈都不同，并且与施加的 RF 脉冲功率有关，但 $\ln(V_{\text{pulse}}/V_{\text{noise}})$ 通常被认为是固定不变的（约为 25）。对于 10^{11} 附近的 x，每当 x 变化 10 倍，$\ln x$ 仅变化 10%。

（3）180°脉冲的脉冲宽度满足条件：

$$\gamma B_1 t_{180} = \pi \tag{2.35}$$

可得：

$$B_1 = \frac{1}{2}(B_1/i)_{xy}\sqrt{W_{\text{rf}}/R} \tag{2.36}$$

（4）RF 电路带宽为

$$\Delta f_L = R/(\pi L) \tag{2.37}$$

信噪比的计算按照如下步骤进行。根据式（2.35）和式（2.36）计算 90°脉冲和 180°脉冲。二者的脉冲宽度相同，180°脉冲幅度为 90°脉冲的两倍。激发和接收阶段在 $B_1(\omega)$ 上使用频率滤波器实现有限电路带宽的作用。将来自某一体积范围内（比 RF 线圈尺寸大得多）的不同体素的信号相加得到回波信号。采集时间 t_{acq} 根据能够探测到回波信号上升和下降沿中的半幅度值计算。采集时间和死区时间［式（2.34）］决定了回波个数 n_e。用于计算时间域均方根噪声［式（2.27）］的频率宽度为 $1/t_{\text{acq}}$。

通常采用增加电阻的方式来调整 RF 线圈的电阻以增大其频率带宽和减小 Q。下列讨论中的线圈阻值 R 作为一个变量来控制 RF 电路的带宽。图 2.19（a）为信号幅度（例如激发体积）与线圈阻值的关系。趋向 $R \to 0$ 极限时，激发带宽完全由电路带宽决定。因此，

增大电阻可以等效为增大激发体积（信号幅度正比于 R^1）。趋向 $R \to \infty$ 极限时，激发带宽由 RF 脉冲宽度决定，按 $R^{-1/2}$ 的规律衰减［式（2.36）］。信噪比的最大值出现在当 RF 电路带宽和 RF 脉冲激发带宽相当时［图 2.19（a）中部位置］。回波宽度［图 2.19（b）］表现为与回波幅度类似的特征，在对数—对数坐标系下，它们的水平镜像关系反映出二者的乘积为常数。此乘积正比于谱自旋密度，在强梯度 G_0 场条件下为空间自旋密度。如图2.19（c）所示为 CPMG 回波串的回波时间随 R 的变化关系。当 $R \to 0$ 时，回波时间由死区时间和采集时间同时决定。死区时间［式（2.34）］和回波宽度都正比于 R^{-1}，因此回波时间的渐近线仍为 R^{-1}。另一侧时 $R \to \infty$，死区时间可以忽略不计，回波时间主要由采集时间决定，增大关系为 $R^{1/2}$。

Hahn 回波序列的信噪比［图 2.19（d）］在 $R \to 0$ 时（此时线圈带宽决定激发带宽）不依赖于线圈电阻。这一现象可同时结合 $R \to 0$ 时（图 2.19（a）（b）］的结果来解释，还需注意探测敏感度与 $(B_1/i)_{xy}/\sqrt{R}$ 成正比。信噪比正比于回波幅度（回波幅度 $\propto R^1$）、正比于采集时间的平方根（采集时间 $\propto R^{-1}$）、正比于探测敏感区（$\propto R^{-1/2}$），因此所有不同的贡献互相抵消。$R \to \infty$ 时，回波幅度的贡献正比于 $R^{-1/2}$、采集时间的贡献为 $R^{1/4}$、探测敏感度的贡献为 $R^{-3/4}$ 不变。

图 2.19（d）同样给出了不同 RF 脉冲功率下的结果，表明增加施加的 RF 功率的唯一影响在于向更大 R 方向扩展了最大信噪比的范围。值得指出的是，如果线圈的内阻（无 Q

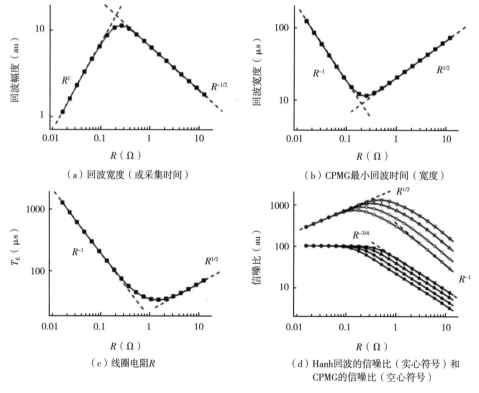

（a）回波宽度（或采集时间）

（b）CPMG最小回波时间（宽度）

（c）线圈电阻R

（d）Hanh回波的信噪比（实心符号）和 CPMG的信噪比（空心符号）

图 2.19　回波幅度（$\propto$ 激发体积）的影响因素

□、○、△、▽分别代表 W_{rf} 为 100W、300W、1000W 和 3000W

抑制）本来就已经处于最大信噪比范围内，那么在单回波序列下增加 RF 脉冲功率不会改善信噪比。但对于 CPMG 脉冲序列则不同，CPMG 脉冲序列的回波时间确定了能够采集的最大回波个数 ［式（2.34）］。其渐近特性可以通过与 Hahn 回波序列相同的方法计算，为 $T_E^{-1/2}$。当 $R \to 0$ 时，信噪比 $\propto R^{1/2}$；当 $R \to \infty$ 时，信噪比 $\propto R^{-1/2}$。信噪比达到最大值的位置依赖于所施加的 RF 脉冲功率。其最大值实际上是探测敏感度、激发带宽和 CPMG 回波个数等因素互相平衡的结果。有趣的是，对于使信号信噪比达到最大的电阻 $R_{\max}$ 来说，电路带宽和 RF 脉冲激发带宽达到了匹配，因此：

$$\Delta f_L = 1/t_{180} \tag{2.38}$$

结合式（2.35）和式（2.37）可以得到：

$$R_{\max} = \left[\frac{1}{2}\gamma L (B_1/i)_{xy}\right]^{2/3} W_{rf}^{1/3} \tag{2.39}$$

式（2.38）的条件可以代入到信噪比的通用表达式 ［式（2.28）］ 中。Hahn 和 CPMG 脉冲序列的信噪比比值由式（2.33）定义，考虑到 $t_{acq}=t_{180}$，该式可改写为

$$\psi_{CPMG} = \sqrt{\pi T_2/k_d}\sqrt{\Delta f_L}\psi \tag{2.40}$$

其中：
$$k_d = \frac{9}{4}\left[\ln(V_{pulse}/V_{noise}) + \pi\right] \tag{2.41}$$

2.3.3 一种信噪比的解析解

基于上述讨论，将式（2.28）与式（2.30）、式（2.38）、式（2.39）组合得到信噪比的表达式：

$$\psi_{CPMG} = \left[\frac{N\gamma^3\hbar^2 I(I+1)}{\pi 6\sqrt{2}(kT)^{\frac{3}{2}}}\sqrt{\frac{\pi T_2}{k_d}}\right]V^* B_0^2(B_1/i)_{xy}\left[\frac{\gamma(B_1/i)_{xy}}{2L^2}\right]^{1/3} W_{rf}^{1/6} \tag{2.42}$$

式（2.42）红色括号中的项依赖于样品特性（k_d 除外），红色括号之外的项依赖于硬件特性。磁场均匀性 V^* 给出了在 100kHz 频率范围内包含多少体积（cm^3）的样品。注意：对强梯度传感器来说，非均匀性仅考虑深度方向（一维问题时）。因此可以简写为 $1/G_0$ 的简单形式。B_0^2 项表征极化和感应作用。由于阻值已经经过优化与电路和激发带宽进行了匹配 ［式（2.39）］，所以这里并没有考虑 R 对于频率的依赖性（趋肤效应）。线圈效率 $(B_1/i)_{xy}$ 出现了两次，第一次（1 次幂）表征传统 NMR 中的探测效率，第二次（1/3 次幂）表征选择性激发。信噪比还依赖于线圈的电感值、施加的 RF 脉冲功率和其他在均匀场中并不起作用的许多参数。

式（2.42）可用于优化磁体和 RF 线圈的敏感度。磁体敏感度 $B_0^2 V^*$ 可通过三维磁场分布中敏感区域附近的场强直方图直接获得（图 2.18）。RF 线圈敏感度 $(B_1/i)_{xy}^{\frac{4}{3}}/L^{\frac{2}{3}}$ 可以以线圈尺寸和绕组匝数为变量的方程来实现最大化（线圈电阻满足 $R<R_{\max}$ 的限制条件下）。最终通过向谐振电路中增加电阻将电路电阻调整为 $R_{\max}$。

参 考 文 献

［1］Goelman G, Prammer MG（1995, Mar）The CMPG pulse sequence in strong magnetic-field gradients with applications to oil-well logging. J Magn Reson Ser A 113（1）：11-18

［2］Balibanu F, Hailu K, Eymael R, Demco DE, Blümich B（2000, Aug）Nuclear magnetic resonance in inhomogeneous magnetic fields. J Magn Reson 145（2）：246-258

［3］Hürlimann MD, Griffin DD（2000, Mar）Spin dynamics of carr-purcell-meiboom-gill-like sequences in grossly inhomogeneous B0 and B1 fields and application to NMR well logging. J Magn Reson 143（1）：120-135

［4］Hürlimann MD（2001, Feb）Diffusion and relaxation effects in general stray field NMR experiments. J Magn Reson 148（2）：367-378

［5］Hahn EL（1950）Spin echoes. Phys Rev 80（4）：580-594

［6］Carr HY, Purcell EM（1954）Effects of diffusion on free precession in nuclear magnetic resonance experiments. Phys Rev 94（3）：630-638

［7］Meiboom S, Gill D（1958）Modified spin-echo method for measuring nuclear relaxation times. Rev Sci Instrum 29（8）：688-691

［8］Ernst RR, Bodenhausen G, Wokaun A（1990）Principles of nuclear magnetic resonance in one and two dimensions. Oxford University Press, New York, NY

［9］Kaiser R, Bartholdi E, Ernst RR（1974）Diffusion and field-gradient effects in NMR Fourier spectroscopy. J Chem Phys 60（8）：2966-2979

［10］Song YQ（2002, July）Categories of coherence pathways for the CPMG sequence. J Magn Reson 157（1）：82-91

［11］Stejskal EO（1965）Use of spin echoes in a pulsed magnetic-field gradient to study anisotropic restricted diffusion and flow. J Chem Phys 43（10P1）：3597-3603

［12］Stejskal EO, Tanner JE（1965）Spin diffusion measurements - spin echoes in presence of a time-dependent field gradient. J Chem Phys, 42（1）：288-292

［13］Tanner JE（1970）Use of stimulated echo in NMR-diffusion studies. J Chem Phys 52（5）：2523-2526

［14］Hoult DI, Richards RE（1976）Signal-to-noise ratio of nuclear magnetic-resonance experiment. J Magn Reson 24（1）：71-85

［15］Hahn EL（1953）Free nuclear induction. Phys Today 6：65-70

［16］Hürlimann MD（2001, Apr）Optimization of timing in the carr-purcell-meiboom-gill sequence. Magn Reson Imaging 19（3-4）：375-378

［17］Callaghan PT（1991）Principles of nuclear magnatic resonance microscopy. Clarendon Press, Oxford

［18］Coates GR, Xiao L, Prammer MG（1999）NMR logging principles and applications. Halliburton Energy Services. Houston, TX

［19］Hürlimann MD, Venkataramanan L（2002, July）Quantitative measurement of two dimensional distribution functions of diffusion and relaxation in grossly inhomogeneous fields. J Magn Reson 157（1）：31-42

［20］ Song YQ, Venkataramanan L, Hürlimann MD, Flaum M, Frulla P, Straley C（2002, Feb）T_1-T_2 correlation spectra obtained using a fast two-dimensional laplace inversion. J Magn Reson 154（2）：261-268

［21］ Vold RL, Waugh JS, Klein MP, Phelps DE（1968）Measurement of spin relaxation in complex systems. J Chem Phys 48（8）：3831-3832

［22］ Markley JL, Horsley WJ, Klein MP（1971）Spin-lattice relaxation measurements in slowly relaxing complex spectra. J Chem Phys 55（7）：3604-3605

［23］ McDonald PJ（1997, Mar）Stray field magnetic resonance imaging. Prog Nucl Magn Reson Spectrosc 30：69-99

［24］ Kimmich R（1997）NMR：tomography, diffusometry, relaxometry. Springer, Berlin

［25］ Mitra PP, Sen PN, Schwartz LM（1993, Apr）Short-time behavior of the diffusion-coefficient as a geometrical probe of porous-media. Phys Rev B 47（14）：8565-8574

［26］ Mitra PP, Sen PN, Schwartz LM, Ledoussal P（1992, June）Diffusion propagator as a probe of the structure of porous-media. Phys Rev Lett 68（24）：3555-3558

［27］ Zielinski LJ, Hürlimann, MD（2005, Jan）Probing short length scales with restricted diffusion in a static gradient using the CPMG sequence. J Magn Reson 172（1）：161-167

［28］ Perlo J, Casanova F, Blümich B（2004, Feb）3D imaging with a single-sided sensor：an open tomograph. J Magn Reson 166（2）：228-235

［29］ Abragam A（1983）Principles of nuclear magnetism. Oxford University Press, New York, NY

［30］ Perlo J, Casanova F, Blümich B（2005, Sep）Profiles with microscopic resolution by single-sided NMR. J Magn Reson 176（1）：64-70

［31］ Fukushima E, Jackson JA（2002）Unilateral magnet having a remote uniform field region for nuclear magnetic resonance. US Patent, 6489872

3　一维和二维核磁共振测量方法

3.1　简介

扩散[1-4]、弛豫[5-7]和扩散—弛豫二维分布[8-10]的 NMR 测量已经成为研究材料和孔隙介质结构的重要技术，在生物系统和含烃岩石研究中都有所应用。这些测量方法探测分子水平上的动态信息，还对样品所处环境敏感，并且适用于描述非均匀系统。

由于扩散测量和弛豫测量不需要高强度和高均匀度磁场，因此弛豫测量和扩散测量实验相对于传统波谱测量来说相对容易实现。扩散测量和弛豫测量实验常常在基于永久磁体的系统上进行，其拉莫尔（Larmor）频率在几兆赫兹到几十兆赫兹之间。另外，这些测量还适用于非原位应用（例如样品位于仪器外部）。"Inside-Out"仪器发展非常迅速，其应用包括测井（在井眼中评价地层）[11]、利用单边 NMR 仪器进行材料测试[12]、利用杂散场进行扩散测量[13-14]。

3.1.1　弛豫测量

利用弛豫测量研究流体性质已有较长的历史。在前人的经验工作中[15]，Bloembergen、Pound 和 Purcell 指出流体的弛豫时间受旋转重定向的相关时间控制，在低拉莫尔频率下测得的弛豫时间与流体黏度具有很好的相关性[16]。最初发展 NMR 测井的原动力为利用地层中流体 NMR 性质的差异来区分油气水，但很快发现孔隙介质中的润湿相流体的弛豫时间主要受表面弛豫控制[17]。这时，弛豫时间能够提供饱含流体孔隙空间形状的信息，而不是黏度信息。在常见的弱表面弛豫率条件下，比表面积为 S/V_p 的孔隙中处于扩散状态的流体的弛豫速率为[5]

$$\frac{1}{T_i} = \rho_i \frac{S}{V_p} \qquad (i = 1, 2) \tag{3.1}$$

式中，ρ_1、ρ_2 分别为纵向和横向磁化矢量的表面弛豫率。

式（3.1）能描述很广范围的孔隙介质中的流体弛豫行为，包括生物样品[18-19]、沉积岩石[6]、木材[20]和水泥[21]等。非均匀样品中的弛豫衰减是非指数的，弛豫速率的分布可用于评估孔隙结构的非均质性。

3.1.2　扩散测量

布朗运动下的分子平移可以通过对样品直接施加磁场梯度来测量[3,22]。位移的均方差（即扩散系数）是分子尺寸的敏感探针[23-24]。在包含有分子混合物的复杂流体中，利用扩散系数的分布可以确定分子组分和分子尺寸的分布[25]。Bloembergen 在 1954 年就建议在 NMR 测井中进行扩散系数测量来区分地层中的不同流体[26]。

当分子受限于介质孔隙中时，平移扩散处于受限状态[27]。受限程度及其时间依赖性是获得孔隙空间几何结构信息的有力工具[1-2,4]。

3.1.3　扩散—弛豫分布方程

非均匀场中的扩散测量和弛豫测量可进一步扩展为 NMR 二维分布方程的测量[10]。与传统多维 NMR 波谱测量类似[28]，二维扩散—弛豫[10]或 T_1—T_2 分布方程包含比一维测量更丰富的信息。例如，单独利用一维弛豫时间测量不能确定信号来自润湿相还是非润湿相流体，使弛豫测量的解释结果变得模糊。二维核磁共振测量的更多应用将在 3.5 节中详细介绍。

3.2　非均匀场中的脉冲序列和自旋动态

当样品位于传感器外部时，静磁场和 RF 场的非均匀性以及自旋系统的偏共振效应使非原位 NMR 测量变得复杂。利用标准 NMR 设备进行 CPMG 脉冲序列一维 NMR 测量可确定样品的横向弛豫时间[29-30]，但纵向弛豫和扩散则通常需要二维测量。这里主要回顾样品覆盖的拉莫尔频率范围大于 RF 脉冲激发频带时的非均匀磁场情况。

3.2.1　自旋测量：CPMG 脉冲序列

CPMG 脉冲序列是非均匀场中许多测量方法的核心，这主要基于两个原因。

（1）CPMG 脉冲序列在一维实验中可测量的弛豫时间范围很大，甚至能在非均匀场中工作[31,33]。例如，测井应用中的弛豫时间分布范围通常为亚毫米到几秒不等，这需要几千个 180° 脉冲才能完成测量[11]。

（2）CPMG 脉冲序列能够利用回波叠加来提高信噪比。为此，最好使用最小的回波间隔 t_E，以便在给定的时间窗口内产生最大数量的回波。利用最小回波间隔进行探测是非均匀场中许多应用的共同特征。

在非均匀磁场中，精确计算包含上千个切片选择脉冲的脉冲序列作用下的自旋动态的难度非常大。当 t_E 比弛豫时间小得多时，对单个自旋来说，如果给定一个偏移频率 ω_0 和 RF 场强度 ω_1，上一个回波和下一个回波之间的磁化矢量演化可以 α （ω_0，ω_1）角度用绕轴 $\hat{n}$（ω_0，ω_1）旋转的总体旋转来描述[32,34]。如果观测时间足够短，则弛豫和扩散之前的时间将变得重要，第 k 个回波的总磁化矢量 $\boldsymbol{M}$ 为

$$\frac{\boldsymbol{M}(t=kt_E)}{M_0} = \int d\omega_0 f(\omega_0) [\boldsymbol{M}(0^+) \cdot \hat{n}]\hat{n}$$
$$+ \int d\omega_0 f(\omega_0) \{\boldsymbol{M}(0^+) - [\boldsymbol{M}(0^+) \cdot \hat{n}]\hat{n}\}\cos(k\alpha) \qquad (3.2)$$
$$+ \int d\omega_0 f(\omega_0) [\boldsymbol{M}(0^+) \times \hat{n}]\sin(k\alpha)$$

式中，$f(\omega_0)$ 为样品内拉莫尔频率的分布。

式（3.2）等号右侧第二项和第三项依赖于回波序数 k 和角度 $\alpha(\omega_0，\omega_1)$。由于非均匀场中的 $\alpha(\omega_0，\omega_1)$ 分布范围较宽，后两项只在前几个回波中产生可探测的信号贡献（引起回波幅度的初始瞬态现象，并影响回波形状），而随着 k 的增加会很快衰减掉。正如前些章节介绍的那样，前几个回波过后，回波信号完全由式（3.2）等号右侧第一项决定，与回波序数 k 无关[32]。

3.2.1.1 回波的弛豫

经过前几个回波的瞬态效应过后，CPMG 信号可以由下式很好地描述：

$$\frac{M(t=kt_{\mathrm{E}})}{M_0} = \left\{ \int \mathrm{d}\omega_0 f(\omega_0) \left[\boldsymbol{M}(0^+) \cdot \hat{n} \right] \hat{n} \right\} \exp\left(-\frac{kt_{\mathrm{E}}}{T_{2,\mathrm{eff}}} \right) \tag{3.3}$$

式（3.3）中，$\{\,\}$ 内决定了回波形状，指数项表示回波幅度的衰减。由于有效旋转轴 $\hat{n}$ 同时具有纵向和横向分量，时间常数 $T_{2,\mathrm{eff}}$ 同时依赖于 T_2 和 T_1[31-32]：

$$\frac{1}{T_{2,\mathrm{eff}}} = \langle n_\perp^2 \rangle \frac{1}{T_2} + \langle n_z^2 \rangle \frac{1}{T_1} \tag{3.4}$$

式中，$\langle\ \rangle$ 为所有拉莫尔频率的加权平均。

为了获得最大信噪比，最佳方法是使用渐近回波形状的匹配滤波提取回波幅度。对前几个回波的幅度进行瞬态影响校正之后，就可利用均匀场中的常规方法分析幅度衰减数据。

对于 $T_1/T_2 = 1$ 的样品，衰减时间常数 $T_{2,\mathrm{eff}} = T_2$，并与滤波方法无关。相比之下，若 $T_1/T_2 > 1$，CPMG 的衰减速率将慢于 $1/T_2$，并依赖于具体滤波方法。这种效应在图 3.1（b）中的实验结果中非常明显（样品的 $T_1/T_2 = 4$）。使用典型值 $\langle n_z^2 \rangle = 0.15$，式（3.4）显示衰减速率 $1/T_{2,\mathrm{eff}}$ 与 $1/T_2$ 的差别小于 15%，即使对很大的 T_1/T_2 也成立。

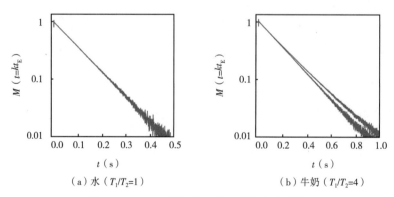

（a）水（$T_1/T_2=1$）　　　　　　（b）牛奶（$T_1/T_2=4$）

图 3.1　CPMG 回波串幅度衰减的实验结果

所有样品的回波幅度都利用匹配滤波和回波合成获得。对于 $T_1 = T_2$ 的水样，两个信号衰减吻合，不依赖于滤波方法。具有较高 T_1/T_2 的牛奶样品衰减速率依赖于所使用的滤波方法。回波合成方法得到的回波幅度衰减主要受 T_2 影响，并且衰减快于匹配滤波方法的结果（存在明显受 T_1 影响的组分）

基于上述讨论，$T_{2,\text{eff}}$ 和 T_2 之间的差距常常可忽略不计（尤其对于弛豫时间分布跨度在若干数量级的复杂样品来说）。

3.2.1.2 扩散效应

非均匀场中，扩散效应引起 CPMG 回波幅度的额外衰减。通过缩短回波间隔 t_E 能够减小扩散的影响，CPMG 脉冲序列（准共振脉冲）不断将磁化矢量重聚，非受限扩散贡献的额外衰减速率为

$$\frac{1}{T_{\text{diff}}} = \frac{1}{12}\gamma^2 G_0^2 D t_E^2 \tag{3.5}$$

式中，G_0 为静磁场梯度；D 为扩散系数。

非均匀场中，存在对信号产生贡献的大量额外相干路径。回波序数越大，额外相干路径相对于式（3.5）的 CPMG 路径对扩散越敏感[36-37]。如图 3.2 所示，非均匀场中的非指数衰减曲线包含比式（3.5）衰减更快的组分。但衰减仍然可按 $\gamma^2 G_0^2 D t_E^2$ 来刻度[36]。正如之前所述，通常使用最小 t_E 使信噪比最大化，同时在 CPMG 衰减过程中将扩散效应抑制为最小。在许多中等磁场梯度的情况下，扩散对衰减的贡献相对于弛豫可以忽略不计。

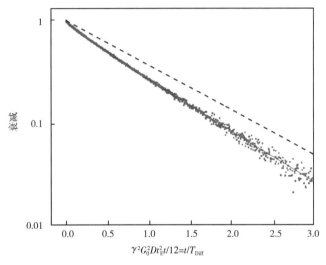

图 3.2　非均匀磁场中扩散对 CPMG 脉冲序列的影响[36]

扩散引起的衰减不服从指数规律，而依赖于式（3.5）中的回波时间 t 与扩散时间 T_{Diff} 的比值

3.2.2　基于静磁场梯度的扩散测量

传统 NMR 扩散测量常用施加可变幅度的梯度脉冲来实现[38-39]。在许多"Inside-Out"应用中，利用静磁场中的现有梯度更为实际。这时，最佳方法是利用 STRAFI 技术[14,40]测量扩散系数，通过系统地变化脉冲间隔来改变测量对扩散的敏感性。这种方法使信号幅度产生一个依赖于扩散的总衰减，优于上述基于 CPMG 的、产生扩散相关的弛豫率增强方法。

图 3.3 给出了适用于扩散测量的脉冲序列[10,13,41]。这些脉冲序列均由初始编码序列和后续 CPMG 脉冲序列组成。此时，扩散对 CPMG 的衰减因子为 exp（$-bD$）的形式。扩散敏感度 b 对于每个相干路径都是不同的，b 依赖于脉冲间隔，并与 G_0^2 成正比[36,42]。

利用磁体系统本身的非均匀性进行扩散测量，实际上是在编码序列中系统地改变 b（通过改变脉冲间隔实现）而进行的二维测量。在扩散编码序列之后使用 CPMG 脉冲序列（图 3.3）有很多优点，产生的一系列回波可叠加改善信噪比。整个测量得到的数据体还能用于获得样品二维分布方程，这将在后续章节详细讨论。

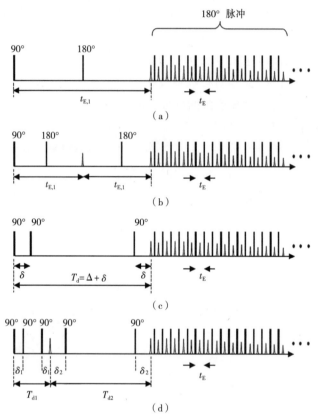

图 3.3　利用静磁场梯度测量扩散和扩散—弛豫分布的脉冲序列

该序列包含一个初始的扩散编辑序列，后接 CPMG 脉冲序列

最基本的扩散编码序列基于单个回波，如图 3.3（a）所示。如果要求在最短的时间内完成扩散编码，这种脉冲是最佳选择。在 $2t_E$ 时刻重聚的所有相干路径中，单自旋回波的相干路径的单位时间扩散敏感度最高，为 $b = \gamma^2 G_0^2 t_{E,1}^2 / 12$。

低黏度流体的慢对流能够干扰扩散测量。这时，图 3.3（b）中的脉冲序列适应性最强。其扩散编码通过第二个回波实现，能够补偿对流或流动效应对一阶项的干扰[29]。

图 3.3（a）和图 3.3（b）中的扩散编码均通过改变脉冲间隔 $t_{E,1}$ 来实现。对于 T_1/T_2 较大的样品或时间依赖扩散过程或受限扩散而言，选择基于受激回波的脉冲序列将非常有用，如图 3.3（c）所示。这时，扩散时间 T_d 保持恒定不变，而回波间隔 δ 改变。

若图 3.3（a）至图 3.3（c）方法中的扩散编码序列持续时间接近弛豫时间，则补偿扩散编码阶段的弛豫效应将非常重要。如果样品的 $T_1 \neq T_2$，这将非常困难。这种复杂性可以通过图 3.3（d）中包含两个连续的受激回波的编码序列来克服[43]。改变脉冲间隔 δ_1、δ_2、T_{d1} 和 T_{d2} 的变化方式，但保持 $\delta_1+\delta_2$ 和 $T_{d1}+T_{d2}$ 恒定不变，则弛豫衰减量在整个扩散编码阶段保持不变，不受扩散测量影响。

在强非均匀场中，不可避免的存在具有不同扩散敏感度的额外相干路径被非共振激发。这些额外的贡献可以通过恰当的相位循环来消除[44]。近期提出的一种替代方案，将多个相干路径以一种分离的方式在 CPMG 回波串中同时编码。这样将允许采用一次实验实现扩散测量[45]。

3.2.3　非均匀场中的 T_1 测量

非均匀场中的 T_1 测量原理与传统测量方法相同。纵向磁化矢量 M_z 被扳转到横向平面后，探测 M_z 向热平衡磁化矢量 M_0 的恢复过程随恢复时间 τ_1 的变化关系，由此获得时间常数 T_1。典型的实现方法有反转恢复法和饱和恢复法。在均匀场中，这两种方法对应的磁化矢量的恢复过程分别为 $M_z(\tau_1)=M_0[1-2\exp(-\tau_1/T_1)]$ 和 $M_z(\tau_1)=M_0[1-\exp(-\tau_1/T_1)]$。

这些方法可以修正以适用于非均匀场[36]。实现过程中必须考虑偏共振效应的影响，最初的磁化矢量扰动在样品范围内是不均匀的。恢复曲线可以始终表示为衰减和恢复信号二者之和的形式。

$$S(\omega_0,\tau_1) = s_1(\omega_0)\exp(-\tau_1/T_1) + s_2(\omega_0)[1-\exp(-\tau_1/T_1)] \qquad (3.6)$$

由于衰减和恢复贡献具有不同的谱分布 $s_1(\omega_0)$ 和 $s_2(\omega_0)$，回波形状随恢复时间 τ_1 变化，并对具体滤波方法敏感。如文献[36]所述，这种复杂的响应可以通过首先采集完全恢复的磁化矢量 $S(\omega_0,\tau_1\to\infty)=s_2(\omega_0)$ 来避免。由于信号差异 $\Delta S(\omega_0,\tau_1) \equiv S(\omega_0,\tau_1) - S(\omega_0,\tau_1\to\infty)$ 具有一致的谱分布 $s_1(\omega_0)-s_2(\omega_0)$，并且按指数 $\exp(-\tau_1/T_1)$ 规律衰减，所以能用传统方法分析。当基本 T_1 脉冲序列后面跟 CPMG 脉冲序列时，就可以从数据中获得 $T_1 - T_{2,\text{eff}}$ 二维分布[10]。

3.3　一维 NMR 分布方程

单边 NMR 系统面对的许多研究对象都是非均质物质系统，不能用单一弛豫时间或扩散系数来表征，其中典型的例子就是饱水岩石。沉积岩石孔隙空间的几何形状非常复杂，通常用孔隙大小分布来表征。小孔隙中的水分子弛豫快于大孔隙中的水分子。结果，总回波幅度表现为不同指数衰减叠加而成的非指数衰减。这时，需要对测量进行弛豫时间分布 $f(T_2)$ 的分析，根据下式对数据 M_i 进行拟合：

$$F(t_i) = \int f(T_2)\,\mathrm{e}^{-t_i/T_2}\mathrm{d}T_2 \qquad (3.7)$$

弛豫时间分布 $f(T_2)$ 满足非负限制 $f(T_2) \geqslant 0$。对于沉积岩石，得到的分布方程 $f(T_2)$ 能够利用式（3.1）反映样品的孔隙尺寸分布[46]。

对于非均质或复杂系统，扩散测量也遇到相同的问题。单指数拟合方程 $F(b_i) = \exp(-b_iD)$ 需要用包含扩散系数分布方程的表达式 $f(D)$ 替换：

$$f(b_i) = \int f(D)\,e^{-b_iD}\,dD \qquad (3.8)$$

其中：
$$f(D) \geqslant 0$$

复杂流体（例如原油）的扩散行为是式（3.8）的一个实例。如果样品是烷烃的混合物，则其扩散系数分布 $f(D)$ 直接与流体分子链长分布相关。

基于式（3.7）和式（3.8）的弛豫时间和扩散系数分布的实验数据分析方法，适合进行复杂和非均质系统的研究。由于这类系统不能够用简单模型描述，只使用有限的自由参数进行数据拟合，因此，NMR 这种不基于特定模型的分析方法是最恰当的。

3.3.1 数据反演

从实验数据中获取分布方程 $f(T_2)$ 和 $f(D)$ 的数学算法基于逆拉普拉斯变换[47-51]。逆拉普拉斯变换方法需要考虑 NMR 实验数据固有的自然病态条件。这种病态问题导致多指数数据的反演结果不唯一。即使是高信噪比的数据，仍然存在在一定实验误差条件下、满足实验数据的多个分布方程。如图 3.4（a）所示，为饱含水的碳酸盐岩样品的 CPMG 弛豫数据（$N=4000$），所用磁场为超导磁体磁场的边缘场，频率为 1.764MHz。回波幅度的衰减曲线明显偏离单指数衰减规律，反映了样品孔隙尺寸的分布。图 3.4（b）为在实验误差内满足图 3.4（a）中回波串数据的三个不同的 $f(T_2)$ 分布。

虽然图 3.4（b）中的三个分布差别很大，但三者得到的拟合曲线 $F(t_i)$ 几乎相同，在整个数据范围内的差别都小于 $5\times10^{-4}M_0$，比回波幅度的实验 σ 误差小 4 倍。另外，图 3.4 中的三个分布的面积几乎相等，$\int dT_2 f(T_2) = (0.208 \pm 0.002)M_0$，平均弛豫时间 $\langle T_2 \rangle = \int dT_2 f(T_2) T_2 / \int dT_2 f(T_2) = 563.0 \pm 4.2ms$。这些量对应于外推至初始 90° 脉冲时刻的磁化矢量 $M(t=0)$，与岩石孔隙度和归一化面积 $\int_0^\infty dt M(t)/M(t=0)$ 相关。

解自身的不确定性表明逆拉普拉斯变换面临挑战。解的某些特征严格受限，其他方面（例如组分数量）又很难确定[52-54]。就当前的例子来说，实验数据可用包含三个不同的组分（峰值位于 8ms、80ms 和 600ms）的分布来（细实线）描述，或者使用单个连续的分布（粗实线）描述。也就是说，不可能获得图 3.4（a）中数据对应的离散组分的可靠数量。

对弛豫时间进行解释时需要充分考虑这些不确定因素。传统最小二乘拟合方法利用随机噪声信息将数据和拟合结果的偏差最小化来寻找特定分布。这种解法得到的弛豫分布很可能具有尖锐的、类似脉冲函数的特征。重复测量会改变数据的噪声水平，导致最小二乘法每次都得到不同的解。因此，标准最小二乘法的解具有两个不良属性：（1）解决方案不可靠，解出的分布函数具体情况受到数据实际噪声的强烈影响，不具有可重复性；（2）尖锐的、类似脉冲函数的特征不符合复杂和非均匀系统的物理规律，不是系统的良好表征。

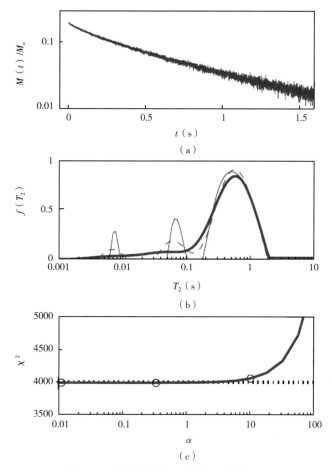

图 3.4 从弛豫数据中获得的一维分布

（a）饱水碳酸盐岩的弛豫时间测量结果。实验在超导磁体的边缘磁场完成，频率为 1.764MHz，采用 CPMG 脉冲序列，回波个数为 4000。（b）基于式（3.7）得到的 $f(T_2)$ 分布，三个分布分别对应正则化因子 $\alpha = 0.01$、

0.3 和 10。（c）归一化拟合误差 $\chi^2 = \sum_{i=1}^{N} \{[M_i - F(t_i)]^2/\sigma^2\}$ 与 α 的变化关系。当 $\alpha < 10$ 时，拟合误差接近 $N =$

4000（回波个数，图中虚线），表明拟合关系很好。（c）中三个分布对应的 α 用圆圈表示

3.3.2 正则化

人们发现在数学反演中利用正则化机制能够获得更稳定、更具代表性的解[48-51]。最简单的实现方式为在最小化目标函数加入包含正比于 α（正则化因子）的第二项，得到平滑分布函数：

$$C(\alpha) = \sum_{i=1}^{N} \left[\frac{M_i - F(t_i)}{\sigma} \right]^2 + \alpha \int f(T_2)^2 \mathrm{d}T_2 \qquad (3.9)$$

式中，σ 为实验数据的噪声水平。

α 控制两项的相对权重大小，并决定稳定性和偏差之间的权衡关系。若 α 非常小，则

反演问题退化为最小二乘拟合问题，所得到的分布易表现为尖峰形状，结果不稳定也无法重复。如果 α 非常大，则式（3.9）的目标函数主要受第二项控制，对数据的依赖性减小。方程的解非常光滑稳定、可重复性强、但偏差非常大、对数据的拟合效果差。因此，在反演算法中有必要将 α 调整到能够获得不稳定性和偏差二者最佳折中的最优值，以便得到最光滑的、能够很好的拟合实验数据的解。在所有能够拟合数据的解中，选择细节特性最少的解。

图 3.4（b）中的三条 $f(T_2)$ 曲线分别对应于使用三个不同的 α 得到的式（3.9）的解。解的拟合误差 [式（3.9）的第一项] 与 α 的关系如图3.4（c）所示。在 $\alpha \leqslant 10$ 的范围内，χ^2 与 α 无关，并接近回波个数 N，表明拟合效果非常好。拟合误差随着 α 的增大而快速增加。因此，本例的最优正则化因子为 $\alpha_{opt} = 10$，对应的最优解反演结果如图 3.4（b）中的实线曲线所示，对本例来说既能够拟合数据，又具有最少的结构数量。

3.3.3 系统误差分析

测量数据经反演得到弛豫时间分布 $f(T_2)$ 之后，分析拟合曲线与数据之间的残差 $F(t_i) - M_i$ 是必不可少的步骤。数学反演算法基于实验数据 $M_i = F(t_i) + \varepsilon_i$ 的假设，其中 $F(t_i)$ 由式(3.7)给出，ε_i 是标准偏差为 σ 的随机噪声。如果残差不稳定，即表现为系统的规律变化趋势，则说明式（3.7）中的核函数不足以完全描述数据特征，或者测量中含有系统误差，此时的反演结果不可信。

例如，在中等均匀静磁场中进行弛豫测量，若 RF 脉冲不均匀或脉冲持续时间设置不正确，则探测到的回波幅度不断起伏振荡[35]。这种实验条件下，式（3.2）中的第二项和第三项将对大量回波产生重要贡献和影响。这时，测量数据不能用式（3.7）来描述，其反演结果也是错误的。

3.3.4 不确定性分析

如果没有明显的系统误差，进行反演结果的不确定性分析也很重要。Parker 和 Song[54] 指出，数学上不可能直接对分布函数分配传统的误差棒。但是，可将感兴趣的许多量值与分布结果通过线性方程 $\int_a^b dT_2 \omega(T_2) f(T_2)$ 与之建立联系，便能分配误差棒。典型的有孔隙度 $\phi = \int_0^\infty dT_2 f(T_2)$ 和 T_2 平均值 $\langle T_2 \rangle = \int dT_2 (T_2) T_2 / \int dT_2 f(T_2)$。

这类派生量的不确定性有两个方面：解 $f(T_2)$ 的稳定性和偏差。稳定性依赖于解对实验数据中噪声的敏感程度。理想情况下，实验条件相同但噪声不同的两次重复性测量应能获得相同的解。稳定性可以通过向原始数据的拟合结果 $F(t_i)$ 增加一定的随机噪声 ε_i（具有相同的 σ）来模拟重复测量的数据采集过程进行考察。图 3.4(a) 中回波的噪声水平 $\sigma = 0.0023 M_0$，可得正则化因子 $\alpha = 10$ 时，孔隙度的稳定性为 $\delta\phi = \pm 0.0011 M_0$，平均 T_2 的稳定性为 $\delta\langle T_2 \rangle = \pm 3$。增大正则化因子可以得到更稳定的解，但同时会增大解的偏差。如图 3.4（c）所示，若 $\alpha > 10$，则解的拟合误差大于数据中的随机误差水平，这时的解有很大偏差。

考察正则化因子 α 小于 α_{opt} 的情况对结果的影响。图 3.4 给出了 ϕ 和 $\langle T_2 \rangle$ 随 α 的变化关系和及其稳定性分析。孔隙度和平均 T_2 对解的平滑性并不十分敏感，但对其他感兴趣的量来说却未必如此。Parker 和 Song[54] 全面阐述和讨论了这些问题及针对不确定性的系统考察方法，他们的方法不依赖于正则化，但考虑了反演问题的所有可能的解。

3.4   二维扩散—弛豫分布方程

将强非均匀场中测量弛豫和扩散性质的方法进行扩展，发展出了同时获得扩散、横向和纵向弛豫时间的多维分布测量方法[9-10]。与传统多维 NMR 波谱测量类似[28]，二维扩散—弛豫或 T_1—T_2 分布中包含比一维测量更丰富的信息。这里以介绍扩散—弛豫分布方程测量来说明这个概念。二维 NMR 测量的方法更加通用，在均匀场和非均匀场中都能进行，还能扩展至其他二维分布（如 T_1—T_2，流动—T_1 和流动—T_2）[56] 及交换测量（如扩散—扩散和 T_2—T_2 相关性分布）。

3.4.1   二维扩散—弛豫测量

非均匀场中测量扩散—弛豫分布的方法基于图 3.3 中的脉冲序列，它们都包含一个初始的扩散编码序列，后接弛豫编码的长重聚脉冲串。两个独立的变量分别为：（1）扩散序列脉冲间隔控制的扩散敏感度 b；（2）CPMG 脉冲序列部分的衰减时间 kt_E。图 3.5 是 NMR 测井仪[59] 利用图 3.3（b）中的脉冲序列在地下 1000m 深的油井中实测的二维数据体。图 3.3（b）中的脉冲序列称为"扩散编辑"序列，逐步增大前两个回波的回波间隔来对扩散编码，回波串的整体幅度呈衰减规律。

进行二维数据定量分析时，必须对前两个回波进行自旋动态校正（与之前讨论的 CPMG 脉冲序列类似）。只要将 $M(0^+)$ 重新解释为扩散编码序列结束后的磁化矢量，则式（3.2）仍然适用[44]。因此，可对扩散编码序列后的前几个回波做扩散无关的校正。

校正后，将当前脉冲序列下的二维实验数

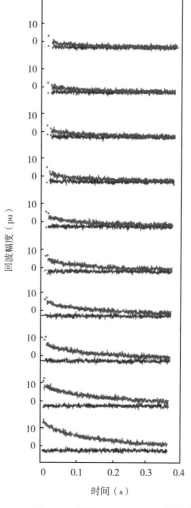

图 3.5   二维 NMR 测井（1.2MHz）曲线实例数据采集于地下 885m 处[59]。信息来自于距离井壁深 4cm 处的地层，图中给出了信号的实部和虚部幅度。图中从下至上，逐步增加回波间隔进行静态梯度场下的扩散信息编码。采集时，仪器保持静止状态，使用了 12 次测量数据叠加提高信噪比

据体 $M_{i,j}$ 按如下形式拟合：

$$f(b_i, t_j) = \iint dDdT_2 f(D, T_2) e^{-b_i D} e^{-(2t_{E,1}+t_j)/T_2} \tag{3.10}$$

式中，$f(D, T_2)$ 为扩散—弛豫分布，$f(D, T_2) \geqslant 0$；$t_j = jt_E (j = 1, 2, \cdots)$ 为扩散编码序列后的 CPMG 回波串中的回波时间。

严格地讲，T_2 应该为式（3.4）中的 $T_{2,\text{eff}}$。

3.4.2 数据分析

测量得到的回波幅度 $M_{i,j}$ 与二维分布方程通过二维拉普拉斯变换建立相关，见式（3.10）。因此，获得二维分布方程需要对实验数据进行二维逆拉普拉斯变换[60]。前些章节中讨论的一维反演问题分析同样适用于二维问题。二维逆拉普拉斯变换自身的病态问题表明：存在许多满足数据拟合误差的二维分布 $f(D, T_2)$，其中许多分布包含锐化的脉冲函数形态（位置和幅度略微不同）。传统的拟合方法通过将拟合误差最小化来选择一个可能的解。因为每次重复测量的噪声都不同，两次不同的测量就可能得到两个不同的解。因此，传统拟合方法的结果不稳定、重复性差。在许多复杂的系统中，所期望的解的分布应是连续的，而不是这类锐化特征。

与一维问题相似，在最小化目标方程中引入正则化项：

$$C(\alpha) = \sum_i \sum_j \left[\frac{M_{i,j} - F(b_i, t_j)}{\sigma} \right]^2 + \alpha \iint dDdT_2 f(D, T_2)^2 \tag{3.11}$$

α 同样控制解的稳定性和偏差的折中权重。较小的 α 得到的分布方程解能够很好地拟合数据，但结果中的细节非常不稳定，且依赖于数据中具体的噪声水平。较大的 α 得到的分布方程解非常稳定、重复性好；但拟合误差大于根据实验数据噪声的估算结果，解的偏差很大。

二维数据反演算法的实现与一维情况非常相似，但典型的二维数据体的数据量非常大，反演过程非常缓慢。Venkataramanan 等[60]发展的算法解决了这个问题，该算法首先通过奇异值分解（SVD）对数据进行筛选，使用压缩后的数据采用基于 Butler 等[61]提出的正则化方法和非负限制进行反演，非常适合于多维 NMR 数据体。

利用这种方法对图 3.5 中的井下实测数据进行反演的结果如图 3.6 所示。$\alpha = 100$（或更小）得到分布方程能很好地拟合数据，并清晰地区分出油相和水相两类主要组分。四幅图给出了 α 对反演结果的影响。对于最小的 α，在主峰之外出现了额外噪声。$10 \leqslant \alpha \leqslant 100$ 时，消除了这些伪特征，但一定程度上扩宽了两个主要组分的分布。当 $\alpha \leqslant 100$ 时，得到的 $f(D, T_2)$ 分布对数据的拟合效果几乎一样好（拟合误差几乎相等）。随着正则化因子的进一步增大，拟合误差增大非常明显并出现偏差。此例中，$\alpha_{\text{opt}} \approx 100$。

3.4.3 分布方程的解释方法

在分析和解释二维扩散—弛豫分布时，需要考虑逆拉普拉斯变换反演方法本身的固有限制。如图 3.6 所示，使用 $\alpha = 0.1$、10、100 得到的三个不同分布都能很好地拟合实验数

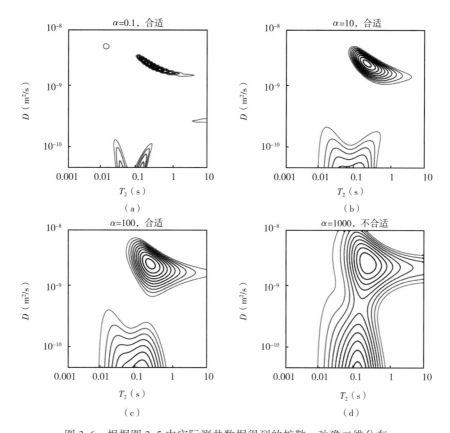

图 3.6 根据图 3.5 中实际测井数据得到的扩散—弛豫二维分布

扩散系数大于 $10^{-9}\mathrm{m^2/s}$ 的分布与水对应，与油峰能很好区分。四幅图给出了 α 对反演结果的影响。对于最小的 α，在主峰之外出现了额外噪声。随着 α 增大，分布范围变宽，伪谱消失。α 大于 100 时，拟合结果较差。因此，α 的最优值在 10~100 之间

据，表明最小 α 对应的反演结果 $f(D, T_2)$ 中的某些细节特征并不是样品真实特征的反映。拉普拉斯变换与傅里叶变换不同，很难直接得到其拉普拉斯变换的分辨率，其二维分布分辨率依赖于信噪比和具体数据采集过程[52-54]。

为了避免对所得二维分布中的伪细节特征进行错误解释，推荐选择所有 $f(D, T_2)$ 解中最平稳、但又能很好地拟合实验数据的一个解（采用最大正则化因子、具有最小拟合误差）。最优正则化因子 α_{opt}[60] 必须根据具体的实验条件来确定。如图 3.6 所示的例子中，α_{opt} 约为 100。

与一维分布类似，不能直接对给定 D 和 T_2 的分布函数 $f(D, T_2)$ 分配传统的误差棒。但与 $f(D, T_2)$ 相关的、在一定有限 D—T_2 平面内的积分量和派生量包含许多有意义的信息。例如，图 3.6 的结果中扩散系数 D 大于 $0.7\times10^{-9}\mathrm{m^2/s}$ 的贡献比例与含水饱和度对应。即使反演中包含一些固有的不确定性，这个量也得到很好的约束，并具有很小的边界（$53\%\pm0.7\%$）。

类似地，对于一个给定的弛豫时间，平均扩散系数为

$$\langle D(T_2) \rangle = \frac{\int dD D f(D, T_2)}{\int dD f(D, T_2)} \qquad (3.12)$$

这种方法应用的实例将在第3.5节的受限扩散分析中给出。

通过调整实验参数（例如：磁场梯度、$t_{E,1}$、t_E 和回波个数 N），使其与感兴趣的参数之间具有最佳的敏感度[53]也非常重要。实验对于小于 t_E 的弛豫时间和大于 b_{max}^{-1} 的扩散系数的敏感度有限，虽然能探测到扩散系数小于 b_{max}^{-1} 和弛豫时间大于总回波时间的贡献，但不能分别精确确定其扩散或弛豫的性质。通常期望回波间隔 t_E 越小越好，同时保证总回波串的持续时间 $N t_E$ 能够覆盖整个弛豫时间过程。实际应用中，需要在总功耗限制、采集存储空间或数据传输能力之间做出权衡和折中。

3.5 二维 NMR 分布方程的应用

本节阐述 $D—T_2$、$T_1—T_2$ 分布方程的最新应用。这种二维弛豫和扩散测量在样品包含复杂流体、流体混合物或含流体孔隙介质等多相系统中特别有用。这类系统无所不在，较为重要的有：地层中的原油和盐水混合物、植物和树木中的水分含量、生物或食品中脂肪和水分的分布、建筑材料（例如混凝土）中的水含量。均匀场中需要使用魔角自旋技术消除磁化率差异引起的局部非均匀性[62]，多相系统的描述对基于标准 NMR 波谱的分析方法是一个挑战。相比之下，$D—T_2$、$T_1—T_2$ 分布方程不需要高强磁场，非常适合于低场 "Inside-Out" 结构传感器。

NMR 二维分布方程在含烃地层测井技术中有广泛的应用[59]，是定性识别和定量评价地层流体的关键工具，能够帮助理解流体在孔隙空间中的赋存状态。在商业应用中，NMR 仪器在自井底向上运动的过程中连续测量[63]。NMR 仪器还具有不同的径向探测深度，能实现钻井液滤液的侵入剖面监测。NMR 二维分布测量还被用于医学、生物学[64]和食品[65-66]等领域。

为了说明二维分布方程所含信息的价值，本节将给出许多应用实例。这些例子都在超导磁体的边缘磁场中完成测量，其拉莫尔频率为 1.75MHz 或 5MHz，对应的梯度为 132mT/m 或 545mT/m。α_{opt} 利用上述算法确定。

3.5.1 双组分系统

在许多多组分系统中，$D—T_2$ 分布能够清晰地识别和区分不同的组分。如图 3.7 所示为两种具有较大差异的样品的测量实例。图 3.7（a）为包含盐水和原油混合物的碳酸盐岩心[67]，不但能清晰地区分出两种流体相，还能够定量计算各自含量。水相的贡献通过自扩散系数接近水的分子自扩散系数（$2×10^{-9} m^2/s$）这一特征来识别。这部分信号的弛豫时间分布范围跨度为一个数量级，表征了孔隙空间的比表面积。原油的成分中包含的分子分布范围很大，所以 D 和 T_2 的分布都很宽，而且原油信号的 D 和 T_2 有非常强的相关性。图 3.7（b）为乳制品的测量结果。格鲁耶尔（Gryére）奶酪样品[66]的两相组分分别为水分（高扩散系数）和脂肪球（低扩散系数）。

这两个实例中，D—T_2 测量都能定量确定两种组分的含量。不同信号的位置和形状与两种组分的关键物理和化学性质及物理结构之间存在着密切的关系。下面的例子中将更清晰地说明这一点。

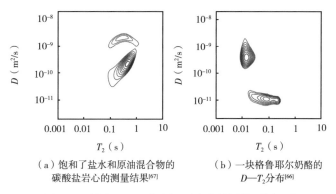

|（a）饱和了盐水和原油混合物的碳酸盐岩心的测量结果[67]|（b）一块格鲁耶尔奶酪的 D—T_2 分布[66]|

图 3.7　利用 D—T_2 分布识别和定量评价不同组分

图（a）中上方的组分为盐水，其扩散系数接近水的分子自扩散系数，其弛豫时间反映出孔隙大小的分布。面积较大的原油信号反映出原油中的分子大小分布较宽。可清晰地区分出水和脂肪。脂肪被包含在小球中，降低了其扩散系数

当系统中的不同组分表现出不同的 T_1/T_2 比例时，T_1/T_2 分布测量同样可以将其区分。在许多系统中，低场下的 T_1/T_2 被限制在很窄的范围内。但也有非常有趣的例外情况，那就是当至少一个组分的自旋动态受到慢于拉莫尔频率的分子运动影响时。这种情况下，T_1 和 T_2 发生明显的分离。例如，当拉莫尔频率为 5MHz 时，牛奶样品中的水分子和蛋白质之间的相互作用导致其 T_1/T_2 比脂肪大得多[66]。利用这种影响，可以根据测量得到的 T_1/T_2 差异来区分和识别这两种组分，如图 3.8 所示。

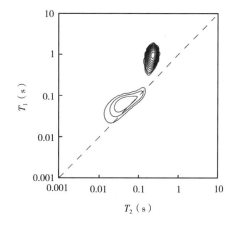

图 3.8　多脂奶油的 T_1—T_2 测量结果

基于不同 T_1/T_2 可清晰地区分脂肪和水两种组分。脂肪的 $T_1/T_2 \approx 1$ 用虚线表示；由于存在蛋白质，水相的 $T_1/T_2 \approx 4$

3.5.2　润湿性

D—T_2 分布还能确定饱和流体孔隙介质的润湿性和流体赋存状态，如图 3.9 所示。两块样品分别为选自同一口油井的水层［图 3.9（a）（c）］和油层［图 3.9（b）（d）］的细粒岩心。图 3.9（a）和图 3.9（b）是岩心饱含水时的结果。两块岩心的弛豫时间基本相同，说明两块岩心的孔隙大小分布非常相似。测量得到的扩散系数小于水分子的扩散系数，说明发生的是受限扩散，即孔隙大小小于扩散长度。图 3.9（c）和图 3.9（d）是

这两块岩心饱和十二烷时的测量结果，测量得到的扩散系数同样小于油分子的扩散系数，减小的程度与饱和水时相同。由于两块岩心的润湿性差异，二者的弛豫时间测量结果明显不同。来自水层的岩心 ［图 3.9（a）（c）］ 主要为水润湿相，十二烷进入孔隙后，绝大部分岩石表面仍然被剩余水薄膜覆盖，很大程度上减小了油分子的表面弛豫。相反地，岩心 ［图 3.9（b）（d）］ 的孔隙表面润湿相被原油及其表面活性分子改变，呈部分油润湿性。十二烷进入孔隙后，剩余水薄膜覆盖孔隙表面较小的一部分，油分子直接与矿物表面接触，发生更有效的弛豫。

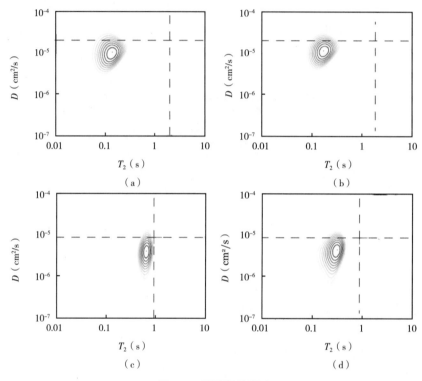

图 3.9　润湿性的影响

两块具有相似孔隙大小分布和渗透率的细粒岩心的 $D—T_2$ 分布。两块岩心分别取自同一口井的水层 ［（a）（c）］ 和油层 ［（b）（d）］。（a）和（b）是岩心饱含水时的结果，（c）和（d）是这两块岩心又吸入十二烷后的结果。虚线分别表示自由水和十二烷的弛豫时间和扩散系数。受到受限扩散的影响，所有测量结果中的扩散系数都较自由状态值有相同程度的降低。这表明水的几何形态主要由孔隙空间决定，且在这几种情况下几乎相同。弛豫测量对岩心表面性质和润湿性条件敏感。（b）和（d）的岩心孔隙表面与油相接触，呈部分油润湿性，反映为油有很强的表面弛豫。两块岩心具有相似的渗透性，但不同的表面性质导致相对渗透率和两相流体有关性质的差异很大

3.5.3　复杂互溶流体

自然界中的许多流体是具有不同尺寸和化学性质的分子的复杂混合物。在这类流体中，分子大小的分布决定了其弛豫时间和扩散系数分布也较宽。二维 $D—T_2$ 分布可作为复杂流体的指纹[68]。由于弛豫时间对分子旋转扩散性质敏感，二维 $D—T_2$ 分布受到分子形

状、化学性质和分子间相互作用的影响。因此，扩散—弛豫二维分布还受到平移扩散和旋转扩散因子间的相关性影响。图 3.10 为三个不同原油样品的 $D—T_2$ 分布测量结果。含有不同化学组分的原油表现出不同的扩散系数与弛豫时间的相关性。

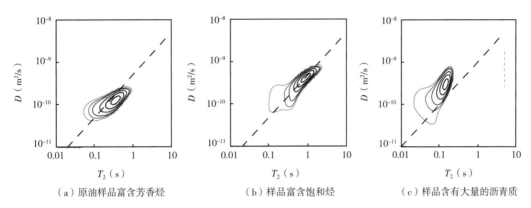

（a）原油样品富含芳香烃　　　（b）样品富含饱和烃　　　（c）样品含有大量的沥青质

图 3.10　复杂流体的指纹：$D—T_2$ 分布

图中虚线为纯烷烃的相关性标志线

3.5.4　结构化流体

结构化流体（例如胶质、乳状液和液态晶体）是适合用二维 NMR 技术进行研究的另一类重要材料。这类系统中，流体在微米级或更低尺度上呈不均匀状态，其结构会改变流体的扩散和弛豫性质。扩散—弛豫分布方程可以作为此类流体性质的一个敏感探针。图 3.11 中分别为均匀流体、胶质和乳状液的测量实例。三者测量结果的差异反映出三种流体的不同结构[68]。图 3.11 中第一个样品为原油（与 3.5.3 节中的样品相似），这种均匀流体的扩散系数和弛豫时间有很强的相关性。第二个样品为蜡质油，经降温至蜡态相变温度之下呈胶质状态。此时仅有一小部分分子形成了网络结构，剩余分子的旋转性质受这部分网络的影响非常微弱，但平移扩散受到明显限制，导致其 $D—T_2$ 分布在扩散系数维度上明

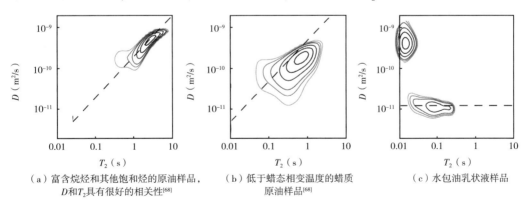

（a）富含烷烃和其他饱和烃的原油样品，　（b）低于蜡态相变温度的蜡质　　　（c）水包油乳状液样品
D 和 T_2 具有很好的相关性[68]　　　　原油样品[68]

图 3.11　流体的扩散弛豫分布能够反映其结构

（b）中胶质的形成使 D 减小，但 T_2 未受明显影响，（c）中以奶酪为例，
脂肪组分的扩散系数由脂肪球大小决定，与 T_2 无关[66]

显变宽。第三个样品为乳状液，本例中奶酪的脂肪分子具有很宽的分布范围，使弛豫时间范围变宽。这些脂肪分子都被限制在小脂肪球中，球泡尺寸使扩散受限，最终产生了 D—T_2 分布方程中脂肪信号在水平方向上的独特特征。

3.5.5　多孔介质的孔隙结构

弛豫测量常用于研究饱水孔隙介质的孔隙结构，见 3.1.1 节。通过检测扩散自旋的受限程度，弛豫测量可用于确定孔隙大小[4]。由于粒子与孔隙壁的碰撞同时控制着额外的弛豫和视扩散系数的衰减，这两种作用强的相关性。图 3.12 为平均扩散系数 $\langle D(T_2) \rangle$ 和弛豫时间 [式 (3.12)] 相关性测量结果，样品为取自中东一口油井中的饱和盐水碳酸盐岩

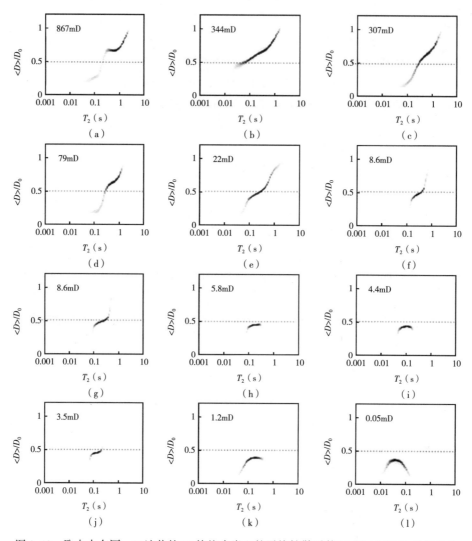

图 3.12　取自中东同一口油井的 12 块饱水岩心的平均扩散系数 $\langle D(T_2) \rangle$ 和 T_2 的相关性

岩心根据渗透率大小排列。弛豫时间与扩散系数的减小均是水分子碰撞孔隙壁的结果。因此这些图像
能够描述每个岩心孔隙结构特征。测量时的扩散时间 T_d 固定为 20ms

心，使用图 3.3（c）中的脉冲序列（$T_d = 20\mathrm{ms}$）。这些岩心的孔隙大小分布很宽。在大孔隙中，水分子与岩石颗粒表面的碰撞概率相对较低，其弛豫时间接近水的自由体弛豫时间，视扩散系数接近分子扩散系数 D_0。在小孔隙中，弛豫时间和测量得到的平均扩散系数均有所减小。

这口井岩心的孔隙度基本都在29%左右，但岩石结构和平均孔隙分布很广，导致渗透率范围跨度大于 4 个数量级。如图 3.13 所示，平均弛豫时间 $\langle T_2 \rangle$ 和平均扩散系数 $\langle D \rangle$ 均与渗透率有很好的相关性。有趣的是饱水样品的 $\langle D \rangle$ 与渗透率的相关性强于 $\langle T_2 \rangle$。相对于控制弛豫的几何参数而言，控制扩散的孔隙几何参数与控制渗透率的尺度之间的相关性更强。测量得到的扩散系数衰减由扩散长度尺度（$2\sqrt{D_0 T_d} \approx 14\mu\mathrm{m}$）大小的孔隙和孔隙连通性控制；弛豫速率由局部比表面积、孔隙表面粗糙程度和表面弛豫率决定。

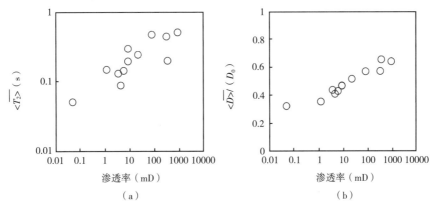

图 3.13　饱水岩心（同图 3.12）的平均弛豫时间（a）和平均扩散系数
（b）与渗透率的相关性扩散数据与渗透率具有很强的相关性

3.6　小结

目前非原位 NMR 应用中的一维和二维分布测量取得了很大进展，这依赖于许多方面的进步。首先，透彻理解了在非均匀场中施加数千个切片选择脉冲（包含弛豫和扩散作用）下的自旋动态。这使针对样品特定性质优化脉冲序列设计成为可能。其次，发展了利用实验数据获得分布方程的有效反演算法，解决了逆拉普拉斯变换的自然病态问题带来的数学计算方面的困难，此外还克服了待分析数据体的数据量庞大的挑战。

一维 T_2 分布方程的数据采集基于一维 CPMG 测量，而扩散或 T_1 分布的数据采集需要进行二维测量。对于非均匀场中的这类测量来说，在编码脉冲后接一长串 180° 脉冲（CPMG 脉冲序列）有利于获得多路信号，大幅度提高信噪比。

将一维测量扩展到二维分布测量（例如 $D—T_2$ 和 $T_1—T_2$）是一个重要进展。与传统多维 NMR 波谱测量类似，多维 NMR 分布测量包含比一维测量更丰富的信息。最初的二维 NMR 多集中在 $D—T_2$ 和 $T_1—T_2$，但其方法具有一般性，可用于设计其他相关量的非原位测量，包括流动—弛豫[56]、不同弛豫和扩散组分的交换测量[57]。

二维分布特别适合于研究复杂或非均匀系统。这类系统的存在非常广泛，包括生物学[69]、医学[64]、材料和食品科学[65-66,70]中的软组织系统，天然复杂流体[10,68]和饱和流体的孔隙介质[9-10,44,59]。

二维分布的一个特别优势在于能够提供不依赖特定模型的数据分析方法。3.5节中给出了 D—T_2 分布描述食品、复杂流体和饱含流体的地质样品的实例。单边 NMR 技术无须接触样品就能获得上述分布方程提供的有价值的、新的独特信息。这些信息可用于识别地质样品流体，区分并定量描述多相互溶流体，研究孔隙的润湿性质和表面相互作用，描述孔隙介质中流体的赋存状态。

这些单边 NMR 技术与传统 NMR 波谱法相比还有另一个关键优势：对于场强、均匀性和静磁场稳定性的要求不那么严格。这使设计和制作可大幅度增强这些测量能力的仪器成为可能，而不再局限于标准实验室环境。这种新技术已经成为商业 NMR 测井仪器的常规测量方法[63]，测量时将 NMR 仪器放入井眼中（深度达几千米，温度大于 170℃，压力大于 150MPa）。NMR 测井仪器在沿井眼运动的过程中连续地采集二维分布，用于获得井眼附近地层中流体的具体信息。NMR 测井证实了能够在非常恶劣的环境中实现非原位扩散和弛豫测量。这些技术一定能够在更多样化的领域中得到更丰富的应用。

参 考 文 献

［1］ Cory DG，Garroway AN（1990）Measurement of translational displacement probabilities by NMR：an indicator of compartmentation. Magn Reson Med 14：435-444

［2］ Callaghan PT，Coy A，MacGowan D，Packer KJ，Zelaya FO（1991）Diffraction-like effects in NMR diffusion studies of fluids in porous solids. Nature 351：467-469

［3］ Callaghan PT（1991）Principles of nuclear magnetic resonance microscopy. Clarendon Press，Oxford

［4］ Mitra PP，Sen PN，Schwartz LM，and Le Doussal P（1992）Diffusion propagator as a probe of the structure of porous media. Phys Rev Lett 68：3555-3558

［5］ Brownstein KR，Tarr CE（1979）Importance of classical diffusion in NMR studies of water in biological cells. Phys Rev A 19：2446

［6］ Kenyon WE，Day PI，Straley C，Willemsen JF（1988）A three-part study of NMR longitudinal relaxation properties of water-saturated sandstones. Soc Petrol Eng Form Eval 3：622-636；Erratum：Soc Petrol Eng Form Eval 4：8（1989）

［7］ D'Orazio F，Tarczon JC，Halperin WP，Eguchi K，Mizusaki T（1989）Application of nuclear magnetic resonance pore structure analysis to porous silica glass. J Appl Phys 65：742-751

［8］ English AE，Whittal KP，Joy MLG，Henkelman RM（1991）Quantitative two-dimensional time correlation relaxometry. Magn Reson Med 22：425-434

［9］ Song Y-Q，Venkatarmanan L，Hürlimann MD，Flaum M，Frulla P，Straley C（2002）T_1-T_2 correlation spectra obtained using a fast two-dimensional Laplace inversion. J Magn Reson 154：261-268

［10］ Hürlimann MD，Venkataramanan L（2002）Quantitative measurement of two dimensional distribution functions of diffusion and relaxation in grossly inhomogeneous fields. J Magn Reson 157: 31-42

[11] Kleinberg RL (1996) Well logging. In: Encyclopedia of nuclear magnetic resonance, vol 8. John Wiley & Sons, Chichester, pp 4960-4969

[12] Eidmann G, Savelsberg R, Blümler P, Blümich B (1996) The NMR MOUSE, a mobile u-niversal surface explorer. J Magn Reson A 122: 104-109

[13] Kimmich R, Fischer E (1994) One- and two-dimensional pulse sequences for diffusion experiments in the fringe field of superconducting magnets. J Magn Reson A 106: 229-235

[14] McDonald PJ (1997) Stray field magnetic resonance imaging. Prog Nucl Magn Reson Spect 30: 69-99

[15] Bloembergen N, Purcell EM, Pound RV (1948) Relaxation effects in nuclear magnetic resonance absorption. Phys Rev 73: 679-712

[16] Zega A, House WV, Kobayshi R (1989) A corresponding-states correlation of spin relaxation in normal alkanes. Physica A 156: 277-293

[17] Brown RJS (2001) The Earth's-field NML development at Chevron. Concepts Magn Reson 13: 344-366

[18] Belton PS, Jackson RR, Packer KJ (1972) Pulsed NMR studies of water in striated muscle. Transverse nuclear spin relaxation times and freezing effects. Biochim Biophys Acta 286: 16-25

[19] Hazelwood CF, Chang DC, Nichols BL, Woessner DE (1974) Nuclear magnetic resonance transverse relaxation times of water proton in skeletal muscle. Biophys J 14: 583-606

[20] Araujo CD, MacKay AL, Whittall KP, Hailey JRT (1993) A diffusion model for spin-spin relaxation of compartmentalized water in wood. J Magn Reson B 101: 248-261

[21] Halperin WP, Jehng JY, Song YQ (1994) Application of spin-spin relaxation to measurement of surface area and pore size distributions in a hydrating cement paste. Magn Reson Imaging 12: 169-173

[22] Hahn EL (1950) Spin echoes. Phys Rev 80: 580-594

[23] Einstein A (1906) Eine neue Bestimmung der Moleküldimensionen. Annalen der Physik 19: 289-306

[24] Douglass DC, McCall DW (1958) Diffusion in paraffin hydrocarbons. J Phys Chem 62: 1102-1107

[25] Freed DE, Burcaw L, Song Y-Q (2005) Scaling laws for diffusion coefficients in mixtures of alkanes. Phys Rev Lett 94: 067602

[26] Bloembergen N (1966) Paramagnetic resonance precession method and apparatus for well logging. United States Patent No. 3, 242, 422A. Filed 1954, issued 1966.

[27] Woessner DE (1963) NMR spin-echo self-diffusion measurements on fluids undergoing restricted diffusion. J Phys Chem 67: 1365-1367

[28] Ernst RR, Bodenhausen G, Wokaun A (1987) Principles of nuclear magnetic resonance in

one and two dimensions. Clarendon Press, Oxford

[29] Carr HY, Purcell EM (1954) Effects of diffusion on free precession in nuclear magnetic resonance experiments. Phys Rev 94: 630-638

[30] Meiboom S, Gill D (1958) Modified spin-echo method for measuring nuclear relaxation times. Rev Sci Instrum 29: 688-691

[31] Goelman G, Prammer MG (1995) The CPMG pulse sequence in strong magnetic field gradients with applications to oil-well logging. J Magn Reson A 113: 11-18

[32] Hürlimann MD, Griffin DD (2000) Spin dynamics of Carr-Purcell-Meiboom-Gill-like sequences in grossly inhomogeneous B_0 and B_1 fields and application to NMR well logging. J Magn Reson 143: 120-135

[33] Bălibanu F, Hailu K, Eymael R, Demco DE, Blümich B. (2000) Nuclear magnetic resonance in inhomogeneous magnetic fields. J Magn Reson 145: 246-258

[34] Jaynes ET (1955) Matrix treatment of nuclear induction. Phys Rev 98: 1099-1105

[35] Bull TE (1974) Effect of RF field inhomogeneities on spin-echo measurements. Rev Sci Instrum 45: 232-242

[36] Hürlimann MD (2001) Diffusion and relaxation effects in general stray field NMR experiments. J Magn Reson 148: 367-378

[37] Song Y-Q (2002) Categories of coherence pathways for the CPMG sequence. J Magn Reson 157: 82-91

[38] Stejskal EO, Tanner JE (1965) Spin diffusion measurements: spin echoes in the presence of a time-dependent field gradient. J Chem Phys 42: 288-292

[39] Cotts RM, Hoch MJR, Sun T, Markert JT (1989) Pulsed field gradient stimulated echo methods for improved NMR diffusion measurements in heterogeneous systems. J Magn Reson 83: 252-266

[40] Kimmich R, Unrath W, Schnur G, Rommel E (1991) NMR measurement of small selfdiffusion coefficients in the fringe field of superconducting magnets. J Magn Reson 91: 136-140

[41] Rata DG, Casanova F, Perlo J, Demco DE, Blümich B (2006) Self-diffusion measurements by a mobile single-sided NMR sensor with improved magnetic field gradient. J Magn Reson 180: 229-235

[42] Woessner DE (1961) Effects of diffusion in nuclear magnetic resonance spin-echo experiments. J Chem Phys 34: 2057-2061

[43] Fischer E, Kimmich R (2004) Constant time steady gradient NMR diffusometry using the secondary stimulated echo. J Magn Reson 166: 273-279

[44] Hürlimann MD, Venkataramanan L, Flaum C (2002) The diffusion - spin relaxation time distribution function as an experimental probe to characterize fluid mixtures in porous media. J Chem Phys 117: 10223-10232

[45] Hürlimann MD (2007) Encoding of diffusion and T_1 in the CPMG echo shape: single-shot

D and T_1 measurements in grossly inhomogeneous fields. J Magn Reson 184：114-129

[46] Kenyon WE (1992) Nuclear magnetic resonance as a petrophysical measurement. Nucl Geophys 6：153

[47] Provencher SW (1982) A constrained regularization method for inverting data represented by linear algebraic or integral equations. Comput Phys Commun 27：213-227

[48] Kroeker RM, Henkelman RM (1986) Analysis of biological NMR relaxation data with continuous distributions of relaxation times. J Magn Reson 69：218-235

[49] Whittall KP, MacKay AL (1989) Quantitative interpretation of NMR relaxation data. J Magn Reson, 84：134-152

[50] Fordham EJ, Sezginer A, Hall LD (1995) Imaging multiexponential relaxation in the (y, loge T_1) plane, with application to clay filtration in rock cores. J Magn Reson A 113：139-150

[51] Borgia GC, Brown RJS, Fantazzini P (1998) Uniform-penalty inversion of multiexponential decay data. J Magn Reson 132：65-77

[52] Brown RJS (1989) Information available and unavailable from multiexponential relaxation data. J Magn Reson 82：539-561

[53] Borgia GC, Brown RJS, Fantazzini P (2000) Uniform-penalty inversion of multiexponential decay data II. Data spacing, T_2 data, systematic data errors, and diagnostics. J Magn Reson 147：273-285

[54] Parker RL, Song YQ (2005) Assigning uncertainties in the inversion of NMR relaxation data. J Magn Reson 174：314-324

[55] Britton MM, Graham RG, Packer KJ (2001) Relationships between flow and NMR relaxation of fluids in porous solids. Magn Reson Imaging 19：325-331

[56] Scheven UM (2005) Stray field measurements of flow displacement distributions without pulsed field gradients. J Magn Reson 174：338-342

[57] Callaghan PT, Furó I (2004) Diffusion-diffusion correlation and exchange as a signature for local order and dynamics. J Chem Phys 120：4032-4038

[58] McDonald PJ, Korb JP, Mitchell J, Monteilhet L (2005) Surface relaxation and chemical exchange in hydrating cement pastes：a two-dimensional NMR relaxation study. Phys Rev E 72：011409

[59] Hürlimann MD, Venkataramanan L, Flaum C, Speier P, Karmonik C, Freedman R, Heaton N (2002) Diffusion-editing：new NMR measurement of saturation and pore geometry. In：Transactions of the SPWLA 43rd Annual Logging Symposium, Oiso, Japan, Paper FFF

[60] Venkataramanan L, Song Y-Q, Hürlimann MD (2002) Solving Fredholm integrals of the first kind with tensor product structure in 2 and 2.5 dimensions. IEEE Trans. Signal Process 50：1017-1026

[61] Butler JP, Reeds JA, V. Dawson S (1981) Estimating solutions of first kind integral equa-

tions with nonnegative constraints and optimal smoothing. SIAM J Numer Anal 18: 381-397

[62] de Swiet TM, Tomaselli M, Hürlimann MD, Pines A (1998) In situ NMR analysis of fluids contained in sedimentary rock. J Magn Reson 133: 385-387

[63] Freedman R, Heaton N (2004) Fluid characterization using nuclear magnetic resonance logging. Petrophysics 45: 241-250

[64] Seland J, Bruvold M, Anthonsen H, Brurok H, Nordhøy W, Jynge P, Krane J (2005) Determination of water compartments in rat myocardium using combined $D-T_1$ and T_1-T_2 experiments. Magn Reson Imaging 23: 353-354

[65] Godefroy S, Creamer LK, Watkinson PJ, Callaghan PT (2003) The use of 2d Laplace inversion in food materials. In: Webb GA, Belton PS, Gil AM, Delgadillo I (eds) Magnetic resonance in food science: a view to the future. Royal Society of Chemistry, Cambridge

[66] Hürlimann MD, Burcaw L, Song YQ (2006) Quantitative characterization of food products by two-dimensional $D-T_2$ and T_1-T_2 distribution functions in a static gradient. J Colloid Interface Sci 297: 303-311

[67] Hürlimann MD, Flaum M, Venkataramanan L, Flaum C, Freedman R, Hirasaki GJ (2003) Diffusion-relaxation distribution functions of sedimentary rocks in different saturation states. Magn Reson Imaging 21: 305-310

[68] Mutina AR, Hürlimann MD (2008) Correlation of transverse and rotational diffusion coefficient: a probe of chemical composition in hydrocarbon oils. J Phys Chem A112: 3291-3301

[69] Windt CW, Vergeldt FJ, Van As H (2007) Correlated displacement - T_2 MRI by means of a pulsed field gradient-multi spin echo method. J Magn Reson 185: 230-239

[70] Hills B, Benamira S, Marigheto N, Wright K (2004) T_1-T_2 correlation analysis of complex foods. Appl Magn Reson 26: 543-560

4 单边核磁共振的磁体和线圈

20 世纪 80 年代，石油工业中出现了基于"Inside-Out"概念的 NMR 测井仪，打破了只能在磁体内部均匀场中进行 NMR 实验的固有思维，单边 NMR 概念随之诞生[1]。虽然 NMR 测井仪器的种类很多，但基本概念相同：样品位于传感器（磁体和 RF 线圈）外部的磁场之中。这种测量方式的固有特点是：磁场强度较低而且非常不均匀，导致信噪比非常低。如果磁场非均匀性不强，则可以通过频率带宽来简单地量化敏感度的损失；如果磁场非均匀性很强，不但需要考虑频率带宽，还需要考虑射频脉冲激发的最大敏感区域体积。敏感区域大小和被激发的自旋数量由磁场梯度和 RF 脉冲的激发带宽共同决定。例如：脉宽为 100μs 的 RF 脉冲在梯度为 0.1T/m 的磁场中激发的切片厚度为 2.4mm；相同的脉冲在梯度为 1T/m 的磁场中仅能够激发 0.24mm。

第一台 NMR 测井仪器设计时希望将磁场梯度控制得尽可能的小[2]。Jackson 永磁体结构利用两个圆柱形磁体同极相对放置，产生环形近均匀 B_0［图 4.1（a）］，能提供非常好的共振区域选择能力。敏感区周围任意方向 1cm 之外都不产生 NMR 信号，但如此小的激发敏感区的信噪比非常低。Numar 公司仪器使用径向极化的长圆柱磁体产生二维磁偶极子场[2]［图 4.1（b）］。由于磁场梯度很大，敏感区的径向厚度只有 1mm，但信噪比却比 Jackson 永磁体结构提高了 2 个数量级。

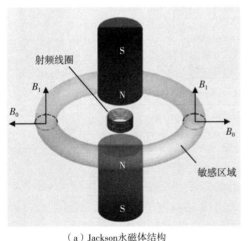
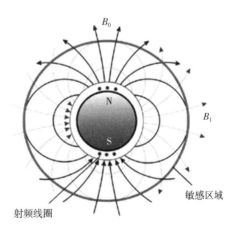

（a）Jackson永磁体结构　　　　　　　　（b）Numar公司结构

图 4.1　NMR 测井仪磁体结构

正如第 1 章所述，"Inside-Out" NMR 概念已经扩展到了许多领域，例如用于探测土壤和研究混凝土桥面中的含水量[1,3-7]。这类开放式磁体主要利用电磁铁产生静磁场，当时的仪器体积和重量都很大且笨重（图 1.3）。1995 年出现的 NMR-MOUSE 开启了移动型

NMR 发展的序幕[8]。这个手持的小型 NMR 传感器扫描探测物体表面的方式非常简单，就像移动电脑鼠标一样。NMR-MOUSE 使用永久磁体制成，可用笔记本电脑大小的桌面 NMR 谱仪来驱动。

近十年来，基于 NMR-MOUSE 发展出了在磁体外部磁场中获得显微分辨率[9]、三维成像[10]、速度测量[11]、甚至[1]H 波谱[12] 的 NMR 仪器。本章介绍非测井的单边 NMR 传感器，分三节分别介绍磁体、RF 线圈和梯度线圈。

4.1 磁体系统

第一台 NMR-MOUSE 使用了"U"形（马蹄形）磁体结构［图 4.2（b）][4,8]，它由传统"C"形磁体的两个磁极打开得到［图 4.2（a）]。传统"C"形磁体中，天线位于两磁极之间以获得最大磁场强度和均匀性（样品位于 RF 线圈内部）。单边 NMR 系统中，样品位于磁体和 RF 线圈在传感器附近产生的非均匀场中；其优势在于样品大小不受限制，但引出了样品所处静磁场 B_0 和 RF 磁场 B_1 的强度和方向不均匀的问题。一旦能够在非均匀场中进行 NMR 测量，那么最简单的 NMR 传感器非条形磁体结构莫属［图 4.2（c）][13]。条形磁体的 B_0 场方向与传感器表面垂直，安装在磁体一侧的 RF 线圈需要产生平行传感器表面的 RF 场。这种线圈为"8"字形线圈，电流沿数字"8"的形状流动。

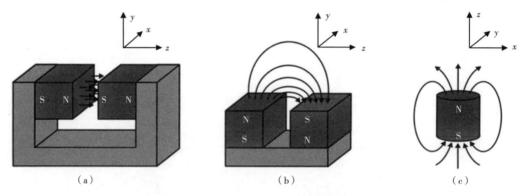

图 4.2　NMR-MOUSE 的磁体结构

（a）传统"C"形结构，样品放置在磁体气隙中的均匀场中。（b）"U"形开放式磁体，样品放置在磁体间隔上方，位于磁体与 RF 线圈的杂散场中。（c）单个条形磁体结构，产生的磁场垂直于磁体表面。样品放置在磁体产生的杂散场中，与（b）类似

"U"形和单个条形磁体结构是近 10 年来出现的多种单边 NMR 传感器的基础结构。基于"U"形结构的传感器：（1）将磁性材料放置在磁体内部来增强磁场；（2）结合同轴"U"形磁体来降低磁场梯度。二者共同之处在于：静磁场方向与传感器表面平行。基于条形磁体的传感器种类不是很多。条形磁体常具有圆柱形或方形横截面，比较常见的有两类：（1）中空的条形磁体（如桶形磁体结构）；（2）向桶形结构中增加单独的条形磁体。其共同之处在于：静磁场方向与传感器表面垂直，该方案对 RF 线圈和梯度线圈要求较高。下面按照 B_0 场与传感器表面垂直和平行两类进行讨论。

4.1.1 B_0 垂直传感器表面：条形磁体结构

最简单的单边 NMR 传感器仅需一块条形磁体 [图 4.2 (c)][13]。沿轴向极化的圆柱磁体产生沿深度 z 方向的 B_0，将 8 字形天线放置在其中一个磁极上用于测量。圆柱磁体的磁场分布与相同大小的螺线管产生的磁场相同（图 4.3），也与传统超导磁体相似，即在中心区域产生均匀磁场，在外部产生强梯度磁场，情况与 STRAFI 系统组成完全等效。

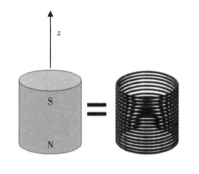

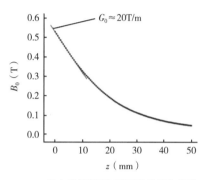

（a）圆柱磁体和产生相同磁场的等效螺线管　　　　（b）磁场强度 B_0 随深度 z 的变化关系

图 4.3　圆柱磁体结构

图 4.3 (b) 为直径 50mm、高度 50mm 的圆柱磁体产生的磁场强度 B_0 随深度 z 的变化关系[13]。距离磁体表面 3mm 处的 $B_0 \approx 0.5$T（20MHz），梯度 $G_0 \approx 20$T/m。根据式（2.42）可知，利用这两个参数足够评价磁体敏感度 B_0^2/G_0。本节主要研究磁场强度和信噪比与磁体尺寸关系。

（1）磁场强度与磁体半径的关系。人们直觉上会觉得磁体材料越多磁场越强，因此认为只要增加磁体尺寸就能够提高 B_0。但图 4.4 (a) 表明 B_0 随磁体直径的变大而减小，这个有趣的现象可以通过两种方法解释：①由图 4.3 中的磁场等效关系可知，增加磁体直径等效于在保持电流大小不变的条件下增加电流环路的半径。圆形线圈中心的磁场强度与线圈直径成反比 [图 4.4 (a)]。②通过磁场线分布来解释。一个方形磁体产生的磁场线分布如图 4.4 (b) 所示（此处方形比圆柱形磁体便于解释）。磁场线从磁体一极发出，在自由空间中发散，最终通过另一极返回磁体内部。磁场方向始终与磁场线正切，因此磁体侧面的磁场方向与磁体极化方向相反。大磁体 B 由 9 个相同的磁体 A 组成，产生的磁场为 9 个磁块的贡献之和，但只有正中央磁块的贡献为正，所有其他 8 个磁块对中心磁场的贡献均为负值。因此磁体 A 产生的磁场强于磁体 B，与图 4.4 (a) 中的结果吻合。

（2）磁场强度与圆柱磁体高度的关系。图 4.5 (a) 为磁场强度增量与磁体高度之间的关系。磁场强度并不始终与磁体高度成正比，B_0 在圆柱磁体高度为 100mm 时达到最大值。将磁体同样视为螺线管，假定螺线管顶部对应于磁体表面，磁体高度的增加始终通过在底部增加匝数实现。当增加的匝数与顶部之间的距离达到某一临界值后，由于距离表面太远，对总磁场的贡献可以忽略不计。

值得注意的是，使 B_0 达到最大值的磁体高度与磁体直径有关。直径越大，所需高度

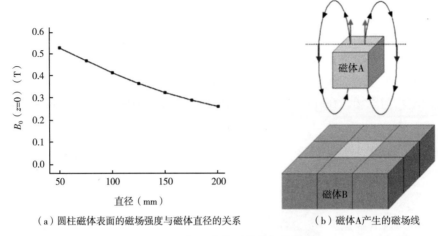

(a) 圆柱磁体表面的磁场强度与磁体直径的关系　　(b) 磁体A产生的磁场线

图 4.4　磁场强度与磁体直径的关系

磁体表面或轴向上的磁场与其磁化方向相向，而其周围的磁场与其磁化方向相反。磁体 B 由 9 个与磁体 A 相同的磁体组成。磁体 B 表面的磁场要低于磁体 A 表面，因为中心磁体的贡献与其他磁体贡献的标志不同

越高。图 4.4（a）表明磁体直径越大时磁场越弱，因此磁体直径和高度之间存在非常关键的关系。

将图 4.5（a）中横坐标的磁体高度 z 除以直径 d 得到 z/d，再将 B_0 与 z/d 之间的关系画出得到图 4.5（b）。图 4.5（b）表明此时 B_0 与磁体直径 d 无关。这个比例定律可以表述为：如果磁体纵横比 h/d 一定，则 B_0 在三维空间中的分布（与对应的磁体直径归一化后）与磁体具体尺寸无关。例如，$d = 50\text{mm}$ 且 $h = 20\text{mm}$，则距磁体表面 $z = 10\text{mm}$ 处产生的磁场与 $d = 500\text{mm}$ 且 $h = 200\text{mm}$ 在距磁体表面 $z = 100\text{mm}$ 处产生的磁场相等。该比例定律还可用于计算磁场梯度和传感器尺寸的关系。首先引入变量 r'，其定义如下：

$$r' = r/d = (x/d,\ y/d,\ z/d) \tag{4.1}$$

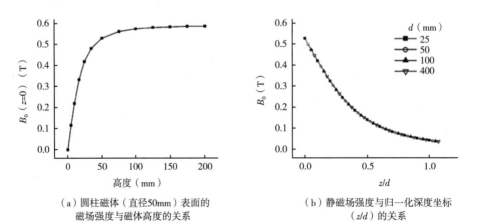

(a) 圆柱磁体（直径50mm）表面的　　　(b) 静磁场强度与归一化深度坐标
　　磁场强度与磁体高度的关系　　　　　　　　（z/d）的关系

图 4.5　磁场强度与磁体高度的关系

所有曲线重叠在一起，与磁体直径无关

令 $h'=h/d$，对于任意的直径 d，比例定律可写成如下形式：

$$B_0(\boldsymbol{r}',\ h',\ d_1)=B_0(\boldsymbol{r}'h',\ d_2) \tag{4.2}$$

对 $\boldsymbol{r}'$ 求导，得到：

$$\nabla'B_0(\boldsymbol{r}',\ h',\ d_1)=\nabla'B_0(\boldsymbol{r}',\ h',\ d_2) \tag{4.3}$$

根据式（4.1），$\nabla'=d\nabla'$，因此：

$$d_1^{-1}\nabla'B_0(\boldsymbol{r}',\ h',\ d_1)=d_2^{-1}\nabla'B_0(\boldsymbol{r}',\ h',\ d_2) \tag{4.4}$$

结果表明，磁场梯度与磁体大小的变化关系为 $1/d$。磁场梯度的 n 阶导数对应 $1/d^n$。将式（4.2）和式（4.4）合并，利用 B_0^2/G_0 项可以评价直径分别为 d_1 和 d_2 的两个磁体的敏感度：

$$\frac{\psi(\boldsymbol{r}',\ h',\ d_1)}{\psi(\boldsymbol{r}',\ h',\ d_2)}=\frac{d_1}{d_2} \tag{4.5}$$

磁体的敏感度与磁体直径成正比。注意应用式（4.5）时必须非常谨慎：该比例式使用的是同一 $\boldsymbol{r}'$ 处的值，而不是绝对坐标。例如，将增加传感器尺寸增加 2 倍，磁体的敏感度增加 2 倍，工作深度也随之增加 2 倍。

（3）B_0^2/G_0 与磁体高度的关系。图 4.6（a）为固定 $d=50\mathrm{mm}$ 时，不同深度处的 B_0^2/G_0。磁体高度为 0 时（无磁体），敏感度也为 0；随着高度的增加，敏感区很快达到最大值；深度越深，敏感度越低。有趣的是：如果工作在传感器表面，那么磁体高度从 200mm 降至 5mm 时，敏感度仅降低了 2 倍。原因是当 $h\ll d$ 时，磁场梯度快速减小。

图 4.6（b）为考虑梯度随 h 的变化关系时 ［记为 $G_0(h)$］ 和忽略梯度与 h 的关系时 ［记为 $G_0(\infty)$］ 两种条件下的结果对比。对于 $h\gg d$，二者结果相同；但若 $h\ll d$，梯度变化的影响将起主要作用。当 $h=5\mathrm{mm}$ 时，磁场梯度仅为 2T/m（$h=200\mathrm{mm}$ 处的磁场梯度为

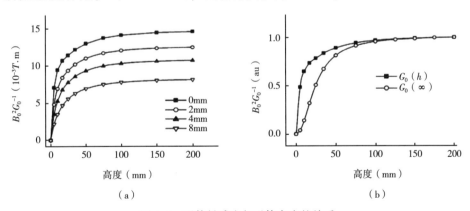

图 4.6　磁体敏感度与磁体高度的关系

（a）磁体敏感度 B_0^2/G_0 与条形磁体高度的变化关系；（b）在（a）中当深度为 0 时磁体敏感度与 h 的变化关系，分别为考虑了梯度随 h 的变化关系 ［$G_0(h)$］ 和忽略梯度随 h 的变化关系 ［$G_0(\infty)$］ 两种情况

24T/m），几乎补偿了低磁场强度（由 25MHz 降至 4.8MHz）造成的敏感度损失。

4.1.2 B_0 平行传感器表面："U"形磁体结构

在静磁场平行传感器表面的所有磁体结构中，最常见的是"U"形磁体结构。"U"形磁体使用两块极化方向相反的磁块同时安装在轭铁两端，两块磁体间留有一定气隙间距 gap，利用轭铁的高导磁性质引导磁力线来增强磁场强度，如图 4.7（b）所示[4,8]。图 4.7（c）为有［图 4.7b)］/无［图 4.7（a）］轭铁时，不同深度处的磁场强度。两种条件下，磁场强度变化趋势相似，靠近传感器表面处的磁场梯度相对较小。在 y 接近间距大小时，磁场梯度变大并逐渐保持恒定（磁场强度与深度为线性关系）。下面讨论磁场强度 B_0 与传感器大小的关系。

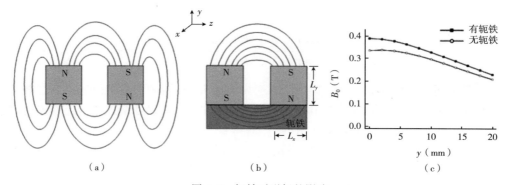

图 4.7　轭铁对磁场的影响
（a）和（b）分别为"U"形磁体结构无、有轭铁时的磁场线分布；（c）为条件（a）和（b）下的磁场强度分布（$L_x = 100mm$，$L_y = 50mm$，$L_z = 50mm$，间距 = 30mm）

图 4.8（a）为保持磁块体积不变时（$L_x/2 = L_y/2 = L_z/2 = 50mm$），传感器表面磁场强度与间距的关系。二者之间的关系仍然可以把磁块看作螺线管来解释［图 4.3（a）］，而本例中为方形。整个磁场可以看作是由相距一定距离的两条导线（螺线管）产生的，两条内侧导线中的电流方向相同。磁体间距为 0 相当于这两条导线距离为 0，电流翻倍。当间距趋向于 0 时的磁场强度变大的原因是两个导线离计算点位置越来越近，并不是计算的误差。利用实验测量到 1.4T 的磁场就证实了这一点。但这个工作点的不足在于磁场空间分布的梯度太大（高达 400T/m），而且在很小范围内磁场方向变化非常强烈。

为了研究磁场强度与传感器侧向尺寸之间的关系，将磁体间距和磁块高度分别设定为 15mm 和 50mm。如图 4.8（b）所示，$L_x = 0$ 时（无磁体）的场强为 0，随后场强与 L_x 成正比增长，最后达到最大值。再次利用两个电流来考虑：因为无线长（$L_x \to \infty$）导线产生的磁场强度是有限的，与图 4.8（b）中磁场存在最大值吻合。图 4.8（c）为磁场强度与 L_z 的关系图，$L_z = 0$（无磁体）时，正电流（内侧导线）和负电流（外侧导线）处于相同位置，相互抵消形成的磁场为 0。当 L_z 增大时，保持内间距和内侧导线位置不变，外侧导线分别向外侧移动。在 $L_z \to \infty$ 的过程中，负向电流的贡献慢慢消失，所达到的 B_0 最大值为两条内侧导线产生的磁场强度。

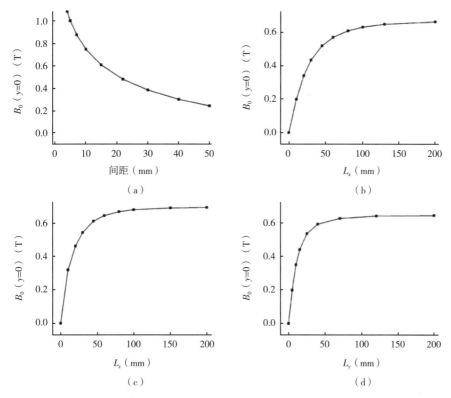

图 4.8　"U"形结构传感器表面磁场强度与间距（a）、侧向尺寸 L_x（b）和 L_z（c）、
高度 L_y（d）之间的关系

磁块尺寸均按 $L_x/2 = L_y/2 = L_z/2 = 50mm$，间距 $= 15mm$（其中单个变量变化时，其余变量值不变）

最后，图 4.8（d）为磁场强度与磁块高度 L_y 的关系。变化趋势与条形磁体情况非常相似。同样用通电导线解释：增高磁体高度时始终向底部增加新的绕组匝数，当高度 L_y 达到一定程度时，新增线圈对 B_0 的贡献逐渐减小为 0。B_0 随 L_x、L_y 和 L_z 的变化关系说明一旦某个单项参数的影响达到最大值，再增加传感器体积也是无用的。

4.1.3　深度维剖面测量的磁体结构

上述两类磁体结构均能在深度维方向上产生很强的磁场梯度，改变激发频率可以在物体内部进行空间定位。但是，深度和频率的一一对应关系只有在侧向磁场保持不变的情况下才成立。通常，侧向磁场的变化不可忽略，限制了其深度分辨率。早期 NMR-MOUSE 的分辨率约为 1mm，最大探测深度小于 5mm[8]，很难真正实现深度维剖面测量。

深度分辨率较差是在"U"形磁体表面附近进行 NMR 测量的固有问题，这有两方面原因：第一沿磁体间隔方向的静磁场侧向变化率在传感器表面最大；第二，磁体表面附近在深度方向上的磁场梯度低于远处深度位置。选择激发特定区域的目的是想实现敏感度最大化。当测量深度与磁体间距相当时，深度分辨率能够获得较大的改进。经验表明，"U"形 NMR-MOUSE 传感器适用于深度维剖面测量的深度范围为 0.5~1.5 倍磁体间距。近年来的许多研究工作试图使该区域靠近 0 深度位置[10,13-15]，最直接的解决方案为利用单条形磁体代替"U"形磁体[13]。如此简单的磁体结构非常适合在磁体表面进行深度维测量，但这种结构的不足在于需要使用 8 字形 RF 线圈，这种线圈与传统"单回路"线圈相比有很多劣势（详见 4.2 节）。另一种方法将"U"形结构的磁体劈开，通过优化每片磁体位置、形状和极化方向来增加平面剖面区域面积[14-15]。这种方法不但使探测区域更接近磁体表面，还改善了磁场在侧向上的分布（图 4.9）。后者对于切片选择成像传感器非常重要[10]。这种单边 NMR 传感器在 0~20mm 深度范围内的深度分辨率为 0.1~0.5mm，共振频率为 14~6MHz，需要人工或电子方式调谐 RF 电路。

若要传感器具有更深的探测深度，则需要降低磁场梯度 G_0。此时 RF 脉冲能在一次实验中激发更大的区域[16-17]。虽然从测量的角度来看，基于该原理的传感器是一种理想的解决方案（回波信号的傅里叶变换就能给出剖面），但这种传感器设计也最具挑战。首先，降低磁场梯度必须以降低磁场强度为代价；第二，敏感区切片是弯曲的，G_0 的降低同样伴随着侧向磁场的变化；第三，传感器对 RF 线圈的要求非常高，既需要很好的测量分辨率和较低的 B_1 梯度，又需要同时具备很高的线圈效率（短 RF 脉冲）和较低的 Q（宽带）。

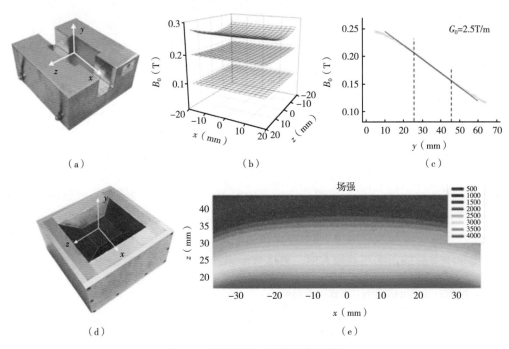

（a）　　　　　　　　（b）　　　　　　　　（c）

（d）　　　　　　　　（e）

图 4.9　深度维剖面测量的磁体结构

（a）基于"U"形结构的切片选择成像磁体[15]。（b）距离磁体表面 0、30mm 和 75mm 处的磁场强度分布。磁场在传感器表面处是弯曲的，在 30mm 处变得平坦。（c）磁场强度与深度的关系。在 25~45mm 范围内认为梯度恒定为 2.5T/m。（d）用于在较大深度范围内获得平坦磁场剖面的优化磁体结构。（e）图（d）中磁体结构的静磁场分布

尽管如此，人们还是研制出了许多满足上述要求的 NMR 传感器。比如利用一个中空的条形磁体产生的 5.7T/m 磁场区域（位置深度大于"甜点"位置），能够激发 1mm 的敏

感区域（保持分辨率约 0.1mm）[17]。与基本结构相比，相同大小的条形磁体只能将主梯度降低小于 40%。另一种更有效的方法是：在条形磁体表面使用不同形状的高导磁材料（例如铁）调整磁场［图 4.10（a）］，利用与上述方法中相同大小的传感器能够产生 0.3T/m 的磁场[16]。在此梯度下，覆盖 10mm 厚物体所需频率范围仅为 130kHz，常用的 RF 脉冲（约 5μs）就能激发整个物体。如此低的磁场梯度一定程度上牺牲了磁场强度（4MHz），侧向磁场剖面形状也不理想。深度 8mm 处的磁场曲率仍可认为是中等梯度范围（切片厚几百微米），但宽度只有 5mm。此区域外部的分辨率快速变差（不足 1mm）。

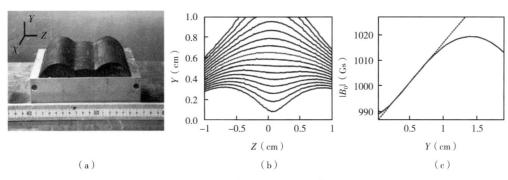

（a）　　　　　　　　　　（b）　　　　　　　　　　（c）

图 4.10　低磁场梯度的磁体

（a）利用标量位模型设计的磁体结构[16]；（b）在距磁体表面 0.5cm 左右测量得到的 2cm 宽度内的磁场分布，其中虚线表示 $B_0 = 1006$Gs，等势线间隔为 2Gs；（c）敏感区域内 $z = 0$ 上的磁场剖面（实线）。对线性区域（虚线）进行最小二乘模拟得到的梯度为 0.30T/m

上面所讨论的深度维剖面测量方法均不需要移动传感器或样品。测量时，样品一直处于传感器上方，通过调谐 RF 线圈获得深度维剖面或在一次实验中激发整个样品。这种方法既简单又快速，但存在一些重要缺陷。为了更好地区分材料的非均匀性，常用弛豫时间或自扩散系数的对比来获得密度剖面。但弛豫时间或自扩散系数会随着深度的变化而改变，带来系统误差。例如，假设静磁场梯度为一定值，那么若干毫米范围的共振频率就相差几兆赫兹，而 T_1 的共振频率依赖性使这种方法受到局限。在非均匀场中利用 CPMG 脉冲序列测量得到的有效横向弛豫时间 $T_{2,\text{eff}}$ 是 T_1 和 T_2 的函数，B_0 和 B_1 剖面随着深度变化导致 $T_{2,\text{eff}}$ 也随深度不断改变。另外，由于静磁场梯度也随深度变化，导致测量得到的扩散系数本身就不稳定[14]。

另外一种方法是保持 STRAFI 中的激发频率不变，通过改变样品与切片之间的相对位置实现深度维剖面测量[18]。这种方法的最大优点是所有剖面测量都在完全相同的条件下进行，实现了真正的无失真测量。与此同时，这种测量方法还简化了传感器设计，仅需在一个固定探测深度对磁体和线圈进行优化即可，无须在整个扫描范围全部优化。这样一来，传感器可以实现更高的性能或更简单的结构。

回到基本"U"形磁体结构，并利用下式描述其磁场：

$$|B_0(\boldsymbol{r})| = B_0(y) + \alpha_z(y)z^2 + \alpha_x(y)x^2 \tag{4.6}$$

式中，$B_0(y)$ 为深度方向 y 上的磁场强度；α_z 和 α_x 为 y 处的磁场侧向变化系数。

对于较小的深度（$y \ll \text{gap}$），磁场强度在靠近磁体时快速增大，反映出磁场强度与距磁体距离呈反比关系，这时 $\alpha_z > 0$。对于较大的深度（$y \gg \text{gap}$），磁场强度在 $z = 0$ 处最大，这时 $\alpha_z < 0$。根据磁场的连续性可知：必然存在深度 y_0 使 $\alpha_z(y_0) = 0$，即在深度 y_0 处的磁场剖面沿 z 轴呈平面。磁场沿 x 轴的变化规律与沿 y 轴不同。由于沿 x 方向上的磁体长度有限，所以磁场随着距传感器几何中心距离的增加而一直下降（$\alpha_x > 0$）。严格地讲，"U"形磁体结构产生的磁场中并不存在绝对平坦的探测平面。但是在磁体沿 x 方向无限长的情况下，可以近似认为 y_0 处是平坦的，但这种解决方案会使磁体体积非常大，也非常笨重。

将"U"形磁体结构的两个磁体在 x 方向上分开，引入第二磁体间距 d_S ［图 4.11 (a)］[9]，不同 d_S 得到的 B_0 剖面如图 4.11（b）所示。当 $d_S = 0$ 时（基本"U"形磁体结构），B_0 变化范围很大；当 $d_S = 2\text{mm}$ 时，B_0 在 20mm 的范围内几乎保持不变；当主间距增加到 4mm 时，B_0 剖面向相反的方向弯曲，从而得到使 $\alpha_x = 0$ 的最优主间距。这种传感器在保持原有的简单性和高敏感性的同时，获得了微米级分辨率[9]。一个 $10\text{cm} \times 10\text{cm}$ 大小的传感器 ［$y_0 = 10\text{mm}$，$B_0(y_0) = 0.5\text{T}$，$G_0 = 20\text{T/m}$］的深度分辨率优于 $5\mu\text{m}$（$1\text{cm} \times 1\text{cm}$ 的平面内）。

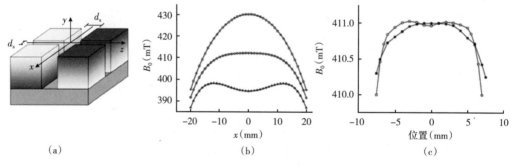

图 4.11　微米级分辨率的磁体结构

（a）"U"形磁体结构的变形。将"U"形结构一分为二，引入短间隔 d_S。正方体磁块长 5cm，主间距 $d_B = 14\text{mm}$，小间距 $d_S = 2\text{mm}$。距离传感器表面 10mm 处的磁场强度为 0.4T，梯度为 20T/m。（b）$d_S = 0\text{mm}$、2mm 和 4mm 时，沿 x 方向上（$z = 0$，$y = 10$）磁场强度的分布。（c）通过共振频率测得的磁场强度（$y = 10\text{mm}$）。其余两个方向上 10mm 范围内的磁场强度变化不超过 0.2mT，对应的深度变化范围不超过 $10\mu\text{m}$

4.1.4 "甜点"型磁体结构

上述磁体结构主要在深度维上获得 NMR 信息，但仍然有许多均匀样品需要测量，这时 NMR 传感器设计需求变为如何获得最大的探测敏感度。这类磁体设计使用所谓的"甜点"方法来增大的激发区域体积。"甜点"指磁场空间分布中任意方向上的一阶导数为 0（但磁场强度不为 0）的位置。根据对称原则，磁场强度在侧向上的一阶导数通常也为 0，因此主要需要消除深度维方向上的 G_0。

对于一个给定的磁体结构来说，可以利用两个极化方向相反、尺寸不同的同类磁体单元相组合来消除磁场梯度。首先考虑条形磁体的简单情况。两个具有不同直径的条形磁体极化方向相反、同轴放置，能够在距离传感器表面一定距离的位置产生梯度为 0 的静磁场。注意，实际中不可能将一个磁体放入另一个磁体的内部。但是在条形磁体中心钻出一个同心的凹洞，也能起到相同的效果［图4.12（a）］。这个凹洞的作用可以看作将一个反向极化的材料放置在一个正向极化的磁体内部。这正是桶形磁体结构的基本思想[19-20]。如图4.12（b）所示为两个不同直径（50mm 和 100mm）的条形磁体产生的磁场强度分布。在深度为 0 的位置上，两个磁体产生的磁场强度相等，但其中一个的梯度为另一个的两倍（假设磁体高度比直径大得多）。这两个事实与第 4.1.1 节中的比例定律吻合，并可以根据式（4.2）和式（4.4）预测"甜点"位置。比例定律的一个推论是小直径磁体的梯度变为 0 的速度要快于大直径磁体。因此，存在二者梯度大小相等的位置 z_{sp}。由于两个磁体的极化方向相反，所以 z_{sp} 处总磁场梯度为 0。有趣的是，z_{sp} 等于中空磁体的内半径。另外，"甜点" z_{sp} 处的剩余磁场强度 B_{0sp} 为较大条形磁体单独产生的磁场强度的 1/2。

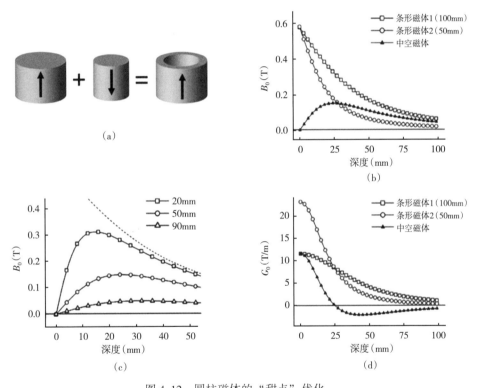

图 4.12　圆柱磁体的"甜点"优化

（a）中空的圆柱条形磁体（桶形磁体[19-20]），该结构由两个反向极化的同心圆柱条形磁体组合而成，本例中直
　　径分别为 50mm 和 100mm。（b）磁场强度与深度的关系。（c）磁场梯度与深度的关系。深度约为 25mm 处，
　　两个条形磁体（直径分别为 100mm 和 50mm）的梯度值相等，因此总磁场梯度为 0（满足"甜点"条件）。
　　（d）不同内直径磁体的磁场分布。虚线为内直径为 0 时（单个条形磁体）对应的极限值

　　"甜点"的位置由磁体内直径决定。图 4.12（d）给出了三个不同内直径条件下的磁场分布。内直径接近于外直径时，磁场强度趋向于 0。当内直径等于外直径时相当于没有磁体，因此场强也为 0。虚线为内直径为 0 时的极限值。图 4.13 给出了更详细的分析结果，包括"甜点"的剩余场强度（a）、深度（b）和大小（c）与内直径的关系。基于

图 4.13（a）、图 4.13（b），可以用 $B_0^2 V^*$［式（2.42）］来评价磁体的敏感度。图 4.13（b）给出了磁场强度和"甜点"区大小的折中选择关系，从图中可以看出存在使敏感度最大的内直径。

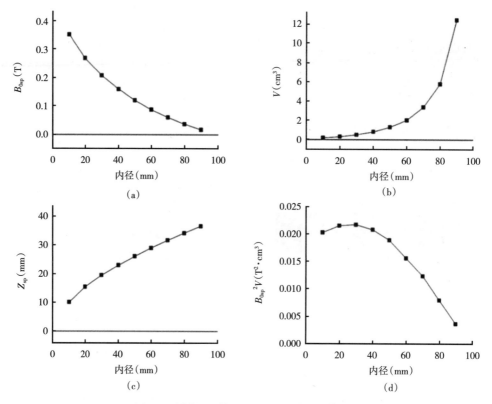

（a）

（b）

（c）

（d）

图 4.13　圆柱磁体"甜点"的详细分析结果

磁体外直径为 100mm 时，"甜点"处的磁场强度（a）、"甜点"附近 50kHz 范围内的敏感区大小（b）、"甜点"的深度（c）与磁体内直径的关系。横坐标的上下限（0 和 100mm）分别对应于单个条形磁体（无"甜点"）和没有磁体。（d）为根据（a）和（b）得到的磁体敏感度与内直径的关系

　　将另一个小条形磁体（中心磁体）放置在上述中空磁体内部，通过调整其大小和相对位置，能够在一定程度上实现对磁场剖面的控制[19-20]。图 4.14 给出了磁场分布与中心磁体位置的关系（零点为桶形磁体表面，桶形磁体内外直径分别为 100mm 和 50mm，中心磁体直径为 40mm、高为 25mm）。中心磁体位于-10mm 时，能够获得最大的均匀磁场区域，匀场区域扩大为 15mm 厚。这种方案最大的两个优势同时增加了"甜点"区域大小和磁场强度，二者都能带来探测敏感度的提高。与简单的中空磁体相比，敏感区域从 1.3cm³ 增至 1.7cm³，磁场强度从 0.12T 增至 0.18T，总的磁体敏感度增加了大约 3 倍。这种方案的最大缺点在于"甜点"的位置向 0 点靠近，从 35mm 降低为 10mm。另外一种控制"甜点"区域的方法是调整桶形磁体外壁的倾斜角度。这可以通过将桶形磁体离散化来实现，如 NMR-MOLE（MObile Lateral Explorer）[21]。

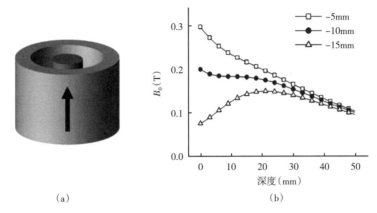

（a）

（b）

图 4.14 桶形磁体的磁场分布与中心磁体位置的关系

（a）装配了中心磁体的桶形磁体组合[19-20]。调整中心磁体的位置来改变磁场剖面分布（b）。位置从桶形磁体
表面算起。当中心磁体位置为−10mm 时，均匀磁场区域扩大到约 15mm 厚。计算中使用的桶形磁体内外直径分
别为 100mm 和 50mm，中心磁体直径为 40mm、高为 25mm

4.2 射频线圈系统

单边 NMR 领域中根据不同激发需求发展出了多种 RF 线圈。与磁场极化和产生的 B_0 场方向类似，RF 线圈也可以根据其产生的 B_1 场垂直或平行于线圈表面来划分。产生垂直于线圈表面的 B_1 场的线圈基于平面单电流环路［图 4.15（a）］；产生 B_1 场平行于线圈表面的线圈基于至少两个反向电流环路［图 4.15（b）］，其中最简单的结构为"8"字形结构。单环路常用于"U"形磁体，"8"字形线圈常用于条形磁体。注意，"8"字形线圈也能用于"U"形磁体[22]；但由于单电流回路线圈的 B_1 多半与 B_0 平行，所以不适合条形磁体。除了要求 RF 线圈能够产生与 B_0 垂直的 B_1 场之外，还有诸如高敏感度的常规要求以及其他特殊要求。例如，为了实现特定区域的侧向选择性、实现非均匀场波谱所需的 B_0—B_1 场匹配。详见第 6 章。

4.2.1 深度维剖面线圈

相对于传统 NMR 来说，RF 线圈在单边 NMR 中发挥着更重要的作用。这是因为在单边 NMR 中，磁体与 RF 线圈共同决定敏感区域的大小，这与均匀场或弱非均匀场中激发整个样品的概念不同。在确定敏感区域时，RF 线圈效率 B_1/i、电阻 R、电感 L 和 B_1 场的空间分布是非常重要的问题。可根据式（2.42）使信噪比最大化的原则来确定这组参数。对于深度维剖面测量的传感器，必须将 RF 线圈设计为只激发和探测恒定 B_0 区域的信号（保证平坦敏感区的条件）。这时，RF 线圈的侧向选择性成为关键。按照经验，RF 线圈激发的侧向区域范围与线圈直径相当。定位区域中 B_1 的分布主要依赖于具体的 RF 线圈结构，如图 4.15 所示。B_1 场中任何的非均匀性都会造成敏感度的损失，因为即使对于准共振自旋来说也无法准确定义完美的 90° 和 180° 脉冲。注意，深度剖面上的每一点都是来自整个敏感区域内所有自旋的响应，线圈范围之外没有侧向定位能力。

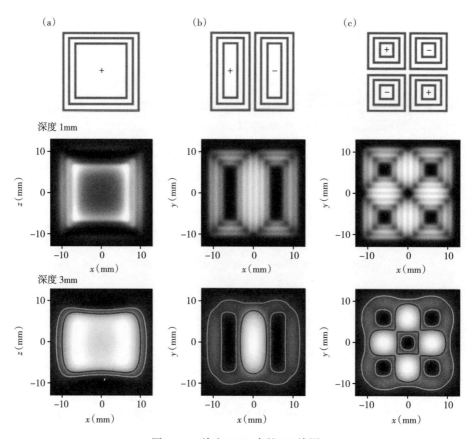

图 4.15　单边 NMR 中的 RF 线圈

（a）产生垂直线圈表面 B_1 场的单环路线圈，是 "U" 形磁体的最佳组合。（b）"8" 字形线圈产生的 B_1 场基本
平行于线圈表面。由通方向相反电流的两个单环路线圈构成。（c）蝴蝶形线圈，基于两个通反向电流的 "8"
字形线圈。下方两行分别为不同深度处的二维 B_1 分布图。深度 1mm 处的 B_1 剖面与电流路径十分相似，而
在 3mm 处磁场细节消失。磁场最大值的 0.7 倍和 0.5 倍场强的等势线分别用黑色和白色表示

利用脉冲梯度场进行二维侧向成像时，任何 B_1 场的不均匀性都会造成图像上的强度
调制变化。单电流回路线圈产生连续的敏感区域，而 "8" 字形和蝴蝶形线圈在平面上产
生多个点状敏感区域（图 4.15）。靠近线圈的位置上，B_1 场分布图像与线圈中的电流路径
相似，随着距离的变远，敏感区域范围变得平滑。图 4.15 中的 B_1 场分布表明，B_1 仅在侧
向方向上存在非均匀性，而在敏感区厚度（小于 1mm）方向上的变化很小。但是，这种
假设在低梯度深度维剖面测量的磁体上不再成立[16-17]。当敏感区厚度接近线圈大小时，
深度方向上的 B_1 场变化较大 ［图 4.16（a）］，必须考虑其影响。当需要在较大深度范围
内改变敏感区与 RF 线圈之间的距离时（重新调谐 RF 线圈[14]或移动磁体[25]），沿深度方
向上的 B_1 非均匀性问题更加关键。

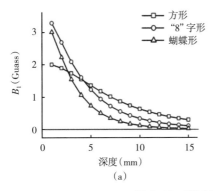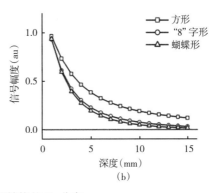

图 4.16 不同 RF 线圈结构的 B_1 分布

（a）图 4.15 中三个线圈产生的 B_1 场随深度的变化关系。对于方形和"8"字形线圈，B_1 为线圈中心值；对于蝴蝶形线圈，B_1 为 $x=5\text{mm}$ 处的值。注意最后一种情况中，线圈中心处 $B_1=0$。（b）信号幅度随深度的变化关系。将 x—y 平面上一处大于线圈尺寸的区域内的 CPMG 信号整合起来作为信号响应。对于每个深度都通过信号幅度最大原则刻度 90° 脉冲

4.2.2 "甜点"型线圈

装配于"甜点"形磁体结构的 RF 线圈要求实现敏感度最大化，不需要 RF 线圈提供侧向选择能力。事实上，最优的线圈反而对敏感区域大小不做任何限制。用于激发"甜点"区域的 RF 线圈尺寸通常大于敏感区域体积（敏感区域体积主要由 B_0 场的三维空间分布决定）。对于一个给定的磁体来说，仅需要知道线圈的电感 L 和单位电流 i 在测量点处产生的 B_1 场强度（B_1/i），就可通过式（2.42）找到敏感度最高的 RF 线圈。

线圈的自感 L 和磁能 U 之间的关系由下式决定[26]：

$$\frac{1}{2}LI^2 = U = \int \frac{B^2}{2\mu_0}\mathrm{d}r^3 \tag{4.7}$$

式中，I 为通过线圈的电流；μ_0 为真空磁导率；B 为线圈产生的磁场强度。

因此，线圈电感 L 的计算并不复杂。如图 4.17 所示为单回路和"8"字形线圈的电感 L 与线圈尺寸 d 和匝数 N 的关系。如果将 L 与线圈的"体积" d^3 归一化（L/d^3），匝数 N 和线圈尺寸 d 归一化（N/d），则所有的曲线将重合为一条主曲线（图 4.17 中实线）。计算时所有线圈的线径 $a=2\text{mm}$，线距 $b=3\text{mm}$。归一化的横轴 N/d 可以理解为绕组覆盖传感器表面的比例。如果线圈的绕组能够覆盖整个线圈表面，则这些线圈均具有相同的 N/d。

如图 4.18 所示为利用信噪比最大化原则优化线圈的实例。对于单电流回路线圈 ［图 4.18（a）（c）］和 8 字形线圈 ［图 4.18（b）（d）］，考察了式（2.42）中的 $B_1^{\frac{4}{3}}/L^{\frac{3}{2}}$ 项与匝数 N 和线圈尺寸的关系。同时增大线圈尺寸和最大匝数。对角线上均为螺旋线圈，即绕组覆盖整个线圈区域。上部的黑色区域中信噪比为 0，这部分区域严格地讲是不可用的。对于 $d=0$，信噪比同样为 0，这是由于深度 $\gg d$ 处的 B_1 为 0；对于 $d\to\infty$，信噪比同样为 0，因为对于无限大的线圈，电路带宽为 0，因此敏感区域大小也为 0。

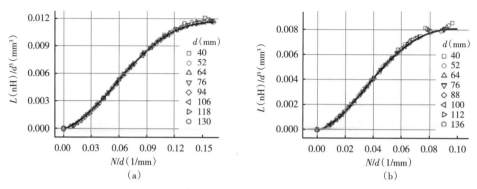

图 4.17　线圈电感值的影响因素和规律关系

（a）具有不同尺寸 d 的方形线圈的电感与匝数 N 的变化关系。将电感值与线圈体积 d^3 归一化，将匝数与线圈尺寸归一化。所有结果均与一条主曲线（实线）重合。这些计算结果使用的线径 $a=2\text{mm}$、线距 $b=3\text{mm}$。（b）"8" 字形线圈的计算结果

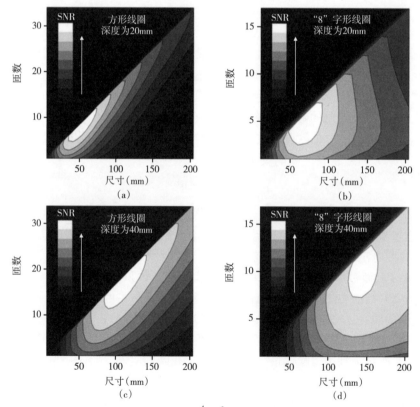

图 4.18　两类射频线圈结构的敏感度 $\left[B_1^{\frac{4}{3}}/L^{\frac{3}{2}}，式（2.42）\right]$ 与匝数和线圈尺寸的关系

其中，（a）和（c）为单电流回路，（b）和（d）为 "8" 字形线圈。线圈大小限定了最大匝数，造成了对角线上方的黑色区域。图中的信噪比单位任意但一致

最大信噪比区域依赖于计算时所选择的深度。从图 4.18 中可以看出，对于这两种线圈结构来说，较大的探测深度需要较大的线圈尺寸和更多的绕组。二维图最大值与深度的关系（对应能够达到最大信噪比的最优线圈）可以用来定量分析深度增加造成的敏感度损失 ［图 4.19（a）］。有趣的是，两个线圈的敏感度损失相同 ［图 4.19（b）］。对数坐标上的虚线（单回路）和点线（"8"字形）的线性回归斜率都为-2，表明两个线圈结构的信噪比衰减都与深度的二次幂成反比。

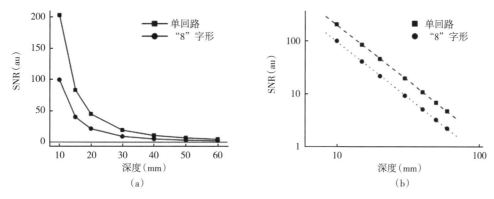

图 4.19　线圈信噪比与探测深度的关系

（a）单回路与"8"字形线圈可获得的最大信噪比（最优线圈）与探测深度的关系；（b）是（a）转化为对数坐标后的结果，具有很好的线性关系。虚线（单回路）和点线（"8"字形）的线性回归斜率都为-2，意味着对两种线圈结构来说，信噪比衰减与深度的平方成反比

4.3　梯度线圈

脉冲场梯度在非均匀磁场 NMR 成像和流动 NMR 测量的空间编码中具有广泛应用[27-30]。单边 NMR 的典型静磁场梯度比脉冲场梯度（PFG）的梯度大 1~2 个数量级。虽然如此，脉冲梯度也常与 NMR 技术（主要为纯相位编码技术）相结合进行空间和位移编码[10-11,31-34]。但是，由于表面或平面梯度线圈的效率的限制，单边 NMR 线圈产生 PFG 面临诸多挑战。例如，线圈效率随着激发区域与线圈距离变化，引起视场（FOV）随深度变化的较大误差。另外，强背景梯度下的流体样品分子自扩散会引起信号衰减。成像或速度测量序列所需最短编码时间由 PFG 最大强度决定，较弱的脉冲梯度就能引起很大的信号衰减。

极化场方向是梯度线圈要考虑的关键因素，而设计时只需要考虑梯度线圈产生的平行于 B_0 的磁场分量。如图 4.20（a）所示，两个螺线管线圈产生的磁场 z 分量沿 x 轴成线性变化，适用于"U"形磁体结构跨气隙方向成像。这种方案的敏感区域范围不明确，加上 FOV 随深度变化，会造成图像具有很大的抖动 ［图 4.20（a）］。如果敏感区为薄平面片形，则可以解决这个问题。因为敏感度的厚度很薄（小于 1mm），可以忽略线圈效率随深度方向的变化影响。

利用这种方法发展了许多基于梯度线圈的二维 NMR 成像方案（NMR 图像平行于传感器表面）［图 4.20（b）至（d）］[10,32]。装配在条形磁体上的平面 x—y 线圈在距离传感器表面 2mm 处得到的二维图像分辨率能够达到 1mm 以内［图 4.20（b）］[32]。注意 B_0 垂直于传感器表面，因此 x 和 y 梯度线圈相同，但互成 90°。图 4.20（c）为一台较大的"U"形磁体上的三维成像的 xz 梯度系统[10]，其设计工作深度范围约为 20mm。为了覆盖这个探测范围，传感器需要重新调谐，并调整梯度系统施加的电流来保证所有深度的 FOV 一致。此时，梯度系统装配在"U"形磁体气隙内，对于气隙较小的传感器来说无法实现。一种解决方案为将梯度线圈放置在磁体边缘处，但梯度线圈效率会急剧下降。更好的选择是 Profile NMR-MOUSE 所用的平面梯度线圈［图 4.20（d）］。基于与磁体相同的方法，将 zx 梯度系统优化工作在特定深度上，从而减轻对其尺寸的限制。

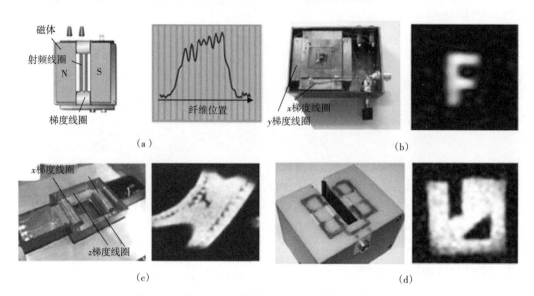

图 4.20　单边 NMR 传感器实现空间定位的不同方法

（a）一维侧向成像的 NMR-MOUSE[31]，梯度线圈安装在磁体之间，并将 RF 线圈加长；左图为传感器结构，右图为气垫中纤维位置的剖面。纤维集中在 1mm 网格上。（b）基于条形磁体的小型单边 MRI 扫描仪（左）；RF 线圈上方刻有字母 F 的橡胶块的图像（右）[32]。（c）装配于单边 MRI 扫描仪磁体间的梯度线圈（左），有缺陷的纺织纤维增强橡胶管的 NMR 切片图像（右）[35-36]。这幅 50×50 像素的图像所用采集时间为 2 小时，视场大小为 4cm×4cm。（d）Profile NMR-MOUSE 的平面梯度线圈系统（左）和硅橡胶体模的 NMR 切片图像（右）

参 考 文 献

［1］Jackson JA, Burnett LJ, Harmon JF (1980) Remote (inside-out) NMR. 3. Detection of nuclear magnetic-resonance in a remotely produced region of homogeneous magnetic-field. J Magn Reson 41 (3)：411-421

［2］Kleinberg RL (1996) Well logging. In：Encyclopedia of NMR. Wiley-Liss, New York, NY

［3］Hogan BJ (1985) One-sided NMR sensor system measures soil/concrete moisture. Design News, May 5

［4］Matzkanin GA (1989) A review of nondestructive of composites using NMR. In：Nondestructive characterization of materials. Springer, Berlin

[5] Paetzold RF, Delossantos A, Matzkanin GA (1987, March) Pulsed nuclear-magnetic resonance instrument for soil-water content measurement-sensor configurations. Soil Sci Soc Am J 51 (2): 287-290

[6] Paetzold RF, Matzkanin GA, de los Santos A (1985) Surface soil-water content measurement using pulsed nuclear magnetic-resonance techniques. Soil Sci Soc Am J 49 (3): 537-540

[7] Rollwitz WL (1985) Using radiofrequency spectroscopy in agricultural applications. Agric Eng 66 (5): 12-14

[8] Eidmann G, Savelsberg R, Blümler P, Blümich B (1996, Sep) The NMR mouse, a mobile universal surface explorer. J Magn Reson Ser A 122 (1): 104-109

[9] Perlo J, Casanova F, Blümich B (2005, Sep) Profiles with microscopic resolution by single sided NMR. J Magn Reson 176 (1): 64-70

[10] Perlo J, Casanova F, Blümich B (2004, Feb) 3D imaging with a single-sided sensor: an open tomograph. J Magn Reson 166 (2): 228-235

[11] Perlo J, Casanova F, Blümich B (2005, Apr) Velocity imaging by ex situ NMR. J Magn Reson 173 (2): 254-258

[12] Perlo J, Casanova F, Blümich B (2007, Feb) Ex situ NMR in highly homogeneous fields: H-1 spectroscopy. Science 315 (5815): 1110-1112

[13] Blümich B, Anferov V, Anferova S, Klein M, Fechete R, Adams M, Casanova F (2002, Dec) Simple NMR-mouse with a bar magnet. Concepts Magn Reson 15 (4): 255-261

[14] Prado PJ (2003, Apr) Single sided imaging sensor. Magn Reson Imaging 21 (3-4): 397-400

[15] Popella H, Henneberger G (2001) Design and optimization of the magnetic circuit of a mobile nuclear magnetic resonance device for magnetic resonance imaging. COMPEL 20: 269-278

[16] Marble AE, Mastikhin IV, Colpitts BG, Balcom BJ (2006) A constant gradient unilateral magnet for near-surface MRI profiling. J Magn Reson 183 (2): 228-234

[17] Rahmatallah S, Li Y, Seton HC, Mackenzie IS, Gregory JS, Aspden RM (2005, Mar) NMR detection and one-dimensional imaging using the inhomogeneous magnetic field of a portable single-sided magnet. J Magn Reson 173 (1): 23-28

[18] McDonald PJ (1997, Mar) Stray field magnetic resonance imaging. Prog Nucl Magn Reson Spectrosc 30: 69-99

[19] Fukushima E, Jackson JA (2002) Unilateral magnet having a remote uniform field region for nuclear magnetic resonance. US Patent, 6489872

[20] Fukushima E, Roeder SB, Assink RA, Gibson AV (1988) Nuclear magnetic resonance apparatus having semitoroidal RF coil for use in topical NMR and NMR imaging. US Patent 4721914

[21] Manz B, Coy A, Dykstra R, Eccles CD, Hunter MW, Parkinson BJ, Callaghan PT (2006, Nov) A mobile one-sided NMR sensor with a homogeneous magnetic field: the NMR-mole.

JMagn Reson 183 (1): 25-31

[22] Anferova S, Anferov V, Adams M, Blümler P, Routley N, Hailu K, Kupferschlager K, Mallett MJD, Schroeder G, Sharma S, Blümich B (2002, Mar) Construction of a NMR-mouse with short dead time. Concepts Magn Reson 15 (1): 15-25

[23] Meriles CA, Sakellariou D, Heise H, Moule AJ, Pines A (2001, July) Approach to high resolution ex situ NMR spectroscopy. Science 293 (5527): 82-85

[24] Perlo J, Demas V, Casanova F, Meriles CA, Reimer J, Pines A, Blümich B (2005, May) High resolution NMR spectroscopy with a portable single-sided sensor. Science 308 (5726): 1279-1279

[25] McDonald PJ, Aptaker PS, Mitchell J, Mulheron M (2007, Mar) A unilateral NMR magnet for sub-structure analysis in the built environment: the surface GARfield. J Magn Reson 185 (1): 1-11

[26] Jackson JD (1998) Classical electrodynamics. Wiley, New York, NY

[27] Fukushima E, Roeder SBW (1986) Experimental pulse NMR: a nuts and bolts approach. Addison Wesley, New York, NY

[28] Callaghan PT (1991) Principles of nuclear magnetic resonance microscopy. Clarendon Press, Oxford

[29] Kimmich R (1997) NMR: tomography, diffusometry, relaxometry. Springer, Berlin

[30] Blümich B (2000) NMR imaging of materials. Clarendon Press, Oxford

[31] Prado PJ, Blümich B, Udo Schmitz U (2000) One-dimensional imaging with a palm-size probe. J Magn Reson 144: 200-206

[32] Casanova F, Blümich B (2003, July) Two-dimensional imaging with a single-sided NMR probe. J Magn Reson 163 (1): 38-45

[33] Casanova F, Perlo J, Blümich B (2004, Nov) Velocity distributions remotely measured with a single-sided NMR sensor. J Magn Reson 171 (1): 124-130

[34] Casanova F, Perlo J, Blümich B, Kremer K (2004, Jan) Multi-echo imaging in highly inhomogeneous magnetic fields. J Magn Reson 166 (1): 76-81

[35] Kolz J, Goga N, Casanova F, Mang T, Blümich B (2007) Spatial localization with single-sided NMR sensors. Appl Magn Reson 32 (1-2): 171-184

[36] Blümich B, Perlo J, Casanova F (2008, May) Mobile single-sided NMR. Prog Nucl Magn Reson Spectrosc 52 (4): 197-269

5　单边核磁共振层析扫描技术

MRI 是评价材料非均质性最有力的无损技术之一[1-2]。MRI 能够建立多种对比参数加权的 NMR 图像来有效区分不同分子结构和各类材料。近年来，在开放式磁体产生的强非均匀磁场中实现空间定位的大量研究让单边 NMR 成为一项真正的开放式扫描技术。这类传感器最早通过简单的探头重定位来扫描大型物体表面目标区域的性质，其侧向分辨率主要由敏感区大小决定并与 RF 线圈尺寸相当（厘米级）。虽然减小 RF 线圈尺寸能够改善分辨率，但这样做的同时降低了传感器的最大探测深度。为了在敏感区内部获得更佳的分辨率，傅里叶成像是一种很好的方法。将磁体静磁场梯度与两个侧向上的脉冲梯度相结合，可以实现三维全方向定位能力。下面将介绍以最大敏感度条件实现这种成像方式的方法和步骤。

5.1　基于静磁场梯度的深度维扫描

将单边 NMR 传感器固定在一特定位置，就可利用其开放式磁体产生的天然磁场梯度获得深度维的分辨能力。正如第 4 章所述，许多优化的磁体结构能够在深度维上产生恒定梯度磁场。理想情况下，利用回波信号的傅里叶变换（FT）就能在这样的梯度条件下获得物体的深度剖面。但是，两个重要的技术限制使直接利用这种技术变得复杂。首先，实际传感器产生的强磁场梯度将所激发的深度范围限制为薄切片。例如，当静磁场梯度达到 1T/m 时（对于开放式磁体来说属于相对较弱范围），长度为 $10\mu s$ 的 RF 脉冲（探测距离线圈表面若干毫米深度时的典型值）激发的切片厚度约为 1mm。其次，探测深度较深时的 RF 线圈效率衰减非常快，让较厚切片的均匀激发变得复杂。为了实现大深度范围扫描，发展了两种方法（见第 4 章）。若磁体能够在较大范围产生恒定梯度磁场，则重新调谐 RF 探头可激发不同深度的切片。为了改善磁场梯度的一致性，经优化后的 Profile NMR–MOUSE 工作在固定的深度位置上，能够获得很高的深度维分辨率[3]。这种方法需要改变激发切片在样品内的相对位置，具体实现方法为：保持被测物体静止不动，利用高精度机械定位系统移动传感器与被测物体做相对运动 ［图 5.1（a）］。

无论采用哪种方法实现激发切片的重定位，为了获得较大范围内的剖面信息都需要将不同深度处获得的信息串联起来。控制剖面分辨率的典型方法是调节 RF 脉冲宽度。如第 2 章所述，CPMG 序列激发的频率带宽为 $\Delta v_0 = 1/(2t_p)$，增加脉冲宽度能够减小切片厚度。但是这样一来，如果利用逐点法获得整个剖面，则在厚度分辨率获得改善的同时，测量时间也随之变长。若切片厚度缩短两倍，则保持敏感度恒定就需要 4 次测量，重定位的次数也需翻倍。因此，分辨率增加一倍意味着测量时间增加 8 倍。同时，如果所需空间分辨率小于最厚切片厚度，调节采集时间 T（采集回波时的窗长）也可改善分辨率。这种方法需要将 RF 脉冲宽度设置为最短，以实现激发区域最大化，然后调整采集时间来获得所需切片内的分辨率（信号采集时间为 T 时的波谱频率分辨率为 $\Delta v = 1/T$）。在每个深度上测得激发区域剖面后，在整个样品范围内移动激发切片位置，就能够获得由单个剖面组成的整体剖面。这种获得高分辨率剖面的实现方式如图 5.1（b）所示，图中为利用 Profile NMR-MOUSE 测量双层橡胶样品的深度维剖面结果。RF 脉冲宽度设定为 3μs，激发带宽约为 150kHz。事实上，为了避免激发效率发生明显变化，仅从每个位置上的激发切片中选择了 50μm 厚的区域，传感器每次移动位移也设定为 50μm。若采集窗宽度设定为 300μs（$t_E = 345\mu s$），则标称分辨率可达到 4μm。当 RF 脉冲宽度设定为 300μs 来激发 4μm 切片厚度时，传感器位置也必须每次移动 4μm，大约需要 12 步才能完成 50μm 范围内的测量[3]。利用增加脉冲长度来控制分辨率的另外一个不足在于需要更长的回波间隔（其增量约为脉冲宽度增量的两倍）。这是因为在激发更薄的切片时，回波包络会变宽（激发频率范围更窄），必须在脉冲序列中设定更长的采集时间以保证获得最大的敏感度。当样品的 T_2 非常短时，这个限制将变得非常关键。

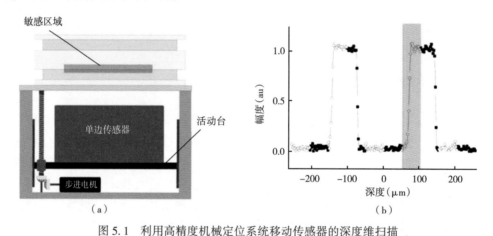

图 5.1　利用高精度机械定位系统移动传感器的深度维扫描

（a）调整传感器与样品相对位置的机械定位装置。（b）剖面测量结果，样品为用玻璃（150μm 厚）隔开的两个橡胶层（70μm 厚）。整个剖面为将回波信号做傅里叶变换得到的 50μm 厚的剖面连续组合得到，传感器每次的移动距离也为 50μm

5.2　基于傅里叶成像的空间编码

基于脉冲梯度的傅里叶成像技术能在敏感切片的侧向方向上获得空间定位能力。这需要给传感器装配平面梯度线圈系统，并在强非均匀场条件下实现成像。在敏感区域内获得空间定位相当于利用"放大镜"考察该区域材料的精细结构。单边 NMR 传感器移动结合傅里叶成像能在整个样品范围内实现高精度扫描测量（图 5.2）。

初看起来，这种策略非常直接和容易，但必须注意传统成像序列（例如自旋回波、梯度回波、SPRITE、FLASH 和 EPI[1-2]）都不能在梯度静磁场的单边传感器上使用。这么多的脉冲序列被排除在外的原因有两个：（1）由于 T_2^* 为若干毫秒，不能形成可探测的自由感应衰减；（2）虽然能够产生自旋回波，在强背景梯度场下进行信号采集时却不能使用读

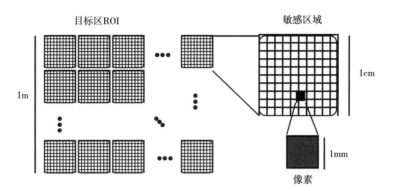

图 5.2　结合传感器重定位与傅里叶成像技术来获得大于敏感区的目标区（ROI）的高分辨率图像
将 ROI 划分成敏感区大小的子区域［用（m, n）表示］，每个子区域再划分为傅里叶成像的像素

出梯度。这些限制使纯相位编码成为最后的选择。Prado 等实现了一种单点自旋回波成像方法[4]（图 5.3），该方法将 Hahn 回波序列（用于重聚背景梯度引起的散相）和梯度脉冲（在自由演化阶段施加，利用回波相位对空间定位信息编码）相结合。单点是指一次测量只能采集 k 空间上的一个点，因此获得具有 n 个像素的一维图像需要至少 n 次实验。

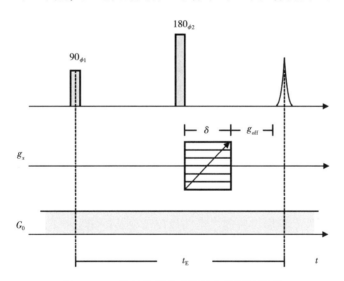

图 5.3　一维相位编码成像的自旋回波序列
在回波最大值处，强静磁场梯度引起的散相被消除，而由脉冲梯度引入的相位则被保留下来。
脉冲梯度的幅度 g_x 逐步增加，对 k 空间从负值向正值进行采样

最初尝试给原始"U"形 NMR-MOUSE 装配梯度线圈系统时，将两个螺线管放置在磁体之间，利用一台传统梯度放大器驱动线圈中的电流沿磁体间隔方向产生一个梯度场［图 5.4（a）][4]。如图 5.4 所示为利用多圈商业橡胶条带［图 5.4（b）］建立的体模，利用 NMR-MOUSE 测得的一维图像［图 5.4（c）］和另外一个均匀物体样品的测量结果［图 5.4（d）］。最后一幅图显示出了探测敏感区域的大小和形状，即实际的视场（FOV）。虽

然样品是均匀的，但其图像受到探测敏感区域形状非均匀性的调制。对于任何纯相位编码技术而言，非扩散样品可达到的空间分辨率仅由梯度的均匀度决定，与弛豫无关。本次实验中获得的空间分辨率为几百微米。

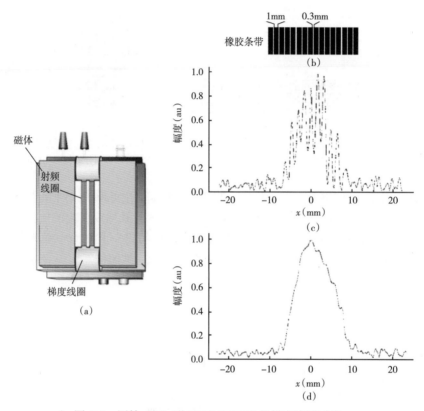

图 5.4　原始"U"形 NMR-MOUSE 的梯度线圈系统
（a）"U"形 NMR-MOUSE 装配梯度线圈系统，在沿磁体间隙方向产生脉冲梯度。（b）多圈商用橡胶带制作的体模。（c）和（d）分别为应用单点采集技术对橡胶条带和均匀样品测量得到的一维图像

　　原则上，将这项技术扩展以获得二维图像仅需要装配第二个梯度线圈，在横跨磁体间隔的方向上产生另一个磁场梯度，并在脉冲序列中将第一个脉冲梯度组合进去。但是，这样做必须克服一个更加重要的限制，即传感器必须能在跨磁体间隔方向产生比较大的敏感区域，这是成像的第二个方向维度。如何将原始"U"形 NMR-MOUSE 的敏感区域加长限制了二维技术的应用，需要发展新型传感器才能解决[5]。2002 年出现了基于极化方向沿深度方向的条形磁体的新型传感器样机，这种传感器在磁极面上装配"8"字形 RF 线圈（图 5.5），其敏感区域在两个侧向方向上对称伸长。这类磁体结构形成的静磁场主梯度同样沿深度方向，由其定义的平行于传感器表面的切片（切片内的频率一致）相当平整。传感器同样将一组平面梯度线圈装配在相同的磁极面一侧（位于 RF 线圈旁边）［图 5.5（a）］。利用类似图 5.3 中的纯相位编码成像脉冲序列对二维 k 空间逐点采样，并在序列中加入两个脉冲梯度。将字母 F（大小为 8mm×6mm）刻在一块天然橡胶板上作为体模，测量得到的图像平面分辨率为 1mm²［图 5.5（b）］，实验用时约 1 小时。

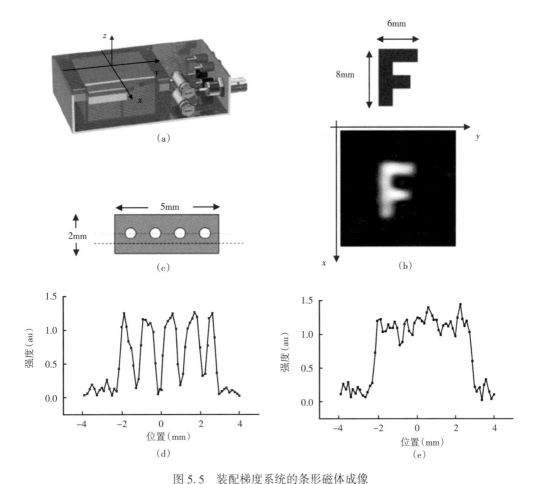

图 5.5　装配梯度系统的条形磁体成像

（a）装配梯度线圈系统的条形磁体 NMR-MOUSE 可沿两个侧向产生脉冲梯度。（b）刻有字母 F 的
2mm 厚橡胶板作为样品测试二维成像方法的效果。（c）纤维增强橡胶板不同深度位置测量得到的一维
剖面。纤维中心位置测得的剖面清晰地再现了样品结构，将敏感切片移至相邻纤维时，切片足够平整，
在测量范围内能清晰地区分不同纤维，未发生交叉重叠现象

　　除了能沿侧向方向产生对称的视场之外，这项研究所用条形磁体还能沿深度方向产生恒定静磁场梯度。在这样的磁场剖面条件下，重新调谐激发频率能够在不同深度位置上激发平整的敏感区域。如图 5.5（c）所示为在一块纤维加强橡胶层样品内部不同深度处的一维图像。纤维层中心处测得的剖面用于定量分析纤维的位置和尺寸。测量结果显示，距离中心 500μm 处的剖面结构仍然保持一致，表明切片足够平整，纤维层之间没有相交。虽然这项工作表明利用二维纯相位编码结合背景梯度场下的切片选择技术能够实现三维空间定位成像，但是单边 NMR 传感器固有的低敏感度将耗费太长的实验时间，失去了实际应用的意义。单边 NMR 传感器的另一个限制是最大探测深度仅为几毫米（主要由 RF 线圈结构决定）。下一节中，将讨论对现有检测方案的重要改进，这种新型开放式 MRI 系统能够在获得较大敏感度改善的同时获得三维图像，其探测深度达到了 1cm，而所需测量时间缩短为几分钟，达到了实际应用水平。

5.3 多回波采集方案

加速数据采集的基本思想基于 Hahn 回波序列的回波间隔 t_E 相比样品 T_2 要小得多这一事实。在此条件下，施加 CPMG 脉冲序列能够产生很长的回波串，可将整个回波串相加来增加检测敏感度。这种方法节省的实验时间正比于 CPMG 回波串中采集得到的回波个数。这个概念已经在均匀静磁场和均匀 RF 场环境中大量使用[1-2]，但在强非均匀磁场中的应用却不那么容易。如图 5.6 所示为利用文献［4］中的单点成像脉冲序列后面接 CPMG 回波串的实验结果［图 5.7（a）］。可以看出，利用梯度脉冲方法对信号相位中的空间信息进行编码的效果随着回波个数的增加明显变差。数值模拟结果显示：重聚脉冲不完美造成的信号失真模式很复杂。本节的目的是理解多回波串中信息丢失的原因，以便设计出在这类实验条件下能成功运行的编码策略。考虑到真实实验受到敏感区形状的影响（图 5.4）且信噪比较差，可在下面的讨论中基于数值模拟进行分析。这正是基于矩阵旋转的数值模拟方法（见第 2 章）的作用。通过计算脉冲序列期间的磁化矢量演化过程可以发现，有两类不同的编码方式能够获得显著效果。

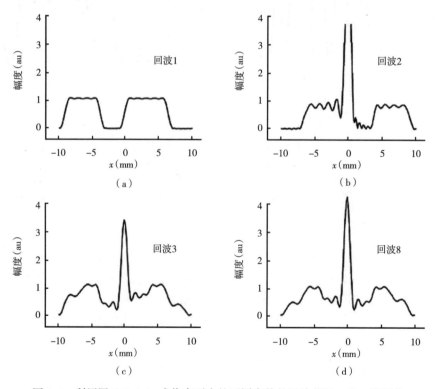

图 5.6 利用图 5.7（a）成像序列中的不同序数的回波获得一组一维图像

利用第一个回波获得的图像准确重现了样品的剖面。回波序数较大时，空间定位信息完全失真，
这是由重聚脉冲的不完美引起的

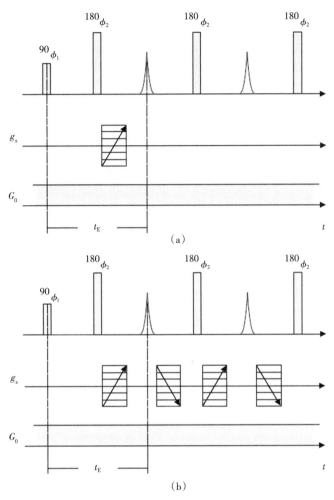

图 5.7　成像脉冲序列

（a）文献［4］最初将单回波相位编码成像序列扩展成的多回波相位编码成像序列。（b）第一个梯度脉冲引入的
相位被第二个施加相反电流的梯度脉冲抵消。因此，每个演化阶段最后时刻的相位分布与 CPMG 脉冲序列相同。
这样一来，回波之间并不要求必须保存空间信息，使该序列具有 CPMG 脉冲序列获得较长回波串的高效率优势

5.3.1　RARE 型成像序列

为了理解施加 CPMG 脉冲序列中的空间信息如何在梯度脉冲的作用下利用回波个数进行编码，利用第 2 章中的公式仿真计算了磁化矢量的演化过程。考虑到空间编码过程中偏共振的作用，在计算时假设：静磁场沿 z 轴方向，在 y 轴（深度）方向存在恒定的梯度；均匀 RF 场的方向沿 y 轴。梯度线圈产生的磁场（假定理想情况）只沿 x 轴方向（成像方向）存在梯度。假设在 x_0 位置处放置一个只含单个像素的物体，以简化数据解释过程。基本思路为利用逐个的回波来获得图像中的像素位置。将物体沿静磁场梯度的方向扩展，引入一个共振频率的分布。物体的尺寸大小按如下原则设置：保证频率分布远宽于 RF 脉冲的激发带宽（$\omega_1 \ll \Delta\omega_0$）。

图 5.8 为利用图 5.7（a）中的脉冲序列获得的图像（行）随回波序数（列）的演化关系。利用第一个回波获得的图像准确显示 x_0 处有一个单峰。随着回波序数的增大，虽然 x_0 处仍存在谱峰，但在 $-x_0$ 和零点处出现了两个额外的信号峰。根据 x_0 和 $-x_0$ 处的谱峰可确定空间信息并未完全丢失。甚至用最后一个回波计算得到的信号仍然受正确的频率调制，但是未能区分频率的正负号。这是由于施加重聚脉冲串的过程中丢失了垂直于 180° 脉冲的正交通道信号。众所周知，CPMG 脉冲序列回波串中一直保存与重聚脉冲同向的磁化矢量分量，而其正交分量在前几个回波之内就消失了[6]。

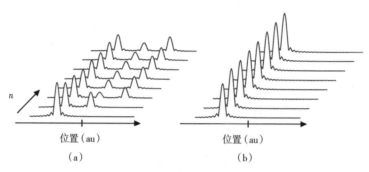

图 5.8　图像随回波序数的演化关系

（a）利用图 5.7（a）中的脉冲序列获得的单个像素的图像（行）随回波序数（列）的演化关系。用第一个回波获得的图像准确显示 x_0 位置有一个单峰。随着回波序数 n 的增加，虽然主谱峰仍然位于 x_0 处，但在 $-x_0$ 和零点出现了两个额外的信号峰。（b）利用图 5.7（b）中的脉冲序列，所有图像都没出现失真

如图 5.7（a）所示的脉冲序列中，虽然 180° 脉冲的相位与第一个脉冲相差 90°，但梯度脉冲将磁化量扳转偏离原来的方向，产生平行分量和正交分量。正交分量的丢失（虚部通道）导致一个图像镜像的产生。另一方面，零频率（$x=0$）的谱峰对应于不受梯度脉冲影响的信号，该信号来自受激回波，是在施加梯度脉冲过程中由保存在纵轴上的磁化矢量形成的。虽然零频率处的信号幅度只有 x_0 处（正确位置）的一半，但当被测物体的像素增多时，该比例将变得大得多。因为图像上每个像素的信号都将在零频率处产生贡献，这将会在中心位置产生一个很强的失真信号（图 5.6）。相位循环能消除受激回波产生的信号，但不能解决镜像信号问题。

现已经认识到信号失真来自梯度脉冲引起的磁化矢量散相，下面给出简单的解决方案：在回波信号采集之后立即用与第一个梯度脉冲极性相反的第二个梯度脉冲消除散相影响[7]。这样一来，施加下一个重聚脉冲前的磁化量与常规 CPMG 脉冲序列中完全一致，并且该条件在整个回波串采集过程中始终一直保持下来。在采集每个回波时都重复这个过程，则整个脉冲序列如图 5.7（b）所示。图 5.8（b）为利用这个新脉冲序列对单像素物体测量的结果。所有回波的空间定位信息编码都非常完美，零频率和镜像位置均未出现失真。将每个梯度脉冲的幅度都设置为相同值，可使回波串中的所有回波都对 k 空间中的相同点进行采样。梯度脉冲的幅度也可以设置为逐步增加，在一个 CPMG 回波串衰减过程中就能非常方便地对整个 k 空间采样。

可将信号衰减过程中采集到的回波叠加改善信噪比［图 5.9（a）］。如果样品 T_2 随样

品内不同位置而变化，把回波串衰减期间采集到的所有回波叠加，将得到 T_2 加权剖面。如果利用每个回波分别重建样品剖面，则可将剖面按时间画出，得到每个像素的弛豫速率。通过改变相位编码方案，可将每个回波设定为采集不同的 k 空间点，这时只利用一个CPMG 脉冲序列就可完成对整个图像的扫描。由于较小的 k 决定图像的幅度，较大的 k 决定图像的分辨率，通过从大到小采集不同的 k，利用单个 CPMG 实验便能获得 T_2 对比增强效果［图 5.9（b）］。为了在 CPMG 脉冲序列中获得最大数量的回波，需要采用短回波间隔，但回波间隔受到梯度脉冲的上升和下降时间限制。每个回波之前由梯度脉冲引入的相位变化必须用回波之后的梯度脉冲完全消除。这要求回波间隔必须足够长，才能保证梯度脉冲幅度在下个 RF 脉冲施加之前已变为零。如果不能满足这个条件，奇数和偶数回波的FOV 将出现轻微差异，利用这种现象可以检查并设置正确的回波间隔。根据 T_2 的不同，可能需要使用电流预加重技术对电流脉冲进行整形。

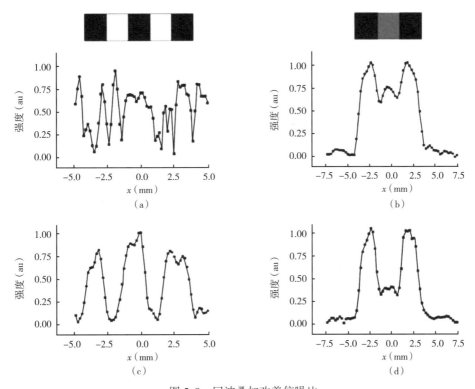

图 5.9　回波叠加改善信噪比

（a）利用图 5.7（b）中的新型多回波脉冲序列获得的一维图像。上方为用第一个回波（单个回波检测）
获得的结果，下方为用整个回波串叠加获得的结果。（b）利用每个回波中的独立相位编码，实现了 RARE
型 k 空间采样来获得 T_2 加权的一维剖面。为了对比二者的对比度，分别按照从 0 到 k_{max}（上方）
和从 k_{max} 到 0（下方）的顺序对 k 空间进行采样

5.3.2　CPMG-CP 正交检测

RARE 型脉冲序列被实现不久之后，又出现了一种更有效的方法[8]。与 RARE 型解决方案相比（磁化矢量在回波前后经历散相和重聚，不影响 CPMG 脉冲序列的自旋演化动态过程)，CPMG-CP 序列利用的是 CPMG 回波串至少能保存一个磁化分量、而丢失第二个磁化分量这一事实。CPMG-CP 序列需进行两次实验以得到两个正交分量。通过在回波串采集过程中产生更多的回波实现敏感度最大化，并利用梯度线圈系统减小功率损耗。新型 CPMG-CP 脉冲序列（图 5.10）可以理解为两个阶段的组合："编码"阶段，包含 Hahn 回波序列；"编码"阶段后接"检测"阶段，包含一串重聚脉冲。

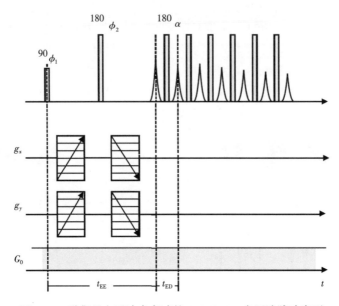

图 5.10　采集整个回波串衰减的 CPMG-CP 多回波脉冲序列

两个梯度脉冲都在 Hahn 回波序列中的自由演化阶段施加（二者定义出一个编码回波间隔 t_{EE}）。为了在检测阶段采集到更多回波，尽量缩短第一个回波之后的回波间隔。检测回波间隔 t_{ED} 由探头死区时间决定

　　编码阶段产生一个回波信号，其相位由梯度线圈和自旋所处位置决定。因此，对于在 x 轴测量到的相位 ϕ（这里假设当不存在脉冲梯度时，Hahn 回波沿 x 轴产生，例如：施加的 90° 脉冲相位为 $\pi/2$、180° 脉冲相位为 0 时），回波最大值处的磁化矢量分量为 $M_x = M_0\cos\phi$ 和 $M_y = M_0\sin\phi$，它们在旋转坐标系下的方向分别沿 x 轴和 y 轴方向 ［图 5.11 (a)］。第一次实验中令重聚脉冲相位为 0（CPMG 脉冲序列），用于采集 M_x（实部），这时 M_y 在前几个脉冲过后就衰减为 0 了 ［图 5.11 (b)］。第二次实验中除了令重聚脉冲相位为 $\pi/2$（CP 序列）之外，其他参数均与第一次实验相同，用于采集 M_y（虚部）［图 5.11 (c)］。将第一次实验获得的实部和第二次实验获得的虚部组合，就能建立每个回波的全复数信号 $M_0(\cos\phi+i\sin\phi)$。典型的实验方案还采用加/减相位循环，因此需要至少四步的相位循环方案（表 5.1）。

　　如图 5.12 所示为采用这种新型多回波检测方案获得的一组一维图像（数值模拟结果）与所用回波序数的关系。假设条件与之前模拟时相同，为均匀 B_1 和偏共振激发。所有图像均显示出了样品的结构，表明各个回波中均较好保存了空间信息。如第 2 章所述，Hahn 回波和第 2 个脉冲产生的受激回波存在叠加，因此 CPMG 回波串中的第二个回波总是大于第一个回波。但是，如图 5.10 所示脉冲序列产生的第二个回波却小于第一个回波，而第

三个回波大于第二个回波。这是因为当 $t_{ED} \ll t_{EE}$ 时,丢失了第一个受激回波信号(此时第二个回波仅是一个直接回波),而第三个回波才是 Hahn 回波与受激回波(磁化量被检测阶段的第一个回波保留在 z 轴上)叠加形成的第一个回波。注意,由于模拟时采用的偏共振程度很大,所以即使 B_1 场是均匀的,它也会引起一个很宽的扳转角分布。因此,非均匀 B_1 场条件下的结果与上述分析结果也不会有太大区别。

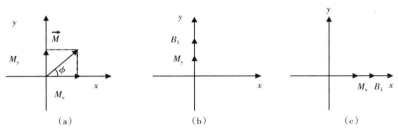

图 5.11 磁化矢量演化过程

(a) 第一个回波达到最大幅度时的磁化矢量。相位偏移 ϕ 正比于自旋位置和梯度场强度。(b) 施加相位为 $\pi/2$ 的重聚脉冲串过程中,只有 M_y 被保留下来。(c) 将重聚脉冲串的相位切换为 0,可以将 M_x 保留下来

表 5.1 CPMG-CP 序列采集两个通道信号所需的相位循环方案(含加/减循环)

ϕ_1	ϕ_2	ϕ_α	ϕ_{rec}	分量
$+\pi/2$	0	0	0	实部
$-\pi/2$	0	0	π	实部
$+\pi/2$	0	$\pi/2$	0	虚部
$-\pi/2$	0	$\pi/2$	π	虚部

表 5.2 给出了单回波(Hahn 回波)检测序列和两种多回波检测序列(RARE 型和 CPMG-CP 型)在测量时间、平均功耗和所需总能量方面的对比。在有利的情况下(例如 T_2 远大于回波间隔时),多回波检测方案相对于单回波方案可将实验时间缩短几个数量级。CPMG-CP 序列使 RARE 型序列的实验时间从 100min 缩短至 15min,这是因为 CPMG-CP 序列回波串中的回波间隔仅受 RF 探头死区时间限制,而后者则受两个梯度脉冲的长度限制。回波间隔的缩短增加了回波串中检测到的回波数量,从而大大增强了敏感度。CPMG-CP 序列所需总能量大大减小的原因是每个回波串只需施加 1 个梯度脉冲,而 RARE 型序列却需要 2N(N 为回波个数)个梯度脉冲。这对于便携式系统来说非常重要,因为便携式系统通常使用电池供电。除了这些优点,最重要的还在于 CPMG-CP 方案在施加检测脉冲串之前能够保存自旋系统的相位,而 RARE 序列则办不到这一点。这允许人们将这种采集方案附加在其他任何编码序列之中,下一节的流动测量方案将介绍这种方案的应用。

表 5.2 Hahn 回波、RARE 型和 CPMG-CP 方法的比较

脉冲序列	实验时间	RF 功耗(W)	梯度功耗(W)	能量(kJ)
Hahn	43h	0.002	0.4	62
RARE	100min	0.1	47	282
CPMG-CP	15min	1.4	0.4	1.4

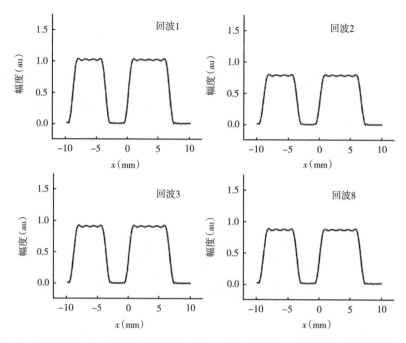

图 5.12　利用 CPMG-CP 多回波检测方案（图 5.10）获得的一维图像与所用回波序数的关系
所有图像均显示出了计算时设定的模型结构，表明各个回波中均较好保存了空间信息。幅度随回波个数
的振荡变化是由 Hahn 回波和受激回波信号分离造成的，在 CPMG 型脉冲序列中经常能够观察到

5.4　多回波检测方案的性能

5.4.1　敏感度的改进

　　新型多回波技术较 Hahn 回波序列节省大量实验时间，这对于 T_2 较长的样品来说非常重要。为了说明新脉冲序列的改进效果，对 $T_1 = 330\text{ms}$、$T_2 = 90\text{ms}$ 的硅橡胶样品进行成像 [图 5.13（a）]。将样品放置在传感器中心上方 5mm 处，切片厚度为 1mm。如图 5.10 所示脉冲序列中的梯度脉冲长度为 0.37ms，回波间隔 $t_{ED} = 0.11\text{ms}$。梯度场幅度分为 32 级逐步增加，从负值到正值对 k 空间采样。两个方向上的 FOV 都设定长为 32mm，获得的空间分辨率约为 1mm。每个梯度幅度对应进行一次实验采集，单个回波串采集 800 个回波，并全部参与叠加来改善信噪比。两次实验之间的循环延迟设定为 0.45s，获得一幅二维图像总的实验时间为 15min。

　　如图 5.13（a）所示为利用新型脉冲序列获得的横截面图。图像重现了物体的结构，没有出现明显失真，表明能在切片上获得二维空间定位[8]。如果利用单回波方法来获得具有相同信噪比的二维截面图像，则需进行多次实验测量。回波串的幅度按指数方程衰减，信号采集至回波幅度降低为初始回波幅度的 1/3 为止，可以很容易计算出敏感度的改善程度。对于这个橡胶样品来说，如果用 Hahn 回波方案，必须将 175 个 Hahn 回波叠加平均才能获得与多回波序列相同的信噪比，这样总的实验时间高达 43h。利用一块尺寸为 50mm×50mm（x 和 z 方向）的硅橡胶考查由 RF 线圈决定的 FOV 大小。使用的是与之前实验相同参数的快速成像方法，但将 FOV 设定为 42mm。如图 5.13（b）所示为从均匀物体图像中减去图 5.13（a）中图像后的结果。RF 线圈定义的 FOV 为 36mm（沿 x 方向）×26mm（沿 z 方向）。当将较大的物体放置在传感器上方时，FOV 必须设定为大于上述尺寸，以避免信号重叠。为了追求检测的简便，应限制被测物体在 x 和 z 方向上的尺寸。

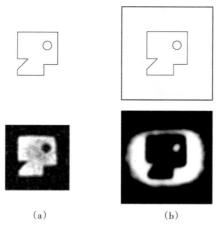

（a）   （b）

图 5.13　硅橡胶样品成像

（a）被测硅橡胶物体的结构（上部）；利用新型多回波采集方案获得的二维图像（底部）。受益于回波串中采集到的 800 个回波，每个梯度幅度下仅需一次实验就能完成一个正交通道的采样。每个回波串采集至信号幅度衰减为初始幅度的 30% 为止，在回波串叠加前使用相同的衰减方程做窗函数（切趾）处理。获得这幅二维图像（分辨率 1mm）的总实验时间为 15min，将单回波方法的采集时间（43 小时）缩短了 175 倍。（b）从一块面积为 50mm×50mm 的均匀物体上减去图像（a）来由考察 RF 线圈的 FOV。选择的敏感区域大小为 36mm（沿 x 方向）×26mm（沿 z 方向）

5.4.2　弛豫和扩散对比

如前所述，多回波成像序列基本由一个 Hahn 回波序列和一个 CPMG 型的多回波检测序列构成。利用这一特性，可将 Hahn 回波序列作为滤波器或直接考虑 CPMG 回波串的不同回波数据段在图像中产生不同的对比效果。在 5.4.1 节中，将整个回波串叠加来改善敏感度，但这种做法仅能在样品内的 T_2 为均匀的情况下获得信号强度的图像。如果样品范围内存在 T_2 的分布，则获得是 T_2 加权图像。使对比效果最大化的方法是将回波串信号划分成不同部分进行分段加和。如果已知样品内的 T_2 范围，就很容易确定回波串衰减曲线中用于加和部分的上下限，以便将两个信号的差异最大化。如果样品为未知样品，则基于整个信号衰减特征进行加和区域划分。

图 5.14（a）给出了这种方法的一个应用，此次实验的主要目的为区分物体内的三种不同橡胶类型。选用了距离传感器表面为 5mm、厚度为 1mm 的切片。多回波脉冲序列的 $t_{ED}=0.11ms$，回波个数设定为 1000 以便能正确地采集物体中的最长衰减信号。梯度脉冲幅度分为 24 级逐步增加，FOV 设定为 32mm，能够获得约 1.3mm 的空间分辨率。两次实

验之间的延迟时间设定为 0.3s（最长 T_1 的 3 倍），以避免图像中出现任何 T_1 加权信息。为了改善敏感度进行 8 次扫描叠加平均。如图 5.14（a）所示为分别用（从左至右）第 1~8、8~32、32~200、200~400 个回波叠加来重建得到的不同 T_2 加权图像。每幅图像的幅度都进行了自归一化，第一幅图像显示矩形物体的信号幅度几乎是一致的；第二幅图像显示最短 T_2 组分的信号幅度是最大信号幅度的一半，但不能区分出另外两个区域。第三幅图像显示最短 T_2 组分的幅度为 0，中等 T_2 组分的信号幅度为最大值的一半，最长 T_2 组分的信号幅度最大。最后一幅图像仅可见最长 T_2 组分。除了将回波串不同段落中的回波叠加来在图像中产生对比效果之外，还可通过拟合每个像素上的回波幅度衰减来获得各自的弛豫时间。与单回波方法相比，在单次成像实验中采集整个回波衰减信号的方法将实验次数降低一半。图 5.14（b）给出了物体内每个区域对应的衰减信号和相应的拟合曲线。从深色至浅灰色的弛豫时间分别为 1.9ms、5ms 和 15ms，与利用 CPMG 对单个橡胶样品测得的弛豫时间一致。

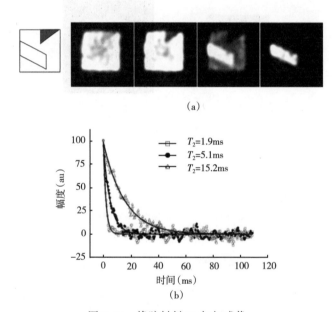

（a）

（b）

图 5.14　橡胶材料 T_2 加权成像

（a）由三种具有不同弛豫时间的橡胶材料组成的物体结构。为了产生不同的 T_2 对比效果，在重建图像之前将回波串分成几段分别叠加平均。叠加第 1~8、8~32、32~200、200~400 个回波获得从左至右的一组图像。

（b）物体内三个不同区域对应的回波幅度衰减信号。对每个衰减信号进行拟合，可得到它们各自的局部弛豫时间。图中所示弛豫时间与每个橡胶样品单独测量时的结果一致

如果样品内的不同区域具有相似的 CPMG 衰减时间，但是利用 Hahn 回波序列能获得不同的信号衰减，则可以通过增大编码回波间隔 t_{EE} 来增强它们之间的对比效果。这是针对流体类样品产生扩散对比的理想方法。流体样品的信号幅度很大程度上受编码阶段中的扩散影响而衰减，而这类样品在检测回波时间 t_{ED} 足够短时的 CPMG 衰减可能非常相似。必须注意，以增加 t_{ED} 来增强 CPMG 信号衰减过程中的扩散对比是十分不利的，这样做会造成图像信噪比的降低，因为增加 t_{ED} 减少了检测阶段可采集到的回波数量。如图 5.15 所

示为分别充满水、油和明胶的三个橡胶管。利用不同的编码时间 t_{EE}（从左至右，t_{EE} = 0.5ms、1ms、2ms 和 5ms）对其进行测量，回波串共采集 1000 个回波。从图中可以清晰地看到：对于短 t_{EE} 而言，该方法能够获得自旋密度图像；而对长 t_{EE} 而言，获得了非常重要的对比度，同时还将整个长回波串中的回波进行叠加改善了信噪比。这个方法已经被证实在区分生物组织中的脂肪和肉类时非常有用，第 8 章将给出应用结果。

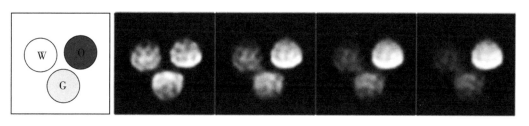

图 5.15　分别充满水、油和明胶的三个样品管组成的体模

这种成像序列可通过增大编码时间 t_{EE} 引入扩散对比效果。从左至右分别为 t_{EE} = 0.5ms、1ms、2ms 和 5ms 时
获得的图像。检测阶段，生成 1000 个回波并叠加改善敏感度。第一幅图像没有显示出样品管之间的任何
对比度；编码时间更长时，扩散的差异引起了水和明胶样品的信号衰减，而油管几乎未观察到信号衰减

5.4.3　三维成像

将二维相位编码方法与切片选择技术相结合可以实现三维空间定位[8]。如图 5.16（a）所示为一组刻成字母的天然橡胶板（2mm 厚）重叠放置成单词"MOUSE"的三维结构。橡胶板之间没有隔板和垫片，总的结构高度为 10mm。图 5.16（b）将每个字母单独分开显示，以便于表示其结构。在刻度出频率与深度方向上切片位置之间的关系之后，将

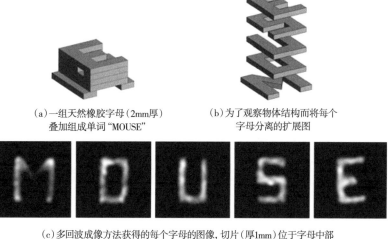

（a）一组天然橡胶字母（2mm 厚）　　　（b）为了观察物体结构而将每个
　　叠加组成单词"MOUSE"　　　　　　　字母分离的扩展图

（c）多回波成像方法获得的每个字母的图像，切片（厚1mm）位于字母中部

图 5.16　天然橡胶板三维成像

为了补偿由于 B_1 场随深度衰减造成的敏感度降低，每个字母的扫描次数正比于其所处
深度来增加。每个字母的总实验时间分别为：45s、45s、90s、120s 和 180s

切片厚度设定为 1mm，每个切片均位于不同的橡胶板内部。所采用的新型多回波采集方案中，梯度幅度分为 20 级，FOV 为 32mm，获得的空间分辨率约为 1.6mm。为了在不同深度处获得相同的 FOV，对两个梯度都进行了刻度。对于实验中的橡胶样品，采用 96 个回波叠加来改善信噪比。两次实验之间的循环延迟时间为 30ms，获得第一个字母的图像需要的实验时间为 45s。为了补偿由于深度不断增加引起的 B_1 衰减而造成的敏感度损耗，在测量下一个字母时将扫描次数逐渐增加，下一个字母的扫描次数是上一个的 4 倍。每个字母的二维图像如图 5.16（c）所示，敏感探测区域足够平整，未观察到相邻字母的重叠现象，单个字母也未失真。因此认为梯度脉冲在整个样品范围内均保持了较好的一致性。

5.5　位移编码

NMR 是一种描述分子运动的无损检测手段[1-2]，适用于研究较大时间范围和长度范围内的位移。对于无法使用光学检测的不透明材料来说，能够确定其分子位移细节的方法很少。NMR 技术相对于其他实验方法具有许多优势[9]，已被广泛用于生物学、医学和材料学。NMR 可用于测量植物不同生长阶段的干茎和叶柄内的液体流动，也可在心动周期中测量血液流动。孔隙介质（例如天然砂岩）中的大量应用已经帮助建立了孔隙介质内部的流体运移机理模型[10]。结合高分辨率成像方法，NMR 成为能够验证牛顿流体的纳维什—斯托克斯（Navier-Stokes）方程数值解和验证描述非牛顿流体复杂流变特性本构方程的唯一方法[11-12]。与其他方法相比，NMR 方法不受流体附近外壁的影响，可利用聚合物熔体和溶液的流速剪切来研究壁面滑脱效应[13]。

目前，基于脉冲场梯度发展了很多用于传统超导体和电磁体形成的均匀场的脉冲序列，但将其应用于开放式 NMR 传感器的极端非均匀场时出现了许多问题。第一，分子自扩散和强静磁场梯度 G_0 引起很大的信号衰减；第二，偏共振激发和 RF 场的非均匀性产生的大量相干路径引起错误的唯一编码；第三，传感器先天的低磁场强度和宽信号特征不仅使敏感度降低，还大大增加了实验时间，失去了实际应用的意义。这一节主要介绍针对 Tanner[14] 提出的 PFG-STE 法的修正方法，即 Cotts[15] 提出的 "13 区间段（13-interval）" 脉冲序列。特别地，还将给出用于消除无用相干路径信号的相位循环方案。"13 区间段" 脉冲序列能降低梯度场条件下的扩散效应引起的信号衰减，还能与 CPMG-CP 多回波检测方法结合，将实验时间缩短几个数量级。这样一来可以在几分钟内完成速度分布的测量。此外，可将流动编码方法与成像技术结合，实现速度分布的空间定位并获得原位 2D 速度分布图。

5.5.1　非均匀场中的脉冲场梯度方法

PFG 方法依靠脉冲场梯度下的自旋回波（SE）[16] 和受激回波（STE）[14] 来测量相干和扩散位移。在 T_2 远小于 T_1 的系统中，Tanner 提出的 PFG-STE 脉冲序列比传统的 PFG-SE 脉冲序列更加适用。PFG-STE 序列如图 5.17（a）所示，两个长度为 δ 的梯度脉冲之间相隔一个演化时间 Δ，引起的相位偏移 ϕ_i 和 ϕ_f 分别正比于初始位置 r_i 和最终位置 r_f[17]。由于演化阶段 Δ 中的磁化量保存在纵轴上，PFG-STE 允许编码和解码脉冲梯度之间有更长的

演化时间 ［图5.17（a）］。这时演化阶段中的弛豫率由 T_1 给出，而不是 SE 序列中的 T_2。

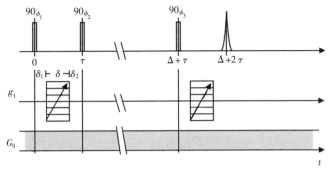

（a）测量自由演化阶段 Δ 的位移的受激自旋回波PFG脉冲序列

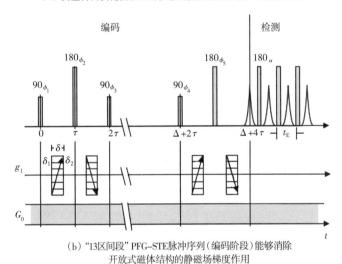

（b）"13区间段" PFG–STE脉冲序列（编码阶段）能够消除
开放式磁体结构的静磁场梯度作用

图 5.17　非均匀场中的 PFG 序列

编码阶段施加的重聚脉冲用于消除静磁场梯度引起的散相。为了增加敏感度，在受激回波之后施加
一串 RF 脉冲（检测阶段）。用于检测的回波间隔 t_{ED} 由探头死区时间决定

当存在静磁场梯度 G_0 时，PFG–STE 脉冲序列中由扩散引起的回波信号衰减符合如下规律[14]：

$$
\begin{aligned}
\ln\left[M(t)/M_0\right] = {} & -\gamma^2 D\bigl\{\delta^2(\Delta + \tau - \delta/3)g_1^2 \\
& + \delta\bigl[2\tau\Delta + 2\tau^2 - 2/3\delta^2 - \delta(\delta_1 + \delta_2) - (\delta_1^2 + \delta_2^2)\bigr]g_1 G_0 \qquad (5.1)\\
& + \tau^2(\Delta + 2/3\tau)G_0^2\bigr\}
\end{aligned}
$$

式中，τ 是前两个 90°脉冲之间的时间间隔；$\delta_{1,2}$ 是 RF 脉冲和梯度脉冲之间的时间间隔。

取决于 G_0 的大小，可以预测信号将出现很大的衰减[15,18]。这阻碍了利用这种方法在存在背景梯度时进行位移编码。为了降低 G_0 引起的扩散信号衰减，Cotts 等发展了 "13 区间段" 脉冲序列[15]，如图 5.17（b）所示。它在编码阶段时间施加 180°脉冲来消除 G_0 引起的散相，而编码相位则由双极梯度脉冲决定。对于这个脉冲序列来说，分子扩散引起的

信号衰减为

$$\ln\left[M(t)/M_0\right] = -\gamma^2 D\left[\delta^2(4\Delta + 6\tau - 2/3\delta)g_1^2 + 2\tau\delta(\delta_1 - \delta_2)g_1 G_0 + 4/3\tau^3 G_0^2\right] \quad (5.2)$$

与 PFG-STE 脉冲序列相比，G_0 引起的扩散信号衰减仅发生在两个编码阶段中，而 Δ 中则没有。该脉冲序列被广泛应用于非均质样品中的流动测量，能够大大降低磁场非均匀性引起的失真。

不幸的是，在开放式 NMR 传感器（B_0 和 B_1 都非常不均匀）上使用这个脉冲序列需要进行重要分析。探测敏感区内的复杂扳转角度分布会产生大量的相干路径（3^5），必须利用相位循环滤除。基于其中一些路径对信号的贡献是可以简单忽略的，因此可适当控制相位循环步骤的数量。这些路径主要指 Δ 阶段在横向平面上演化的磁化量。该演化时间在实验过程中远大于 τ（为若干毫秒），所以横向磁化量受到 T_2 和扩散作用而强烈衰减。在 $q_3 = 0$ 条件下演化的相干路径中，仅表 5.3 中列出的 6 个路径满足式（2.12）定义的回波形成条件。

表 5.3 "13-区间段" 脉冲序列的采集阶段采用相干路径方案

路　　径	相　　位
$P_1 = M_{0,+1,-1,0,-1,+1}$	$+\phi_1 - 2\phi_2 + \phi_3 - \phi_4 + 2\phi_5$
$P_2 = M_{0,-1,+1,0,+1,-1}$	$-\phi_1 + 2\phi_2 - \phi_3 - \phi_4 + 2\phi_5$
$P_3 = M_{0,-1,-1,0,+1,+1}$	$-\phi_1 + \phi_3 + \phi_4$
$P_4 = M_{0,-1,0,0,0,+1}$	$-\phi_1 + \phi_2 + \phi_5$
$P_5 = M_{0,0,-1,0,0,+1}$	$-\phi_2 + \phi_3 + \phi_5$
$P_6 = M_{0,0,0,0,-1,+1}$	$-\phi_4 + 2\phi_5$

表 5.3 中前两个路径为准共振和均匀 B_1 场下也能产生回波的路径，它们将在信号检测阶段重叠。由于自由演化阶段形成的累积相位变化正比于 q_k（见第 2 章），当按如图 5.17（b）所示施加梯度脉冲时，P_1 受相位（$\phi_i - \phi_f$）（正比于平均位移）调制，P_2 受相位（$-\phi_i - \phi_f$）（正比于平均位置）调制。当按照改变梯度场幅度的方案对信号进行采样时，这两种共振都将存在，因此所获得结果中出现速度分布和样品图像的重叠 ［图 5.18（a）］。为了消除 P_2 的贡献，必须研究相干路径对每个 RF 脉冲相位的依赖关系。例如，可将第 3 个和第 4 个脉冲的相位从 0 逐步增加到 $\pi/2$，同时保持接收相位恒定不变来实现。在此条件下，P_1 将保持不变，但来自 P_2 的信号的相位变化了 π，该信号在两次实验后就可消除。

剩余的相干路径仅在脉冲序列处于非理想实验条件下施加时存在，所以它们对最终信号的贡献取决于特定的传感器。为了说明该脉冲序列的效果，假设被测样品具有单一的速度 v，计算了信号响应与有效扳转角（θ）的关系。在数值模拟中加入了能够消除 P_2 贡献的相位循环，这些相位循环方案同时也消除了 P_3（该路径不能被双极梯度有效编码，原因是每个编码阶段中施加的 180°脉冲不能使累积相位发生反向）。图 5.19 为速度分布与扳转角度的关系。当 θ 接近 90°时能够获得不失真的速度剖面，单一速度分布位于谱图右侧。然而，当 θ 偏离理想值时（B_1 或 B_{eff} 都有可能变化），在原始速度值一半的位置上出现了

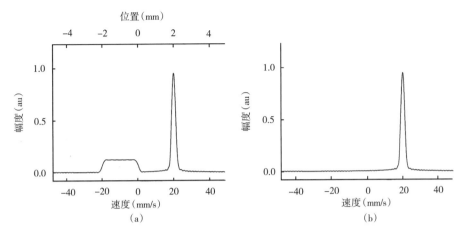

图 5.18　速度分布上无用图像的消除

（a）利用"13 区间段"脉冲序列［图 5.17（a）］测得的速度剖面。假设 2mm 厚的切片内具有单一
流动速度 20mm/s（垂直于切片厚度方向）。不仅获得了速度分布，在图中还能观察到切片图像。

（b）将第二个 RF 脉冲的相位从 0 循环到 π，保持接收相位恒定不变，无用图像被完全消除掉

伪速度峰信号。这个信号是每个编码阶段中仅被两个梯度脉冲其中之一编码了的磁化量，受 q 空间中正确频率值的一半频率调制。

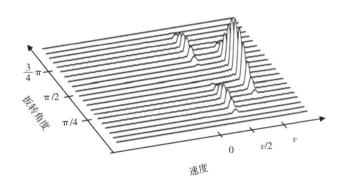

图 5.19　获得的速度剖面与扳转角度之间的关系

计算中假设静磁场和 RF 场都是均匀的，并假设样品具有均一速度 v。当扳转角度接近 90°时
获得了正确的速度分布，而扳转角度接近 45°和 135°时的剖面开始失真

产生该无用图像信号的相干路径为 P_5，P_5 的编码相位为（$\phi_{ini}/2-\phi_{fin}/2$）。由于 $q_2=-1$，q_2 阶段采集到的初始相位为正值（这时梯度脉冲为负）；而 $q_5=+1$，第 5 个阶段采集到的相位为负值（这时梯度脉冲为负）。为了定量描述实际实验条件下的信号失真程度，在数值模拟计算中考虑了偏共振激发并使用了真实 RF 线圈的 B_1 场分布。如图 5.20（a）所示为测得的速度分布。图中的 $v/2$ 处能够清晰地观察到信号峰，其相对幅度为正确速度的 50%。扳转角在 π/4 处附近的信号失真最大，与图 5.19 中的结果一致。当相位为 π/4 时，施加第一个 RF 脉冲过后仍有大量磁化量分量沿 z 轴方向存在，并且不受编码阶段的第一个梯度脉冲编码。这些残余磁化量可通过循环第一个 RF 脉冲和接收器的相位（0～π，

加/减相位循环）来消除[19]。这个相位循环方案还能消除 P_6 和 Δ 阶段产生的新生磁化量。如图 5.20（b）所示为在数值模拟中引入该相位循环后获得的速度剖面，失真信号被完全消除。为了消除剩余的相干路径 P_4，P_4 的编码相位正比于半平均位置（$-\phi_{ini}/2-\phi_{fin}/2$），其中 ϕ_2 必须按从 $\pi/2$ 至 $-\pi/2$ 循环并保持接收器相位恒定不变。实际上 P_4 并不能引起很大的失真，所以这些相位循环步骤并未在表 5.4 中给出。

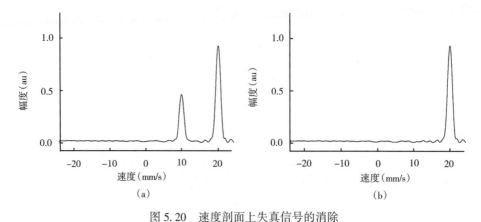

图 5.20　速度剖面上失真信号的消除

（a）同时考虑偏共振和 RF 线圈 B_1 场失真作用而计算出的速度剖面。虽然数值模拟中假设样品具有单一速度（20mm/s），结果中还是出现速度为 10mm/s 的信号贡献。（b）为了有效消除信号失真，第一个 RF 脉冲和接收器相位在 0 和 π 间循环

除了上文提到的磁场非均匀性引起的失真之外，这项技术的应用还受到单边 NMR 传感器敏感度低的限制。5.2.2 节中曾给出用于改善敏感度的多回波采集方案 CPMG-CP。图 5.17（b）显示该方案也能接在"13 区间段"脉冲序列（编码阶段）之后。如前所述，重聚脉冲仅保留与重聚 RF 脉冲平行的回波信号分量，而其垂直分量在很短的时间内就衰减到零。为了重建速度分布，两个磁化量的分量都是必需的，缺少一个就会产生镜像伪谱。为了采集到这两个分量，需要进行两次实验，第二次实验时将重聚回波串中的 RF 脉冲的相位从 0 变为 π。总之，对应每个梯度值来说，总共至少要进行 8 次实验。第一个 RF 脉冲的相位必须从 0 循环到 π 才能消除扳转角度分布引起的失真。第 3 个和第 4 个脉冲的相位从 0 循环至 $\pi/2$ 来消除不希望在速度剖面上出现的图像。另外，还必须改变重聚回波串的相位来采集回波信号的两个分量（表 5.4）。注意在强背景梯度和 Δ 足够长的条件下，不需要的相干路径会受到很强的衰减。因为对于它们来说，"13 区间段"脉冲序列实际上是一个受激回波序列（5 个脉冲中仅 3 个作用在磁化量上），在 Δ 阶段中可观察到扩散衰减。

表 5.4　非均匀磁场中施加"13 区间段"序列时滤除无用相干路径的相位循环方案

ϕ_1	ϕ_2	ϕ_3	ϕ_4	ϕ_5	ϕ_α	ϕ_{rec}
0	$\pi/2$	0	0	$\pi/2$	$\pi/2$	0
0	$\pi/2$	$\pi/2$	$\pi/2$	$\pi/2$	$\pi/2$	0
π	$\pi/2$	0	0	$\pi/2$	$\pi/2$	π

续表

ϕ_1	ϕ_2	ϕ_3	ϕ_4	ϕ_5	ϕ_α	ϕ_{rec}
π	$\pi/2$	$\pi/2$	$\pi/2$	$\pi/2$	$\pi/2$	π
0	$\pi/2$	0	0	$\pi/2$	0	0
0	$\pi/2$	$\pi/2$	$\pi/2$	$\pi/2$	0	0
π	$\pi/2$	0	0	$\pi/2$	0	π
π	$\pi/2$	$\pi/2$	$\pi/2$	$\pi/2$	0	π

5.5.2　速度分布测量

在第 4 章介绍的开放式 NMR 传感器上实现了新型流动编码方法。首先测试了它消除背景梯度的效果。该脉冲序列不使用梯度脉冲，测量不同的 δ 下的 Cu_2S 水溶液的回波强度与 Δ 的关系。所有情况下采集到的回波信号衰减可用与 δ 无关、且与 T_1 相等的时间常数（T_2）作单指数来拟合。实验结果表明 Δ 阶段内作为纵向磁化量保存的受激回波不受静磁场梯度引发的相位变化的影响。

为了考察该方法的效果，对薄矩形管内的水流进行了测量。矩形管的尺寸为 200mm×121mm×0.6mm（长×宽×高），放置在传感器表面上方 10mm 处。若管子的宽（b）与高（a）之比 $b/a \ll 1$，则可认为该层流的速度剖面在沿 b 一侧是平整的，而随高度 a 呈二次方变化[20]。利用一台精确计量泵（型号：Pharmacia P500）驱动来实现流速 $Q = 170$mL/h，此时最大速度 $v_m = 2/3 \times Q/(ab)$，此例中约为 10mm/s。图 5.21（a）中的虚线速度剖面是利用如图 5.17（b）所示脉冲序列得到的。分 24 步从负值向正值对 q 空间进行采样，并将流场速度（FOF）设置为 30mm/s，其定义的速度分辨率为 1.25mm/s。为了激发流体管整个横截面上的自旋，将 RF 脉冲宽度设定为 7μs（对应切片厚度约为 1.4mm）。受探头死区时间限制，可用最小回波间隔 $t_{ED} = 0.11$ms。将采得的 2000 个回波进行叠加来改善敏感度，其敏感度为单回波检测方法的 20 倍[19]。受益于敏感度的大幅度改善，获得一个速度分布只需要 8 次重复测量，所需总时间约为 5 分钟。计算得到的这种几何结构的流体管内的理论速度分布剖面如图 5.21（a）所示。实验结果与理论计算结果非常吻合，表明这种方法适用于非接触式速度分布遥测，甚至在极端非均匀场中也适用。

单边 NMR 传感器常用重定位法来扫描物体内部不同深度处的性质。在某些情况下，只需获得该深度点上的平均速度即可。这时，可用单步相位编码来代替重建整个速度分布所需的 N 个步骤。虽然这样做牺牲了速度分辨率，但可直接将实验时间减少一半。这种方法需要进行两次实验：第一次初始实验不引入梯度脉冲，只测量回波信号的参考相位；第二次实验利用梯度脉冲在回波中引入一个正比于位移的相位偏移量。利用这个相位偏移很容易计算出该测量点的平均速度。同样将这种方法成功应用于测量上述矩形管道内的平均速度 $[v_a = Q/(ab)]$。如图 5.21（b）所示为利用单步 PFG-STE 方法得到的平均速度 v_{NMR} 与利用已知流速计算得到的平均速度的关系。二者极好的相关性表明这种方法在很大的流速范围内均能获得准确结果。测量一个切片内（实验条件与之前相同的条件下）的平均速度所需时间约为 24s。

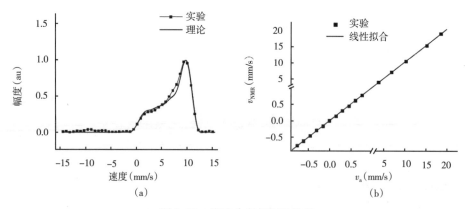

图 5.21　流速分布的测量结果

（a）利用图 5.17（b）中的脉冲序列获得的矩形管内水流的速度分布。点线为实验结果。实验所用水样加
入了 Cu_2S 将 T_1 降至 0.9s。梯度脉冲宽度 δ 设置为 0.5ms，演化时间 Δ 设置为 200ms。为了改善信噪比，将
利用 $t_{ED} = 0.11$ms 采集的 2000 个回波叠加。获得传感器表面上方 10mm 处的速度剖面所需总实验时间为
5min。图中给出了理论计算的速度（连续线）分布作为对比。（b）利用单步相位编码 PFG-STE 方法得到
的平均速度 v_{NMR} 与利用已知流速计算得到的平均速度 v_a 的相关性

5.6　空间速度分布

这一节介绍如何将速度编码与切片选择方法相结合来获得物体内沿深度方向定位的速
度剖面。利用改变激发频率的方法（图 5.16）可在不同深度位置上获得平整的切片。为
了说明这个方法的效果，测量了宽为 30mm、高为 3mm 矩形管内的水流的速度剖面。利用
精确泵将流量控制在 3600mL/h，管道内的最大流速为 17mm/s。当管道的高和宽之比 b/a
远大于 1 时，可认为该层流的速度剖面在沿 b 一侧是平整的，而随高度 a 呈二次方变化。
改变敏感切片的位置（单次移动 0.3mm），对其沿 y 轴方向的 7~10mm 进行了扫描。如图
5.22（a）所示为得到的空间速度分布图，从图中可清晰地看到抛物线状剖面[22]。图 5.22
（b）为在管道内 3 个不同位置处测量得到的速度分布。当切片靠近管壁时，切片内的平均
速度逐渐减小到 0（分布的宽度逐渐变大），与局部横波速度变化吻合。

第二个例子中，对圆形管内水流的速度分布进行测量（内直径为 3mm），实验参数与
前面一致。如图 5.22（c）所示为沿 y 轴上的速度分布[22]。与矩形管相比，对于半径为 R
的圆形管来说，水流速度同时依赖于 y 和 z：$v(x, y, z) = v_{max}[1 - (y_2 + z_2)/R^2]$。这表明随
着 y 轴坐标位置的增加，每个切片内的速度分布值呈从 0 到最大值的变化规律。图 5.22
（c）中给出了清晰的抛物线形速度分布图像，同时还可看到切片内的速度分布概率从 0 增
加到最大值的过程。管道内的整个速度分布可通过沿深度方向将速度分布积分来重建。图
5.22（d）显示测量得到了根据管道形状预测到的帽形函数分布。

选择一个固定的切片，在脉冲序列中引入脉冲场梯度 g_z 可实现侧向上的速度分布测
量（图 5.23）[22]。在二维实验中，分别逐步增加 g_1（这时沿 x 轴施加）和 g_z 的幅度，可
以确定沿 z 轴方向上每个像素位置上的速度分布。将这种方法与切片选择方案相结合，可

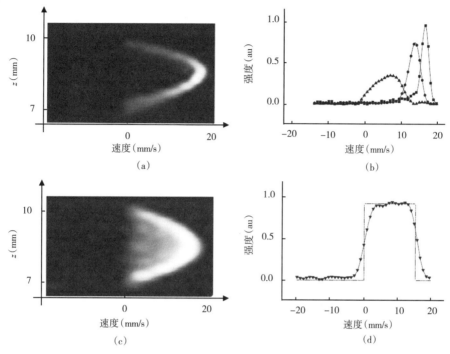

图 5.22　空间速度图像和分布

（a）矩形管（宽 30mm、高 3mm）内的水层流的速度分布（沿 y 轴空间定位）。每个切片上的速度分布均利用图 5.17（b）（原文为图 4.1b，译者根据上下文做了调整）中的脉冲序列测量得到，测量参数：$\delta = 1ms$、$\Delta = 50ms$、FOF = 40mm/s，梯度变化 20 步，每个梯度值扫描 8 次。为了改善信噪比，设置 $t_{ED} = 0.11ms$ 采集 2000 个回波。获得速度分布的总实验时间约为 30min。图中 $y = 0$ 处位于传感器表面上部 7mm 的位置，正好对应着下方管道壁。
（b）管道中心（▲）、中心与管道壁之间（●）和靠近管道壁（■）处分别测得的速度分布。可清晰看到当测量点靠近管壁时，速度逐渐降低至 0 的过程。与此同时，随着速度剪切的增加，速度分布的宽度也逐渐变宽。
（c）圆管内的水流速度分布（空间定位沿 y 轴）。实验所用参数与矩形管时相同。流速设定为 190mL/h，此时最大速度为 15mm/s。最大速度与 y 的关系显示出了预测的抛物线形态。（d）整个圆管内的速度分布显示出这种几何结构对应的典型帽形函数特征。总速度分布通过沿 y 轴将速度剖面（c）积分得到

获得二维图像中的每个像素上的速度分布。通常假设每个像素内的速度是均匀的，所以可用 g_1 单相位编码来代替重建整个速度分布所需的 N 次实验[21]。该方法需要两次成像实验，每次实验使用不同的 g_1 幅度值，因此在二维图像的每个像素内引入一个正比于位移的相位偏移。根据相位偏移可以很容易地计算每个像素内的速度，进而重建横截面（垂直于流动方向）上的二维速度图像。对于速度分布测量，消除失真的相位循环和采集信号两个分量共同决定最少进行 8 次循环实验。

　　利用这种方法对内直径为 6mm 的圆管内水层流的速度剖面进行了成像测量。流速设定为 500mL/h，这时最大流速约为 10mm/s。改变敏感切片的位置（单次移动 0.5mm）沿 y 轴对管道进行扫描。通过增加脉冲梯度幅度（共 16 步）获得了每个切片处沿 z 轴方向的一维剖面。FOV 设置为 8mm，两个方向上的空间分辨率相同。如图 5.24（a）所示为根据单步 PFG-STE 方法测得的像素相位偏移计算得到的二维速度图像。图中清晰地显示出与

这种几何结构管道的抛物线形剖面对应的环形模式。另外，图 5.24（b）证实了理论结果与测量结果的一致性，图 5.24（b）中同时给出了用二次函数预测的沿 y 和 z 方向上的速度剖面。

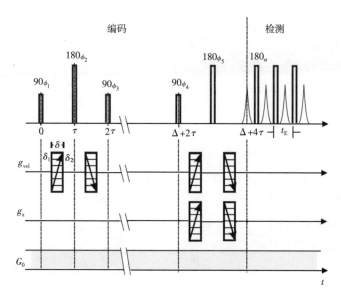

图 5.23 "13 区间段"受激自旋回波 PFG 脉冲序列测量自由演化阶段 Δ 期间的位移
该序列在激发回波串之前施加一个双极梯度脉冲来获得沿 z 方向的空间定位信息

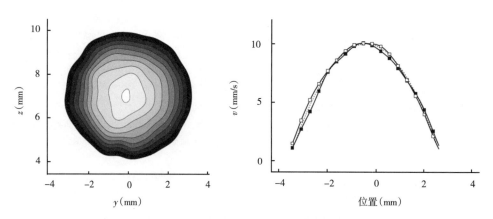

图 5.24 圆管内水层流的速度剖面成像
（a）圆管（内直径 6mm）内水流的二维速度剖面。利用图 5.23 中的脉冲序列和单步梯度对速度进行编码。管道放置在距离传感器表面 4~10mm 高的位置，获得其速度分布的总实验时间约为 50min。（b）沿 y（□）和 z（■）方向的速度剖面，同时给出了理论期望二次方程（虚线）

单边 NMR 是一项适用于描述复杂流体流动性质的技术，可无损地测量和提供流体流动的丰富信息。本章介绍了一种适用于在强 B_0 场和 B_1 场梯度下进行位移编码的 PFG-STE 脉冲序列。这种脉冲序列已经在单边 NMR 传感器上成功实现，并应用于非原位状态下的速度分布测量。非原位状态下的速度成像实验的关键在于将多回波采集技术与位移编码技术相结合。

参 考 文 献

［1］ Callaghan PT （1991） Principles of nuclear magnatic resonance microscopy. Clarendon Press, Oxford

［2］ Blümich B （2000） NMR imaging of materials. Clarendon Press, Oxford

［3］ Perlo J, Casanova F, Blümich B （2005, Sep） Profiles with microscopic resolution by single-sided NMR. J Magn Reson 176 （1）: 64-70

［4］ Prado PJ, Blümich B, Schmitz U （2000, June） One-dimensional imaging with a palm-size probe. J Magn Reson 144 （2）: 200-206

［5］ Casanova F, Blümich B （2003, July） Two-dimensional imaging with a single-sided NMR probe. J Magn Reson 163 （1）: 38-45

［6］ Meiboom S, Gill D （1958） Modified spin-echo method for measuring nuclear relaxation times. Rev Sci Instrum 29 （8）: 688-691

［7］ Casanova F, Perlo J, Blümich B, Kremer K （2004, Jan） Multi-echo imaging in highly in-homogeneous magnetic fields. J Magn Reson 166 （1）: 76-81

［8］ Perlo J, Casanova F, Blümich B （2004, Feb） 3D imaging with a single-sided sensor: an open tomograph. J Magn Reson 166 （2）: 228-235

［9］ Xia Y, Callaghan P T, Jeffrey KR （1992, Sep） Imaging velocity profiles-flow through an abrupt contraction and expansion. Aiche J 38 （9）: 1408-1420

［10］ Packer KJ, Tessier JJ （1996, Feb） The characterization of fluid transport in a porous solid by pulsed gradient stimulated echo NMR. Mol Phys 87 （2）: 267-272

［11］ Arola DF, Powell RL, Barrall GA, McCarthy MJ （1999, Jan） Pointwise observations for rheological characterization using nuclear magnetic resonance imaging. J Rheol 43 （1）: 9-30

［12］ Yeow YL, Taylor JW （2002, Mar） Obtaining the shear rate profile of steady laminar tube flow of newtonian and non-newtonian fluids from nuclear magnetic resonance imaging and laser doppler velocimetry data. J Rheol 46 （2）: 351-365

［13］ Xia Y, Callaghan PT （1991, Aug） Study of shear thinning in high polymer-solution using dynamic NMR microscopy. Macromolecules 24 （17）: 4777-4786

［14］ Tanner JE （1970） Use of stimulated echo in NMR-diffusion studies. J Chem Phys 52 （5）: 2523-2526

［15］ Cotts RM, Hoch MJR, Sun T, Markert JT （1989, June） Pulsed field gradient stimulated echo methods for improved NMR diffusion measurements in heterogeneous systems. J Magn Reson 83 （2）: 252-266.

［16］ Stejskal EO, Tanner JE （1965） Spin diffusion measurements-spin echoes in presence of a time-dependent field gradient. J Chem Phys 42 （1）: 288-292

［17］ Kimmich R （1997） NMR: tomography, diffusometry, relaxometry. Springer, Berlin

［18］ Sun PZ, Seland JG, Cory D （2003, Apr） Background gradient suppression in pulsed gradient stimulated echo measurements. J Magn Reson 161 （2）: 168-173

[19] Casanova F, Perlo J, Blümich B （2004, Nov） Velocity distributions remotely measured with a single-sided NMR sensor. J Magn Reson 171 （1）: 124-130

[20] Gondret P, Rakotomalala N, Rabaud M, Salin D, Watzky P （1997, June） Viscous parallel flows in finite aspect ratio hele-shaw cell: analytical and numerical results. Phys Fluids 9 （6）: 1841-1843

[21] Xia Y, Callaghan PT （1992, Jan） One-shot velocity microscopy-NMR imaging of motion using a single phase-encoding step. Magn Reson Med 23 （1）: 138-153

[22] Perlo J, Casanova F, Blümich B （2005, Apr） Velocity imaging by ex situ NMR. J Magn Reson 173 （2）: 254-258

6 非均匀场中的高分辨率核磁共振方法

6.1 简介

近年来，便携式和单边 NMR 仪器和方法越来越受到重视。利用这类 NMR 传感器可扫描测量任意大小的不可动物体，便携、低成本的 NMR 测量能力增强了这类传感器在许多领域中的应用。虽然 NMR-MOUSE[1-6]和其他单边或 "Inside-Out" 传感器[7-13]的静磁场十分不均匀，目前却均能够实现样品的图像重建和弛豫时间测量，其应用范围涵盖了材料科学、生物组织评价[14-17]、流动测量[18-19]、艺术品保护[20-21]和测井[22]❶等众多领域。由于这类传感器的静磁场非均匀性范围比化学位移效应要高出几个数量级，因而无法从谱图中提取化学位移信息。这类仪器固有的静磁场非均匀性阻碍了高分辨率波谱信息的获得。

一种绕过单边 NMR 系统固有静磁场非均匀性的方法是利用地磁场[23]。基于地磁场的 NMR 实验能获得弛豫时间[23]、成像[24-26]、盐水在冰[23,27-29]和其他介质[12,30]中的扩散系数，还能探测地下水[31-33]。目前，这些实验已获得了高分辨率的氢、锂、氟的 J 耦合波谱[34,64]。不幸的是，较低的地磁场强度产生的核自旋极化十分有限，化学位移信息难以分辨。此外，静磁场只能在边远地区保持其均匀性（需要远离建筑物、汽车等），这实现起来非常繁杂。

利用匀场硬件仍是解决单边磁场非均匀性的可行办法，而本章主要介绍激发共振后的主动自旋处理方案。这种 "非原位" 方法能够补偿离散采集点之间的自旋散相。非原位 NMR 方法主要通过周期性地施加特殊射频频率或梯度场波形来实现[35-37]，所得信号中保留了化学位移信息，谱线也仍然保持尖锐特征，不受非均匀散相的影响而变宽。

当前仅有少数方法能在强非均匀静磁场中获得波谱信息[38-41]。在非原位 NMR 方法出现之前，人们认为在不破坏化学位移信息的前提下将非均匀散相重聚是不可能的。本章介绍简单复合脉冲和 "硬件匹配" 脉冲的绝热脉冲形式，同时介绍高度灵活的 "匀场脉冲"。

除了非原位 NMR 方法，还出现了一种能直接适应非均匀性补偿（以信噪比为代价）的新型超快速 NMR 波谱法，也不需要老方法所需的复杂硬件。

目前，非原位 NMR 领域的发展依旧活跃。已在仿真非原位条件下获得了 NMR 波谱和波谱成像信息[35,37,42-46]；利用非原位匹配方法[35]在单边低场系统上首次获得了高分辨率波谱[47]。经过不断发展，这项强健和低成本的非原位 NMR 技术一定能获得更广泛的应用。

---

❶ 斯伦贝谢道尔研究中心（Schlumberger-Doll）和雪佛龙（Chevron）等石油行业公司在该领域做出了巨大贡献。

6.2 基于自旋间互应作用的方法

单边 NMR 系统中的磁场非均匀性可对波谱分析法产生致命影响。磁场非均匀性也是基于高场超导磁体系统的高分辨率 NMR 的最大制约因素。因此，在过去的几十年中，许多研究组发展出了基于非均匀磁场的高分辨率 NMR 方法。

重聚脉冲序列（例如 Hahn 回波[48]）是 NMR 领域的巨大发现。将重聚脉冲应用于非均匀场环境，可将非均匀谱线增宽现象重聚，实现弛豫、扩散和同核 J 耦合的测量。实际上，正是自旋回波调制随脉冲间隔的变化关系首先指出存在 J 耦合作用，而这在以前被认为是由磁场非均匀性引起的[49]。但是，这些脉冲序列同时掩盖了化学位移信息和异核 J 耦合作用。

早期出现了用于消除谱线增宽现象的多量子相干转移回波方法[38,50-51]。该技术利用了仅在赛曼（Zeeman）项下演化的全自旋相干。回波的形成需要施加两个激发脉冲。第一个脉冲产生一个由于非均匀性的存在而散焦的相干；第二个脉冲使非均匀作用的累积效果反向，进而使信号重聚。在两个脉冲施加的间隔期间，相干可从一个相干能级转移给另外一个相干能级，即从最大量子相干能级（在具有 N 个耦合自旋的系统中为相干 N）转移至其他任意一个量子相干能级 n。所涉及的这两个相干在非均匀条件下以不同的速率演化，最大量子相干仅在非均匀赛曼项下演化。如果自旋先在最大量子相干能级上演化一定时间，再转移到另外的相干能级上进行演化，则由静磁场非均匀性和磁化率引起的 n 量子谱线增宽的那一项将消失[38,51]。全自旋相干的严格条件限制了这项技术的应用，事实上这项技术也不能激发非耦合系统的谱线。

第二个基于多量子的方法利用的是溶液中的分子间零量子相干（iZQCs）[52]。只要磁场非均匀性对偶极相关尺度（约 $10\mu m$）的影响可以忽略不计，iZQCs 就能在非均匀场条件下给出高分辨率波谱信息[39]。HOMOGENIZED 检测方法[39,53]由 W. S. Warren❶ 实验室提出，用于磁场高达 18T、但非均匀性很小（约 1mg/L）的磁体中。HOMOGENIZED 能提供流体混合物的高分辨率质子谱[39,41]。但不幸的是 HOMOGENIZED 的一些不足阻碍了它成为非原位 NMR 系统中的常规应用方法。首先，HOMOGENIZED 所必备的自旋耦合必须通过远偶极—偶极作用实现。iZQCs 的信号来自一定相关距离之内[54-56]，由脉冲序列中施加的脉冲场梯度决定。非均匀性越大，要求相关距离越短，则所获得的信号越小。此外，典型的信号为传统单量子信号的 5%。目前非原位 NMR 系统的信号水平较低（磁场强度一般低于 $1\sim2T$、梯度为 $0.1\sim1T/m$），无法观测到 iZQCs。

另外一种方法利用溶液和溶质之间的核欧佛豪瑟（Overhauser）效应（NOE）产生高分辨率信息。一维实验利用一种"烧孔效应"方法将信号量限制在具有"正确"频率的那部分自旋上。因此，对于较大的校正程度来说，信号量会降低。二维实验利用异核 - NOESY 或 HOESY 序列[40]。基于 NOE 的方法适用于能够被 NOE "过滤出"出的弱非均匀性条件（例如由磁化率引起的细微变化）。NOE 技术的最大不足在于溶剂—溶液 NOE 的

---

❶ HOMOGENIZED 与同样由 Warren 等提出的 CRAZED 序列相似[57]。

强度可能很弱（依赖于溶剂和溶液的纵向弛豫）。

6.3 非原位 NMR：空间依赖的"z-旋转"

基于自旋互应作用的技术改善了低梯度静磁场条件下的波谱分辨率。但是，所有这些方法都将在实际应用中广泛存在的强度弱、非均匀性强的系统中失效。因此，现将介绍近年来发展出的能在上述非原位 NMR 系统中实现的一系列高分辨率 NMR 方法。非原位 NMR 方法通常需要已知非均匀磁场的分布（利用 MRI 或 Hall 探头获得）。脉冲序列利用磁场分布信息来重聚磁场非均匀性作用，并获得校正后的 FID 信号和窄化的谱线。

不同的非原位 NMR 方法分别利用 RF 脉冲、静磁场梯度脉冲或二者的组合来对样品实行与自旋位置相关的相位校正，即"z-旋转"。这些校正与化学位移和标量耦合无关，因此能够将这些信息保存下来。这类方法目前主要有两大类：（1）硬件匹配技术，包括复合和绝热脉冲变体；（2）匀场脉冲，主要基于绝热双通道[37]和啁啾脉冲[36]。

虽然脉冲序列设计仍然与硬件设计保持着相互依赖的关系，但非原位 NMR 方法大大降低了对磁体设计精确程度的要求。一般来说，磁体设计（并非所有磁体都容易驾驭）决定了理想脉冲方案，同时还应考虑 RF 场匹配、RF 效率、短脉宽和宽频带特性等因素和可调节性。实际上，非原位 NMR 环境中的磁场非均匀性十分强，且通常是非线性的。如果 RF 功率允许脉冲覆盖很大的非均匀性带宽，则复合脉冲将在大梯度条件下有很好的效果。下列因素决定了非原位 NMR 方法的校正程度和效果。

（1）在硬件匹配情况下，RF 场与静磁场的匹配质量。

（2）施加校正的速率——取决于磁场梯度大小、RF 脉冲幅度和脉冲设计。在其他条件相同时，RF 功率越强，基于脉冲的校正速度越快。

（3）脉冲对偏移的依赖程度。

（4）扩散和随机（例如 T_2）散相作用与重聚脉冲引起的重聚作用的强弱关系。

非均匀性越强的磁体所需的校正程度越高，也意味着需要更高的 RF 功率；而硬件匹配则更注重两个磁场的匹配。但是，在移动式传感器系统中获得大功率的 RF 脉冲并不容易，此时进行匹配将变得和传统匀场一样烦琐。脉冲序列设计可以帮助克服这个限制，绝热脉冲在没有高 RF 功率的帮助下也可实现很大的工作带宽，将可用 RF 功率的利用效率最大化。但是，基于绝热脉冲的脉冲序列较长（毫秒级），对扩散和弛豫敏感。脉冲序列工作在特定的偏移带宽内，因此在梯度较大时只能获得很小一部分样品的信息。有一种能将信号采集固定在特定区域的可行方法，但以牺牲信噪比为代价。特殊化的脉冲（相关—选择脉冲）或硬件匹配（激发和探测线圈分开）也可能具有类似的区域选择性。但是，磁体和 RF 线圈结构的互相优化仍然是一种兼容性更强且更可取的选择。

6.3.1 非原位匹配：利用空间匹配射频场补偿静磁场非均匀性

首次非原位 NMR 校正实验是基于非原位 NMR 硬件匹配完成的。Meriles 等[35]制作了一个能够产生与静磁场具有相同梯度空间分布的 RF 线圈，利用复合脉冲产生绕 z 轴的旋转，该旋转与演化阶段由静磁场引起的旋转相反。RF 场旋转的空间非均匀性作用将静磁场旋转的空间非均匀性抵消（与文献［65］中观察到的相似）。利用这种方法第一次在静磁场梯度条件下得到了样品的高分辨率 NMR 波谱信号。如图 6.1（a）所示为均匀 B_0 场中的"标准"单回波 NMR 波谱，能分辨出五个峰。当 B_0 梯度为 0.12mT/m 时，磁场的非均匀性使波谱变宽至 20ppm（译者注：ppm 为非法定单位，$1ppm = 10^{-6}$）［图 6.1（b）］，失去了细节特征。利用非原位 NMR 序列在相同条件下获得的波谱分辨出了所有五个质子 NMR 峰［图 6.1（c）］。

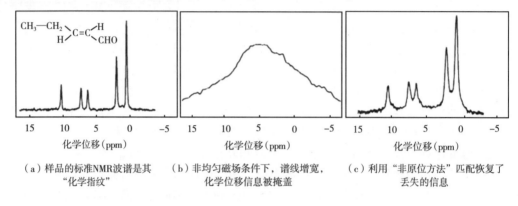

（a）样品的标准NMR波谱是其"化学指纹"　（b）非均匀磁场条件下，谱线增宽，化学位移信息被掩盖　（c）利用"非原位方法"匹配恢复了丢失的信息

图 6.1　静磁场梯度条件下的高分辨率 NMR 波谱信号[35]

6.3.1.1　复合"z-旋转"脉冲和章动回波

最初的非原位 NMR 利用根据简单图形模型设计的脉冲来产生空间位置相关的 z-旋转。磁化量最初在持续时间为 τ_β 的 β_x 脉冲的驱动下于 $y—z$ 平面上散开❶；接下来施加一个 $\pi/(2y)$ 脉冲将磁化量扳转至横向平面内，并进入自由演化时间 τ。这种初始的复合 z 旋转脉冲既可以实现自旋的激发也可以实现自旋的 $z—$旋转。演化阶段结束时形成一个"章动回波"，采集单个数据点，另一个恒定—旋转的复合 $\pi/2$ 脉冲将磁化量扳转回至 $y—z$ 平面，并循环上述过程。这种方式可以通过频闪观测采集方法获得整个有效均匀的 FID 信号（图 6.2）。

因此，$z—$旋转脉冲使异相自旋得以保存。在沿静磁场梯度方向上，这些自旋经旋转作用逐渐远离 x 轴；也就是说它们按螺旋线轨迹绕静磁场梯度旋转。随后，磁场非均匀性的作用不是使自旋散开，而是将它们重聚。静磁场梯度将使自旋以相反的方式旋转，同时实现化学位移信息的编码。最后，与每种化学位移对应的自旋将完成对齐，在某一时刻形成最大信号。与 Hahn 回波不同的是，该信号包含有化学位移编码，可称作"均匀回波"。

这种方法对 $\pi/2$ 脉冲的要求非常高，要能准确控制磁化量的方向，实现其以理想化的方式进入和离开 $x—y$ 平面。而 β 脉冲却利用 RF 场的非均匀性来将空间相关的相位偏移编码在自旋系统之中。在高场实验中，通过操纵复合脉冲将静磁场和 RF 场非均匀性对 $\pi/2$ 脉冲效果的不利影响最小化[42]。这些"自补偿 z-旋转"非原位 NMR 脉冲基于 Levitt 和 Freeman 的原始工作发展而来[58]，他们提出用 RF 脉冲组合在存在很大 RF 偏移的条件下实现 z-磁化量的反转。如文献［58］中所述，复合 π 脉冲与对所选择的 $x—y$ 平面内某一

---

❶　β 是与空间位置相关的脉冲，$\gamma B_1(x) \cdot \tau_\beta = \phi_{10} + \Delta\phi_1(x)$。

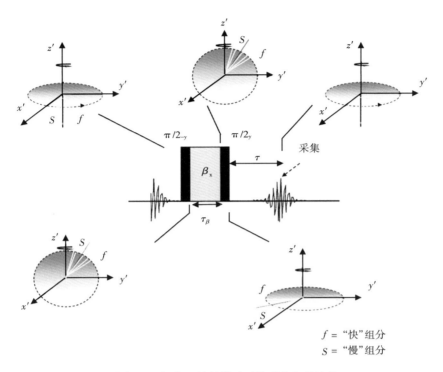

f = "快"组分
S = "慢"组分

图 6.2 复合 z-旋转脉冲下的磁化矢量演化

(a) 一个 β 脉冲产生一个与位置相关的 $\Delta\omega_1$ 展布。接着，一个硬 $\pi/2$ 脉冲将磁化量扳转至横向

平面之内，并在 τ 时刻生成一个章动回波，τ 正比于 β 的长度和 κ($\Delta\omega_1$ 和 $\Delta\omega_0$ 之比)。

(b) 施加一系列这样的 z-旋转脉冲，以频闪离散观测的方式获得受化学位移调制的 FID 信号

坐标轴上施加的 π 脉冲效果完全一致。RF 场非均匀性的作用是将原始轴旋转一个角度 Δ。由于反转轴取决于 RF 场，剩余信号的相位偏移随空间位置而变化，按照上述方法可利用适当的 RF 线圈施加精心设计的脉冲来获得其信息。

然而，低场实验中却并不使用自补偿 z-旋转[47,59]。为了获得反转轴的较大变化，必须增大 Δ。这类系统中的 RF 剖面特性和所用的较小区域决定了相对的 RF 非均匀性不能忽略不计（例如 ΔB_1 与 $B_{1,0}$ 之比很小）。而 $\pi/2$ 和 π 旋转过程中的 Δ 是可以忽略不计的。

目前，美国加州大学伯克利分校和德国亚琛工业大学的研究组合作进行了大量的高场匹配实验[42,44]，并在单边系统上获得了首个高分辨率 NMR 波谱[47]。这些实验使用了"β-$\pi/2$-演化"脉冲序列。改变 β 脉冲的持续时间可改变 z-旋转角度，进而改变回波形成时间。化学位移能以间接维度的方式获得，即通过连续实验采集 FID 曲线上不同位置点的章动回波实现。这种间接检测方法允许使用一串 π 脉冲来产生一系列章动回波（图 6.3）[47]。将获得的章动回波串叠加平均值可明显改善信号质量，特别是在低场条件下更加有用。

上述实验所用磁体在表面产生的低场强度为 0.2T，静磁场梯度为 0.04T/m。"U"形结构的永磁体（NdFeB）提供主要静磁场。利用一个按相反方向极化的磁体对样品位置处的静磁场剖面进行匀场校正。设计了一支在整个三维空间内与静磁场实现匹配的 RF 线圈来发射所有 RF 脉冲（图 6.4）。

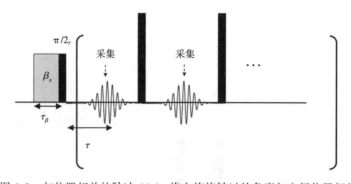

图 6.3　与位置相关的脉冲 $\beta(r)_x$ 将自旋旋转过的角度与空间位置相关

一个 $\pi/2$ 脉冲将自旋扳转至横向平面内。经过一段时间后形成一个章动回波，该时间正比于 β 脉冲的长度、且正比于 RF 梯度与静磁场梯度的比值。利用一串 π 脉冲产生一长串回波，叠加以明显改善信噪比

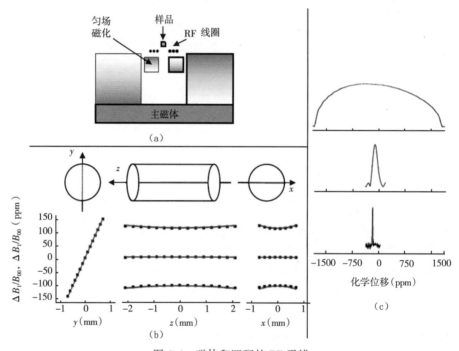

图 6.4　磁体和匹配的 RF 天线

（a）装有永磁体匀场校正单元的磁体阵列。内部（匀场校正）磁体能降低外部磁体产生的静磁场梯度、调整磁场空间分布。（b）表面线圈和静磁场在三个方向上实现了较好的空间匹配（几毫米的范围内）。图中还给出了"甜点"附近的两个磁场的分布。（c）内部磁体位置优化前后的 C_6F_6 波谱。最终获得的波谱使用了上一幅插图中的重聚脉冲序列

　　获得的一系列磁场分布图表明，RF 线圈的位置能够实现 RF 场与静磁场的最佳匹配。这些磁场分布还用于指导如何调整匀场校正磁体单元来产生与 RF 场最佳匹配的静磁场。实验分析对象为一个装有氟化物（六氟苯、全氟乙烷和全氟乙醚）的毛细管（直径 1mm、长 3mm）。氟化物具有很广的化学位移分布，非常适合验证这些方法。如图 6.4 所示为恢

复的波谱（分辨率为 8ppm）与相同条件下获得的标准波谱的对比结果。这类实验最大的难点在于 RF 场与静磁场的完美匹配，这曾阻碍了在该系统上质子波谱的获取。

6.3.1.2　用于空间依赖相位校正的比例化绝热脉冲

通常来讲，单边 NMR 系统的大静磁场梯度决定了利用正确的激发和编码也只能实现样品中很小一部分产生准共振。这对基于 RF 场非均匀性和梯度场非均匀性的空间匹配的校正方法提出了严峻挑战。比例化绝热双通道方法能够提供部分解决方案。

绝热脉冲的特性不同于绝大多数 MR 脉冲，因为它们作用于其带宽范围之内的所有自旋，且这种作用几乎是完全一致的。绝热脉冲一般都是特别设计的，其幅度和频率调制随时间变化，能够在绝热条件下改变有效磁场的方向［B_0 和 $B_1(t)$ 的组合效果，例如 B_{eff}］。

比例化绝热双通道脉冲序列包含两个具有相同频率 $\omega(t)$ 和幅度 $B_1(t)$ 调制的绝热全通道脉冲，但将第二个全通道的相对幅度乘以一个比例因子 λ，其产生的相位校正效果取决于 RF 场的特性。

下面通过一个相对简单的物理图像来阐明绝热通道的作用机理。脉冲施加过程中，有效场可表示为如下简单形式：

$$B_{\text{eff}}(t) = B_1(t)\hat{x} + \frac{\Delta\omega(t)}{\gamma'}\hat{z} \tag{6.1}$$

式中，$\Delta\omega(t) = \omega(t) - \omega_0$；$\hat{x}$ 和 $\hat{z}$ 为旋转坐标系下的单位向量。

$B_{\text{eff}}(t)$ 最初沿静磁场方向取向，之后随着 $B_1(t)$ 与 $\Delta\omega(t)$ 二者比例的变化而连续地从 z 轴开始倾斜直到到达其最终方向（与静磁场方向相反）。若连续激发过程足够慢（绕 B_{eff} 进动的速率远大于 B_{eff} 的重定向速率），则脉冲带宽范围内的所有自旋将一直随 B_{eff} 的倾斜而重新取向。

绝热非原位 NMR 匹配脉冲（比例绝热双通道）以一种独特的方式运用绝热脉冲。与大多数绝热全通道的普通应用不同（磁化量反转），绝热非原位 NMR 匹配脉冲作用在自旋被激发到横向平面内之后的初始状态上。基于这个原因，磁化量将绕有效场进动，并被锁在垂直于有效场的平面内（例如有效场取代静磁场成为量子化轴的方向）❶（图6.5）。也就是说，自旋在全通道施加过程中除了反转之外，还将在绕有效场进动中获得相位信息。由于第一个全通道的作用是使自旋反转，第二个相同的脉冲可以抵消第一个脉冲的作用效果。但是，由于第二个脉冲的幅度与第一个脉冲不同，在自旋中形成了一个微小的相位差

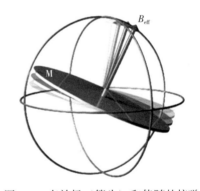

图 6.5　有效场（箭头）和伴随的核磁化量（圆盘）进动的"快照"

绝热脉冲慢慢地将有效场旋转。横向平面内的磁化量组分（圆盘）依然位于与有效场垂直的平面内，并绕有效场旋转，获得的相位可以很简单地计算出来

---

❶　为了使绝热脉冲实现需要的有效效场调制，必须满足绝热条件，例如：$|\gamma B_{\text{eff}}(t)| \gg |\Omega|$，式中 Ω 为 B_{eff} 方向倾斜的角频率。

异。因此，第二个脉冲幸运地未能抵消相位中某些与 RF 场相关的部分。这种非完全消除的结果留下了一个正比于局部 RF 场的净相位。更重要的是，该脉冲序列可以方便地施加期望相位，而且能均匀覆盖较宽的频带偏移范围（图 6.6）。

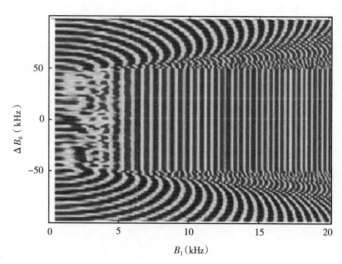

图 6.6　绝热双通道对横向磁化量其中一个组分的调制

两个脉冲按双曲正割/双曲正切频率和幅度调制，相对最大 RF 幅度的比值为 0.5。实现的调制与

RF 脉冲幅度呈线性关系，且在 100kHz 偏移范围内保持稳定[42]

可利用传播函数分析法来推导出绝热脉冲的特殊作用。在施加绝热全通道脉冲序列的过程中，角频率 $\omega_{\text{adia}}(t) = -\gamma B_{\text{eff}}(t)$ 的旋转最初是让自旋绕 z 轴旋转。然后旋转轴以频率 Ω❶ 逐渐倾斜，穿过横向平面之后再回到 z 轴上来。这个旋转过程可以通过汉密尔顿（Hamiltonian）算子来更简洁地表示：

$$\boldsymbol{H}(t) = \mathrm{e}^{\mathrm{i}I_y \int_0^t \Omega(\tau)\,\mathrm{d}\tau} \omega_{\text{adia}}(t) \boldsymbol{I}_z \mathrm{e}^{-\mathrm{i}I_y \int_0^t \Omega(\tau)\,\mathrm{d}\tau} \tag{6.2}$$

下面利用一个简单的变换说明这个汉密尔顿算子的作用。以在参照系 $|\psi\rangle$ 下观测自旋状态的一般化汉密尔顿算子开始，用一个单一算子 $\boldsymbol{O}(t)$ 将此自旋状态变换至一个新的参照系下，此时的自旋状态命名为 $|\phi\rangle$。新参照系下，自旋状态 $|\phi\rangle$ 的汉密尔顿算子 $\widetilde{H}$ 可利用下列公式计算：

$$|\phi\rangle = \boldsymbol{O}(t)\,|\psi\rangle \tag{6.3}$$

$$\frac{\partial\,|\phi\rangle}{\partial t} = \frac{\partial \boldsymbol{O}}{\partial t}\,|\psi\rangle + \boldsymbol{O}\,\frac{\partial\,|\psi\rangle}{\partial t} \tag{6.4}$$

$$= \left(\frac{\partial \boldsymbol{O}}{\partial t} - \mathrm{i}\boldsymbol{O}\boldsymbol{H}\right)\boldsymbol{O}^{+}\,|\phi\rangle \tag{6.5}$$

---

❶　英文原稿是速率 Ω，根据上下文改为频率 Ω。

$$= -\mathrm{i}\widetilde{\boldsymbol{H}}\,|\,\phi\,\rangle \tag{6.6}$$

利用式（6.6）容易计算演化在当前参照系的汉密尔顿算子［式（6.2）］下"追踪" $\boldsymbol{B}_{\mathrm{eff}}$ 的过程，$\boldsymbol{O}(t) = \mathrm{e}^{-\mathrm{i}I_y\int_0^t\Omega(\tau)\mathrm{d}\tau}$。❶利用后续的变换将其转换到标准参照系之下，得到绝热脉冲的传播函数：

$$\mathrm{e}^{-\mathrm{i}I_y\int_0^t\Omega(\tau)\mathrm{d}\tau}\widetilde{T}\mathrm{e}^{\mathrm{i}\int_0^t\widetilde{H}(\tau)\mathrm{d}\tau} = \mathrm{e}^{-\mathrm{i}I_y\int_0^t\Omega(\tau)\mathrm{d}\tau}\widetilde{T}\mathrm{e}^{-\mathrm{i}\int_0^t\omega_{\mathrm{adia}}I_z + I_y\Omega(\tau)\mathrm{d}\tau} \tag{6.7}$$

式中，$\widetilde{T}$ 为戴森（Dyson）算子。

将所有始终都不与自身发生交换的传播函数变换为正确地按时间顺序排列的无穷小时间段传播函数的乘积。当发生绝热偏转（重定向）时，可简化为

$$\lim_{\frac{\Omega}{\omega_{\mathrm{adia}}}\to 0}\left[\mathrm{e}^{-\mathrm{i}I_y\int_0^t\Omega(\tau)\mathrm{d}\tau}\widetilde{T}\mathrm{e}^{-\mathrm{i}\int_0^t H(\tau)\mathrm{d}\tau}\right] = \mathrm{e}^{-\mathrm{i}I_y\int_0^t\Omega(\tau)\mathrm{d}\tau}\mathrm{e}^{-\mathrm{i}\int_0^t\omega_{\mathrm{adia}}I_z\mathrm{d}\tau}$$

$$\equiv \mathrm{e}^{-\mathrm{i}I_y\int_0^t\Omega(\tau)\mathrm{d}\tau}\mathrm{e}^{-\mathrm{i}\phi(t)I_z} \tag{6.8}$$

在此参照系下的有效汉密尔顿算子为

$$\widetilde{\boldsymbol{H}}(t) = \omega_{\mathrm{adia}}(\mathrm{T})I_z - \Omega(t)I_y \tag{6.9}$$

该算子在所有时间点上都不与自身发生交换。但在重定向频率 Ω 远小于进动频率 ω_{adia} 的限制条件下，第二项的作用可忽略不计，传播函数变为

$$|\,\phi(t)\,\rangle = \mathrm{e}^{-\mathrm{i}I_z\int_0^t\omega_{\mathrm{adia}}(\tau)\mathrm{d}\tau}|\,\phi(0)\,\rangle \tag{6.10}$$

利用一个逆变换转到原始旋转坐标系下之后，在此绝热限制条件下的净传播函数变成如下简化形式：

$$\boldsymbol{O}^+(t)|\,\varphi(t)\,\rangle = \boldsymbol{U}(t)|\,\psi(0)\,\rangle = \boldsymbol{O}^+(t)\mathrm{e}^{-\mathrm{i}I_z\int_0^t\omega_{\mathrm{adia}}(\tau)\mathrm{d}\tau}\boldsymbol{O}(0)|\,\psi(0)\,\rangle \tag{6.11}$$

$$\boldsymbol{U}(t) = \mathrm{e}^{-\mathrm{i}I_y\int_0^t\Omega(\tau)\mathrm{d}\tau}\mathrm{e}^{-\mathrm{i}I_z\int_0^t\omega_{\mathrm{adia}}(\tau)\mathrm{d}\tau}$$

$$\equiv \mathrm{e}^{-\mathrm{i}I_y\int_0^t\Omega(\tau)\mathrm{d}\tau} \tag{6.12}$$

在全绝热通道条件下，汉密尔顿算子扫过一个完整的半圆：

$$\int_0^{t_{\mathrm{pulse}}}\Omega(\tau)\mathrm{d}\tau = \pi \tag{6.13}$$

因此，一个"绝热双通道"产生一个净传播函数：

$$\left[\mathrm{e}^{-\mathrm{i}\pi I_y}\mathrm{e}^{-\mathrm{i}\phi_2(t)I_z}\right]\left[\mathrm{e}^{-\mathrm{i}\pi I_y}\mathrm{e}^{-\mathrm{i}\phi_1(t)I_z}\right] = \mathrm{e}^{\mathrm{i}[\phi_1(t)-\phi_2(t)]I_z} \tag{6.14}$$

---

❶ 绝热脉冲"重定向"量子化轴，与"硬"RF 激发脉冲转移自旋数量的方式不同。

这时绕 $\boldsymbol{B}_{\mathrm{eff}}$ 的净旋转可写作：

$$\phi(t) = \int_0^t \omega_{\mathrm{adia}}(\tau)\,\mathrm{d}\tau \tag{6.15}$$

绝热脉冲的定量性质依旧保持相对恒定不变。RF 频率以高于激发频带开始，以低于激发频带结束。绝热脉冲的作用在整个频带范围内均保持一致。载波频率与中心频率的最大差异约为 10~50kHz。频率扫描范围决定脉冲带宽，RF 脉冲幅度（结合扫描速率）决定脉冲能够保持绝热的最大带宽。

所有绝热脉冲都具有这种特性，其他另外一些可调整的特性将决定某些特定脉冲的性质。典型的 $\Delta\omega$ 的扫描宽度范围为 10~100kHz，这同时也是所决定的脉冲宽度。RF 脉冲的功率决定（在保持满足绝热条件下）脉冲的频率变化速度。此外，绝热脉冲相关文献给出了许多对幅度和频率的调制函数[60]。

到目前为止，双曲线正割/正切函数对调制已经被应用于非原位 NMR。也就是说，$B_1(t)$ 和 $\Delta\omega(t)$ 具有如下形式：

$$B_1(\boldsymbol{r},\ t) = B_1^{\max}(\boldsymbol{r})\operatorname{sech}(\beta t) \tag{6.16}$$

$$\Delta\omega(\boldsymbol{r},\ t) = \omega_0(\boldsymbol{r}) - \omega_{\mathrm{rf}}(t) = \omega_0(\boldsymbol{r}) - \mu\beta\tanh(\beta t) \tag{6.17}$$

式中，$2\mu\beta$ 为频率扫描宽度。

若一个脉冲宽度范围超过了样品的非均匀性范围，则该脉冲对样品任意位置的作用是一致的，即使存在一个 ω_0 梯度。

利用这类脉冲进行的第一批实验中，周期性地施加双通道脉冲，相对幅度比例 λ 的设置以令回波中心处于采集窗口内为准（图 6.7）。按比例重复进行施加绝热双通道脉冲序列实验，每次实验生成一个包含化学位移演化信息的 FID 信号（整个曲线上的一点，称为频闪观测），即使在很大的非均匀性条件下也能获得。原理验证实验在高场条件下（质子拉莫尔频率为 180MHz）进行，梯度为 20kHz/cm，RF 幅度为 6kHz，测量样品为丙酮和苯的混合物（图 6.8）。利用一个圆锥形螺线管激发样品并探测 NMR 信号。这个螺线管能够产生具有恒定梯度的 RF 场。该 RF 场与静磁场梯度匹配，例如 $B_0(x,\ y,\ z) \propto B_1(x,\ y,\ z)$。实验中的比例化绝热双通道包含两个双曲线正割/正切绝热脉冲，每个脉冲均为 20ms 长，扫描频率范围为 28kHz。虽然实验系统存在非均匀性，仍然获得了具有一定分辨率的波谱。

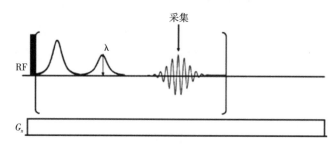

图 6.7　比例化绝热脉冲序列

一系列比例化绝热双通道脉冲生成相位校正，以及在存在静磁场梯度条件下生成的后续单独采样点上的章动回波。因此，以频闪离散方式采样到的 FID 信号包含均匀化学位移的演化信息

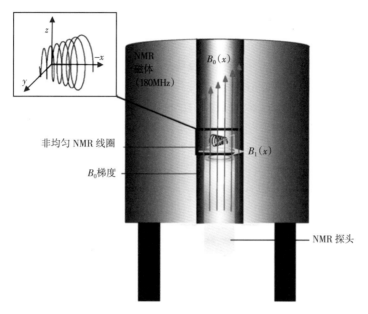

图 6.8　试验装置

实验系统包含一个传统 4.2T 磁体（质子拉莫尔频率 180MHz），利用恒定线性静磁场梯度（$G_x = 3\mathrm{Gs/cm}$）
仿真非原位条件的固有非均匀性。激发和信号检测线圈为锥形螺线管

　　在连续的测量中不断变化一次绝热双通道序列内的两个脉冲的比例因子，是替代一种
频闪离散采集的方案。每个不同比例的绝热双通道产生的章动回波将出现在不同时间点
上。由于相位的变化与 B_1 相关，一般来说章动回波出现之前经历的时间与 λ 成正比增大。
这个事实清晰、快速地指出了整个实验所需的恰当的脉冲序列。λ 的增量将引入一个新的
时间维度，经过傅里叶变换和剪切变换之后指示 RF 强度。直接维度和 λ–比例维度的傅里
叶变换能获得 B_0 和 B_1 的相关性图谱 [图 6.9（a）]。如果匹配恰当，该相关性图谱将显

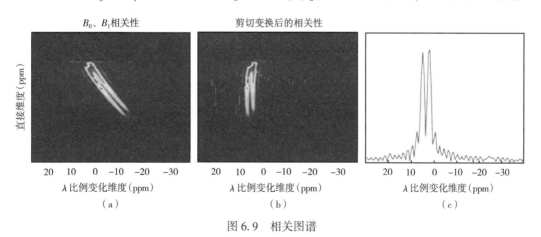

图 6.9　相关图谱

（a）选择直接维度和比例化维度来获得 B_1 场和静磁场的相关性图谱。两类化学组分对应的两条线表明二者
　　呈线性相关关系。（b）对数据进行剪切变换，波谱可通过映射恢复。（c）恢复得到的一维质子波谱[45]

示为较窄的线性轨迹，如图6.9所示。在最终的傅里叶变换之前对 t_1 作剪切变换（错切变换）[61]或等价的一阶相位校正，可以消除（ω_1，ω_2）的摆动。剪切变换后的数据可获得高分辨率的化学波谱（图6.9）。

上述脉冲序列的优化版本可生成化学位移相关的图像。脉冲之间的时间延迟给了生成回波和进行相位编码的时间。这样的脉冲序列包含一个激发脉冲，后面接一个延迟 τ 和两个绝热 π 脉冲（相隔时间 2τ）（图6.10）。该实验方案能生成每种所选化学组分的图像。图6.11展示了三幅这样的图像：所有化学位移之和、根据化学位移筛选的水和油图像。

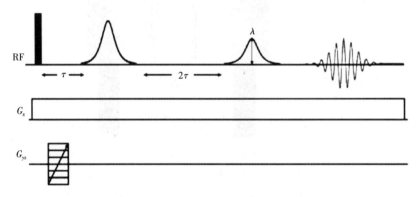

图 6.10　适用于静磁场梯度和 RF 梯度场条件的脉冲序列

适用于静磁场梯度和 RF 梯度场条件的脉冲序列：两个成比例的绝热 π 脉冲位于激发脉冲之后。所有实验中沿 x 方向施加静磁场梯度，以模拟非原位环境的天然非均匀性。采用相位编码对另外两个维度进行成像，改变两个绝热脉冲的比例 λ 重复进行整个实验

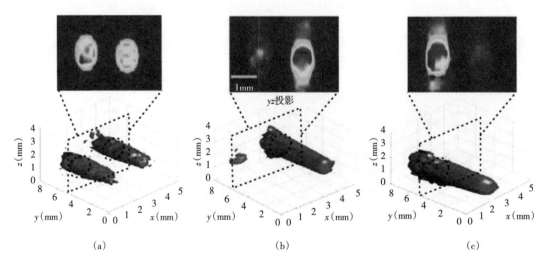

图 6.11　样品的 y—z 投影和三维图像（作为四维数据组的子集）与化学位移的相关性图谱

（a）两个试管样品（按6.5ppm追踪的结果），（b）水（按水的化学位移4.7ppm追踪的结果）和（c）油（按油的化学位移8.5ppm追踪的结果）管测量结果[45]

6.3.2　匀场脉冲：基于绝热双通道梯度调制的校正

上面介绍的硬件匹配方法利用精确设计和制作的 RF 线圈来恢复含有（或不含）化学位移分辨率的高分辨率图像。此外，非原位"匀场脉冲"也能校正空间磁场的非均匀性[37]。在这个方案中，来自成像梯度线圈的静磁场梯度在绝热双通道实验期间施加一个与空间位置相关的相位。利用时变静磁场梯度调制来控制相位在空间范围内完成特定变化。对于一个给定的非均匀磁场分布剖面来说，利用程序计算消除固有静磁场非均匀性所需的正确梯度调制，进而获得一个有效的均匀场或一个用于一维或多维成像的有效空间恒定磁场梯度。因此，匀场脉冲可以校正复杂的非线性空间磁场剖面，而这即使利用复杂硬件（例如匀场线圈或精确匹配 RF 线圈）都无法或不方便实现[37]。

这种绝热脉冲方法与绝热匹配技术有一定的相似之处，但又表现出很大不同之处[62]。式（6.18）以空间相关频率调制的方式给出了匀场脉冲梯度调制方案，即一个给定匀场脉冲所获得的相位为

$$\phi(\boldsymbol{r},\ t) = \gamma \int_0^t \sqrt{B_1(\boldsymbol{r},\ t')^2 + \left[\boldsymbol{r}G_{\mathrm{shim}} + B_0(\boldsymbol{r}) - \frac{\omega_{\mathrm{rf}}(t')^2}{\gamma} \right]^2}\, \mathrm{d}t' \qquad (6.18)$$

与硬件匹配脉冲序列类似，连续匀场脉冲的相位校正作用也满足连续叠加原则。利用脉冲这一特性与其偏移不相关性可知：并不要求成像梯度的强度能够盖过非均匀性强度。校正相位程度的唯一限制来自脉冲施加期间弛豫引起的信号衰减。与硬件匹配绝热脉冲和一般绝热脉冲相同，匀场脉冲的作用在整个频带范围内都是相对均匀一致的。对于两类校正脉冲而言，脉冲带宽随着脉冲施加的校正程度的增加而减小。但是，匀场脉冲的典型带宽（6kHz）明显小于匹配脉冲带宽（40kHz）。当校正程度增大时，匀场脉冲带宽的减小同样快于绝热匹配脉冲的带宽变化。这个问题必然要平衡掉这种脉冲带来的一部分灵活性，原因是强加的梯度脉冲偏移限制了原始绝热通道的强健性。因此，未改变的绝热脉冲从根本上决定了匀场脉冲校正的强度和强健性。

当"匀场脉冲"用于非原位环境中的波谱测量时，将"非原位匹配"和"匀场脉冲"的结合对两种技术的硬件要求均有所宽松。匹配不再要求"完美"，匀场脉冲梯度的强度也不再要求那么高，所以利用这些技术的组合来形成诸如文献［62］中的脉冲序列是自然而然的。

实际中，"非原位匀场脉冲"方案的一般工作流程如下。第一，通过 NMR 实验获得静磁场的分布。第二，建立与静磁场一级匹配的线圈几何形状（可以是非均匀的单边线圈，也可以是均匀线圈）。对于一组给定的梯度线圈、RF 线圈形状和梯度场剖面，优化匀场脉冲产生一个均匀或线性变化场来实现成像的目的。如图 6.12 所示为"匀场脉冲"的一个实例。

匀场脉冲已经在人工非原位环境下表现出了很高的偏移校正能力，在天然梯度非原位系统中的实验正在进行之中。Topgaard 等[37]的实验利用周期性地施加匀场脉冲，在高场磁体条件下以频闪离散方式采集高分辨率（ppm）波谱（图 6.12）。匀场脉冲还有效地将具有缺陷梯度的磁场线性化，以实现精确成像。两个实验中具有如下形式的梯度波形可允许

足够的梯度调制，同时对梯度放大器切换时间只提出了有限的需求，十分便利[37]：

$$G_{\text{shim}}(t) = \sum_i a_i \sin(\omega_i t) \qquad (6.19)$$

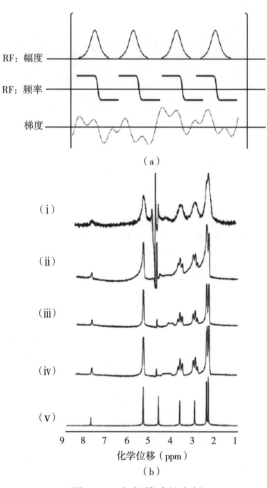

图 6.12　匀场脉冲的实例

（a）测量一维 NMR 波谱的匀场脉冲序列。给出了绝热 RF 脉冲和数值优化的梯度调制（经线性和正交校正）。在一串匀场脉冲（长 2ms、RF 扫频宽度 40kHz）的窗口期间，总共以频闪离散方式记录了 1024 个时间域数据点。对于每个采集的数据点，在 150μs 的采样间隔内发生有效化学位移演化。（b）D_2O 水中的维生素 B_1 的 ^1H NMR 波谱。（i）未施加梯度的非均匀磁场；（ii）经线性校正的非均匀磁场；（iii）经线性和正交校正的非均匀磁场；（iv）未施加梯度的均匀磁场；（v）利用简单 π/2 采集实验获得的标准波谱[37]

6.3.3　修正的啁啾匀场校正脉冲

Topgaard 匀场脉冲序列出现不久后，Shapira 等受到最新超快速波谱技术的启发，提出一种新型匀场脉冲[36]。超快速二维波谱中描述啁啾脉冲的模型为这类脉冲的发展奠定了框架。与 Topgaard 脉冲（及所有非原位 NMR 脉冲）相似，这些脉冲将之前激发的磁化量的非均匀性演化重聚生成一个均匀回波。但与 Topgaard 脉冲不同的是，它们依赖于施加一个能够压倒非均匀性作用的成像梯度，并允许啁啾脉冲对空间位置中的自旋进行寻址。在这些脉冲施加期间能够忽略非均匀性作用，这允许发展特别简单的物理模型来解释这些脉冲如何利用基本的硬件来生成任意形状的非均匀性补偿相位。

用于描述啁啾脉冲的模型简便且充分地阐明了其主要思想。啁啾脉冲从初始激发频率 F_{ini} 开始扫频，在存在梯度 G 的条件下以速率 R 扫频至最终激发频率 $F_{ini}+Rs$（t_p）。这里的 $s(t)$ 表示脉冲的时间坐标；$s(t)=t$ 仅对原始标准啁啾脉冲成立。随着脉冲序列的不断施加，它连续并且几乎瞬间将自旋沿平面 $F_{ini}+Rs(t)+\Omega_{inh}(z)=\gamma zG$ 反转，式中 z 代表梯度的方向。磁化量将脉冲的瞬时相位 $\phi_{rf}=\int_0^{t_p}[F_{ini}+Rs(t)]dt$ 反转，并决定绕哪个轴反转（位于旋转坐标系的横向平面内）。第二个啁啾脉冲施加期间，自旋再次在适当的瞬间时刻被反转。因此，两个脉冲的净作用可用下列传播函数描述❶：

$$\{e^{-i\phi_{rf}^{(2)}I_z}e^{-i\pi I_x}e^{+i\phi_{rf}^{(2)}I_z}e^{-i\gamma(t[z]^{(2)})zGI_z}\}\{e^{-i\gamma(t_p^{(1)}-t[z]^{(1)})zGI_z}e^{-i\phi_{rf}^{(1)}I_z}e^{-i\pi I_x}e^{+i\phi_{rf}^1I_z}\}$$
$$=e^{-i\{2\phi_{rf}^2-(t[z]^{(2)}+t_p^{(1)}-t[z]^{(1)})zG-2\phi_{rf}^{(1)}\}I_z}$$

(6.20)

在某一个给定的时刻，啁啾脉冲将自旋沿空间中一个与共振频率对应的平面反转。随着脉冲扫描过不同的频率，该平面将沿空间移动。对于空间中给定的任意一点来说，两个平面（对应于第一个和第二个反转）到达的时间间隔是变化的。这个时间间隔成为一个有效"反向演化"时间。这个时间的长度，附加两倍第一、第二个脉冲（第一、第二个反转的时间点处）的相位差异，决定了空间中给定位置处的匀场校正脉冲相位。因此，若用 $t(z)$ 表示 z 处的反转发生时间❷，则可以很容易地通过改变"反向演化"时间长度来实现调整不同空间位置上的校正回波的形状。数学上，这相当于选择不同的 $s(t)$。对于一个给定的非均匀磁场来说，选择适当的 $s(t)$ 就能生成合适的校正脉冲。

目前，已经有许多基于生成空间相关相位校正的方法用于补偿非均匀散相。但是，超快速波谱技术是一种完全不同的非均匀场校正方法。Frydman 发展了超快速波谱技术[63]，或利用一系列频率偏移 RF 脉冲、或利用一对啁啾脉冲，二者均可应用于强梯度的条件下。这些脉冲将样品划分（编码）为不同的切片（沿梯度方向）或体素（正交轴三维梯度条件下）。每个切片可用一个与不同间接演化时间 t_1 相对应的幅度或相位调制进行编码[36]，有效地消除对真实间接时间维度的要求，极大地加快实验采集速度。事实证明，超快速实验还能十分容易地适应间接维度上的非均匀性的自动反褶积。

在绝热匹配和匀场脉冲出现之间，Shapira 和 Frydman[36] 给出了补偿沿间接维度上的非均匀性的方法。从标准超快速实验出发，增加或缩短某一体素的演化时间可补偿该点处的磁场不一致性，因此能够利用对某一梯度施加正确相位或幅度调制来有效地补偿其磁场非均匀性。因此，将样品划分为体素，以损失信号为代价，实验本身就能有效补偿磁场的非均匀性（图 6.13）。

---

❶ 上标（1）和（2）分别代表第一个脉冲和第二个脉冲。

❷ $t[z]$ 根据 $F_{ini}+Rs(t[z])+\Omega_{inh}(z)=rzG$ 确定。

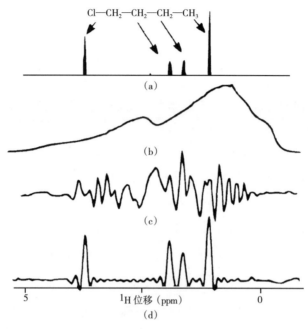

图 6.13　磁场非均匀性补偿效果[36]

（a）均匀 11.74T 静磁场下获得的 $C_4H_9Cl/CDCl_3$ 的 ^{1}H FT NMR 波谱。（b）人工非均匀（1.5kHz）磁场下的相同实验结果。（c）利用空间编码获得的 ^{1}H NMR 波谱 ［实验所处非均匀条件与（b）相同］。（d）利用含相位校正的空间编码 RF 激发脉冲进行相同实验获得的结果

6.4　小结

NMR 是一种有力的无损检测技术，可以获得生物化学成分的结构和动态信息，监测化学反应过程和大量的工业质量控制参数。NMR 在空间中增强的产物——MRI 技术可获得流体流动、扩散速率、材料与生物组织的内部图像。因此，NMR 技术成为药学、地球化学、基因、分子生物、材料科学和诊断学领域不可或缺的工具。

早期的 NMR 需要高度均匀磁场。近十年来，随着 NMR 硬件和方法的进步，非常规 MRI 和弛豫测量已经成为小型单边 NMR 传感器的常规方法[1-6]。最新发展出的基于非均匀磁场获得非原位 NMR 波谱的实用新技术[35,37]结合磁共振图像甚至能获得化学位移信息。这些初步的结果已经让研究人员对此寄予厚望，原理论证实验也正朝着基于天然梯度的实用非原位系统发展。

非原位或非均匀场 NMR 发展十分迅速，因为大量磁场条件和应用都将受益于在固有非均匀系统进行可移动的、低成本的磁共振检测能力。这项技术一旦实现完全突破，将大大延伸磁共振的应用范围，包括医学诊断、危险品原位识别（例如核辐射、化学和生物武器、麻醉、易爆、毒物、毒药的生产过程）、地质条件描述（例如油田）、低成本工业控制、空间探索等。

参 考 文 献

［1］ Eidmann G, Savelsberg R, Blümler P, Blümich B (1996) J Magn Reson A 122：104-109

［2］ Blümich B, Blümler P, Eidmann G, Guthausen A, Haken R, Schmitz U, Saito K, Zimmer G. (1998) Magn Reson Imaging 16：479-484

［3］ Prado PJ, Blümich B, Schmitz U (1998) J. Magn. Reson. A 144：200-206

［4］ Guthausen G, Guthausen A, Balibanu F, Eymael R, Hailu K, Schmitz U, Blümich B (2000) Macromol Mater Eng 276/277：25-37

［5］ Balibanu F, Hailu K, Eymael R, Demco DE, Blümich B (2000) J Magn Reson A 145：246-258

［6］ Casanova F, Blümich B (2003) J Magn Reson 163：38-45

［7］ Kenyon WE, Howard JJ, Sezinger A, Straley C, Matteson A, Horkowitz K, Ehrlich R (1989) Transactions of the SPWLA 30th annual logging symposium, Denver, CO

［8］ Murphy DP (1995) World Oil 216 (4)：65-70

［9］ Freedman R, Morriss CE (1995) Presented at the 70th SPE annual technical conference and exhibition, Dallas, TX

［10］ McDonald PJ, Newling B (1998) Rep Prog Phys 61：1441

［11］ Mallet MJD, Halse MR, Strange JH (1998) J Magn Reson 132：172-175

［12］ Fukushima E, Jackson J (1999) NMR News Lett 490：40-42

［13］ Callaghan PT, Dykstra R, Eccles CD, Haskell T, Seymour JD (1999) Cold Reg Sci Technol 29：181-202

［14］ Guthausen A, Zimmer G, Blümler P, Blümich B (1997) J Magn Reson 130：1-7

［15］ Haken R, Blümich B (2000) J Magn Reson 144：195-199

［16］ Kuehn H, Klein M, Wiesmath A, Demco DE, Blümich B, Kelm J, Gold PW (2001) Magn Reson Imaging 19：497-499

［17］ Anferova S, Anferov V, Rata DG, Blümich B, Arnold J, Clauser C, Blümler P, Raich H (2004) Magn Reson Eng B 23 B：26-32

［18］ Casanova F, Perlo J, Blümich B (2004) J Magn Reson 171：124-130

［19］ Perlo FC, Blümich B (2005) J Magn Reson 173：254-258

［20］ Blümich B, Anferova S, Sharma S, Segre AL, Federici C (2003) Magn Reson Imaging 161：204-209

［21］ Proietti N, Capitani D, Pedemonte E, Blümich B, Segre AL (2004) J Magn Reson 170：113-120

［22］ Kleinberg RL (2001) Concepts Magn Reson, 13 (6)：396-403

［23］ Callaghan PT, Le Gros M. (1982) Am. J. Phys 50 (8)：709-713

［24］ Weichman PB, Lavely EM, Ritzwoller MH (1999) Phys Rev Let 82 (20)：4102-4105

［25］ Weichman PB, Lavely EM, Ritzwoller MH (2000) Phys Rev E. 62 (1)：1290-1312

［26］ Mohoric A, Plainisic G, Kos M, Duh A, Stepisňik J (2004) Instrum Sci Technol 32：

655-667

[27] Callaghan PT, Eccles CD, Seymour JD (1997) Rev Sci Instrum 68 (11): 4263-4270

[28] Callaghan PT, Eccles CD, Haskell TG, Langhorne PJ, Seymour JD, (1998) J Magn Reson 133: 148-154

[29] Mercier OR, Hunter MW, Callaghan PT (2005) Cold Reg Sci Technol 42 (2): 96-105

[30] Stepisnik J, Erzen V, Kox M (1990) Magn Reson Med 15: 386-391

[31] Shushakov OA (1996) Geophysics 61 (4): 998-1006

[32] Semenov AG, Burshtein AI, Yu Pusep A, Schirov MD (1988) USSR patent 1079063

[33] Semenov AG, Schirov MD, Legchenko AV, Burshtein AI, Yu Pusep A (1989) Great Britain patent 2198540B

[34] Appelt S, Kuehn H, Haesing FW, Bluemich B (2006) Nat Phys 2: 105-109

[35] Meriles CA, Sakellariou D, Heise H, Moule AJ, Pines A (2001) Science 293: 82-85

[36] Shapira B, Frydman L (2004) J Am Chem Soc 126: 7184-7185

[37] Topgaard D, Martin RW, Sakellariou D, Meriles CA, Pines A (2004) Proc Natl Acad Sci USA 101: 17576

[38] Weitekamp D, Garbow JR, Murdoch JB, Pines A (1981) J Am Chem Soc 103: 3578-3580

[39] Vathyam S, Lee S, Warren WS (1996) Science 272: 92-96

[40] Balbach JJ, Conradi MS, Cistola DP, Tang C, Garbow JR, Hutton WC (1997) Chem Phys Lett 277: 367-374

[41] Lin YY, Ahn S, Murali N, Brey W, Bowers CR, Warren WS (2000) Phys Rev Lett 85 (17): 3732-3735

[42] Sakellariou D, Meriles CA, Moule AJ, Pines A (2002) Chem Phys Lett 363: 25-33

[43] Meriles CA, Sakellariou D, Pines A (2003) J Magn Reson 164: 177-181

[44] Antonijevic S, Wimperis S (2003) Chem Phys Lett 381: 634-641

[45] Demas V, Sakellariou D, Meriles C, Han S, Reimer J, Pines A (2004) Proc Natl Acad Sci USA 101 (24): 8845-8847

[46] Demas V, Meriles CA, Sakellariou D, Han S, Reimer J, Pines A (2006) Toward ex-situ phase-encoded spectroscopic imaging. Concepts Magn Reson Part B Magn Reson Eng B 29B (3): 137-144

[47] Perlo J, Demas V, Casanova F, Meriles C, Reimer J, Pines A, Blümich B (2005) Science 308: 1279

[48] Hahn EL (1950) Phys Rev 80 (4): 580-594

[49] Hahn EL, Maxwell DE (1952) Phys Rev 88: 1070-1084

[50] Weitekamp D (1982) PhD thesis, University of California-Berkeley

[51] Garbow JR, Weitekamp DP, Pines A (1983) J Chem Phys 79 (11): 5301-5310

[52] He Q, Richter W, Vathyam S, Warren WS (1993) J Chem Phys 98 (9): 6779-6800

[53] Warren WS, Ahn S, Mescher M, Garwood M, Ugurbil K, Richter W, Rizi RR, Hopkins

J, Leigh JS（1998）Science 281：247-250

[54] Bowtell R, Robyr P（1996）Phys Rev Lett 76（26）：4971-4974

[55] Lee S, Richter W, Warren WS（1996）J Chem Phys 105（3）：874-900

[56] Bouchard L-S, Rizi RR, Warren WS（2002）Magn Reson Med 48：973-979

[57] Warren WS, Richter W, Andreotti AH, Farmer BT II（1993）Science 262：2005-2009

[58] Levitt MH, Freeman R（1981）J Magn Reson 43（3）：65-80

[59] Grunin L, Blümich B（2004）Chem Phys Lett 397：306-308

[60] Garwood M, DelaBarre L（2001）J Magn Reson 153：155-177

[61] Grandinetti PJ, Baltisberger JH, Llor A, Lee YK, Werner U, Eastman MA, Pines A
（1993）J Magn Reson A 103：72-81

[62] Franck JM, Demas V, Martin RW, Bouchard L-S, Pines A（2009）Shimmed matching
pulses：simultaneous control of RF and static gradients for lnhomogeneity correction. J
Chem Phys 131（23）：234506

[63] Frydman L, Scherf T（2002）Lupulescu A Proc Natl Acad Sci USA 99：15858

[64] McDermott R, Trabesinger AH, Muck M, Hahn EL, Pines A, Clarke J（2002）Science
295：2247

[65] Ardelean I, Kimmich R, Klemm A（2000）J Magn Reson 146：43-48

[66] Shrot Y, Shapira B, Frydman L（2004）J Magn Reson 171：163-170

[67] Tal A, Shapira B, Frydman L（2005）J Magn Reson 176：107-114

7 高度均匀杂散场中的高分辨率波谱

基于永磁体的单边 NMR 传感器具有易便携和低成本的特点，能够研究任意尺寸的样品。开放式磁体的杂散场非常不均匀，某种程度上不利于测量。虽然匀场线圈[1]已广泛应用于高分辨率超导磁体中进行匀场校正，但单边 NMR 必须舍弃这种方案，因为校正杂散场的非均匀性所需电流是巨大的。例如，传统表面线圈产生梯度 1T/m 的磁场需要 1000A 电流，然而这个梯度值对单边 NMR 传感器来说还是非常小（见第 4 章）。针对降低深度方向上的梯度问题，发展了大量的替代磁体结构[2]。但是，在偏共振条件下很难实现传统 NMR 实验，导致几乎不能测量到高分辨率波谱。

目前，在非均匀静磁场中已经能够利用信号强度和弛豫时间等 NMR 参数描述样品性质。这些参数的获得归功于修改和发展脉冲序列使其适用于非均匀场的大量努力。第 6 章给出了这种方法的一个实例，说明了如何在非均匀磁场中恢复化学位移信息。通过将 B_0 和 B_1 的空间分布精确地匹配，可以产生受化学位移调制的章动回波（由 B_1 场中的磁化量章动和 B_0 场中的进动构成[3]）。在单边 NMR 传感器上实现这种技术的关键在于将小磁块放置在单边磁体内部的正确位置，来实现静磁场 B_0 与 RF 线圈 B_1 场的调谐和匹配。这个思路开启了利用永磁体对 "U" 形磁体自身非均匀性进行匀场校正的做法。这种方法不用调整线圈内的电流来获得所需要的磁场谐波校正；匀场磁体的位置通过机械方式调整，也不需要电源。利用这种方法可将单边 NMR 传感器的磁场均匀度调整至 1ppm 以下，首次实现了在磁体的杂散场中获得质子波谱[4]。

本章详细介绍匀场磁体单元的概念，解释需产生不同谐波校正时，匀场磁体如何做空间移动。此外，讨论改善匀场均匀性和工作区体积大小的其他技术。基于永磁体的 NMR 传感器的一个主要问题是磁场强度对温度具有很强的依赖性。本章最后以典型的 NMR 实验为背景来介绍减少温度影响的方法。

7.1 传感器设计

许多磁体结构都可以用于建立单边 NMR 传感器（见第 4 章）。磁场的空间分布可通过在主磁体组合中引入小型可动永磁体（即"匀场单元"）来改变和调整。在特定传感器设计中应用匀场单元时，必须考虑如下问题。

（1）磁体由两部分（或单元）组成。主磁体单元产生主磁场，匀场单元用于在一定程度上校正磁场的非均匀性。

（2）匀场单元需要特殊设计以能校正主磁场的空间分布，所以匀场单元必须与特定主磁体单元组合使用。

（3）对匀场单元进行数值模拟优化时需要知道主磁场的详细分布。

（4）构成匀场单元的磁块位置应可以调整，因为单个磁块的极化、尺寸和位置存在不可避免的误差。磁块能够在最佳设计位置附近做小幅度位移才能允许利用实验方法调整系统并使其达到数值计算的效果。

这一节给出建立一套单边 NMR 波谱型磁体[4]所需的详细匀场技术步骤。首先讨论主磁体单元的特征性质；接着介绍获得均匀磁场所需的匀场单元结构。

7.1.1 主磁体单元

本章的讨论基于"U"形主磁体结构（主磁体尺寸为 30cm×10cm×27cm）。"U"形磁体由以一定间隔放置在轭铁上的两块极化方向相反的永磁体构成[5,6]，约定沿磁体间隔的方向为 x，深度维方向为 y，跨磁体间隔的方向为 z。所有的距离坐标均处于以磁体几何中心为原点的参考坐标系统中，坐标系的 x—z 平面与磁体表面重合。敏感探测区为深度 y_0 处一个与磁体表面平行的切片，切片尺寸和深度 y_0 与磁体间隔相比很小。切片区域内的磁场可认为沿 z 方向，其主梯度分量沿深度方向 y。基于磁体沿 z 方向的对称性，磁场在此方向上的空间分布的泰勒展开仅含有偶数项。沿 z 方向上，磁场在磁体中心($z=0$) 位置强度最低，两块永磁体靠近时该值增高。这主要由于此处磁场强度与距磁源远近成反比关系，即磁场沿 z 方向上的分布为以 $z=0$ 为中心的开口向上的抛物线形态。同样基于对称的原因，沿 x 方向上的磁场强度也是 x 的偶函数。但此时磁场强度随距离磁体中心变远而降低，其原因是磁体沿 x 方向的长度有限。因此，x 方向上的磁场分布为开口向下的抛物线形态。至此得到"U"形磁体产生的磁场空间分布在 x—z 平面上为著名的马鞍形分布，这种磁场分布可将磁场 $B_0(\boldsymbol{r})$ 绕 $\boldsymbol{r}_0=(0, y_0, 0)$ 展开来给出：

$$B_0(\boldsymbol{r}_0) = B_{00} + G_y(y-y_0) + \alpha_z(y_0)z^2 + \alpha_x(y_0)x^2 + \cdots \qquad (7.1)$$

其中： $B_{00} = B_0(\boldsymbol{r}_0)$，$G_y(y_0) = \left.\dfrac{\partial B_0(\boldsymbol{r})}{\partial y}\right|_{r_0}$，$\alpha_k(y_0) = \left.\dfrac{\partial^2 B_0(\boldsymbol{r})}{\partial k^2}\right|_{r_0}$ $(k=x, z)$

文献［4］中给出了该磁体结构的磁场分布情况：深度 $y \approx 5\text{mm}$ 处的平均磁场强度约为 $B_{00} \approx 0.25\text{T}$（对应 ^1H 的拉莫尔频率为 10MHz）；此处的磁场非均匀性：$G_y \approx -1000 \times 10^{-6}/\text{mm}$，$\alpha_z \approx 300 \times 10^{-6}/\text{mm}^2$，$\alpha_x \approx -30 \times 10^{-6}/\text{mm}^2$。这些数据揭示出非均匀性主要来自深度方向上的梯度，这也是选择 x—z 平面上的切片作为敏感区域进行匀场的原因。在此非均匀性条件下，静磁场变化小于 1ppm（未匀场）的区域范围仅约为 $180\mu\text{m} \times 60\mu\text{m}$（径向）和 $1\mu\text{m}$ 厚（深度方向），反映出单边磁体需要校正的磁场非均匀程度很高。

7.1.2 匀场单元

匀场单元产生的磁场必须能够再现主磁场的空间分布形态，原则上对主磁场影响越小越好。这通过依照主磁体的结构搭建匀场单元来实现｛这里建立的匀场单元与主磁体具有相同的"U"形结构，但具有不同的纵横比和更小的尺寸［图 7.1（a）］｝。匀场单元的极化方向与主磁场相反，可以在将总磁场强度控制在可接受的范围内的同时校正主磁场的非均匀性。

7.1.2.1 深度方向的磁场非均匀性匹配

式（7.1）利用三个系数（G_y、α_z 和 α_x）描述主磁场单元磁场的非均匀性。对于匀场单元来说也满足类似的方程关系。首先考虑如何校正深度方向上的梯度 G_y。图 7.1（b）为主磁体单元（大"U"形磁体）和匀场单元（小"U"形磁体）的磁场强度与深度的关系。每个单元的磁场在深度方向上都存在一个最大值，磁体的高度 L_y 和两块磁体沿间隔

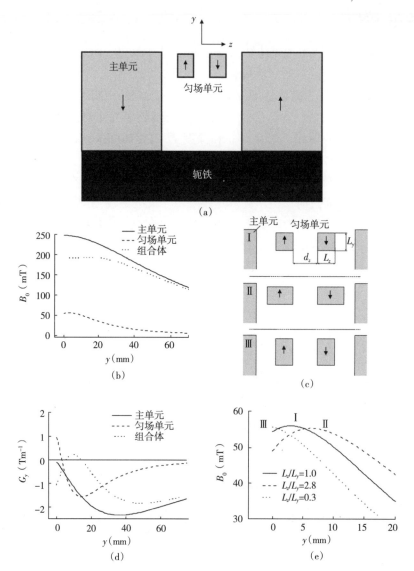

图 7.1 深度方向的磁场非均匀性匹配

（a）传感器阵列：主磁体单元为传统"U"形磁体[5-6]，匀场单元为一对"U"形磁块，但不含轭铁。箭头表示磁体的极化方向。（b）主磁体单元（实线）和匀场单元（虚线）产生磁场强度（幅度值）分布。匀场单元的尺寸为 300mm×15mm×15mm，磁体间隔 $d_z=40$mm。点线为两个磁体组合后的结果。（c）三种匀场单元的磁体组合方案（Ⅰ、Ⅱ、Ⅲ），最大场强所处位置 y_{max} 如图（d）所示。（e）为图（b）磁场分布对应的沿深度方向上的磁场梯度分布

方向上的中心距离 $L_z + d_z$ [图 7.1（c）] 决定了每个单元磁场获得最大值时的深度位置 y_{max}。增加磁块高度使 y_{max} 向磁体表面移动，而增加磁体宽度（或增加 d_z）的作用则相反，如图 7.1（d）所示。底部轭铁主要有两个作用：增加磁场强度和减小 y_{max}。对于匀场单元，当 $y < y_{max}$ 时，G_y 为负值；当 $y > y_{max}$ 时，G_y 为正值 [图 7.1（e）]。主磁体单元的最大场强位于磁体表面，因此 G_y^{main} 在深度方向上不存在正值 [图 7.1（e）]。

但是，G_y^{shim} 在 $y < 3mm$ 时为正，$y > 3mm$ 时为负。在 $y_0 \approx 5mm$ 处主磁体单元和匀场单元的磁场达到匹配。将两个单元组合之后，二者的梯度方向也正好相反，这个特定位置上的总磁场梯度变成 0。因此有：

$$G_y(y_0) = G_y^{main}(y_0) + G_y^{shim}(y_0) = 0 \tag{7.2}$$

根据这个思想就可以设计出一个传感器，使 y_0 处的磁场沿深度方向不存在线性变化，这个位置被称为"甜点"。

7.1.2.2 跨磁体间隔方向的磁场非均匀性匹配

非均匀性的第二大来源是沿跨磁体间隔方向的磁场变化，主要由 α_z 控制。匀场单元产生的磁场与主磁体单元产生的磁场具有相同的空间分布形态，同样可用一个参数来 α_z^{shim} 描述，通过改变 α_z^{shim} 与 α_z^{main} 进行匹配。上述为消除 y_0 处主梯度而设计的匀场单元，在此特定位置上的 $|\alpha_z^{shim}| > \alpha_z^{main}$。在缩小匀场单元尺寸的同时缩短磁体间隔 [图 7.2（a）]，可使 G_y^{shim} 不发生改变，却能获得较小的 $|\alpha_z^{shim}|$ [图 7.2（b）]。

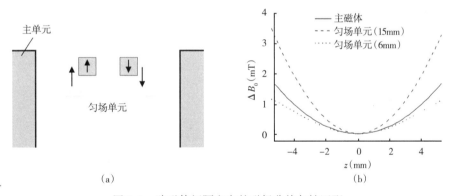

图 7.2 跨磁体间隔方向的磁场非均匀性匹配

（a）调整匀场单元尺寸可改变 α_z，同时保持 $y_0 = 5mm$ 处 $G_y^{main} = G_y^{shim}$ 的条件不变。大匀场单元（浅灰色）的尺寸

为 15mm×15mm，间隔 $d_z = 40mm$；小匀场单元尺寸为 6mm×6mm，间隔为 30mm。（b）主磁体单元和两个匀场

单元的磁场强度（幅度值）在侧向 z 方向上的分布。为了便于比较，图中数据为减去 $z = 0$ 处磁场强度的结果

因此可知必然存在满足 $|\alpha_z^{shim}| = \alpha_z^{main}$ 的匀场单元。鉴于主磁体单元与匀场磁体单元的极化方向相反，沿 z 方向上的二次系数互相抵消。如果初始条件是 $|\alpha_z^{shim}| < \alpha_z^{main}$，则需按照相反的步骤进行。图 7.2 还表明可以设计出匀场单元产生满足如下条件的磁场：

$$\alpha_z(y_0) = \alpha_z^{main}(y_0) + \alpha_z^{shim}(y_0) = 0 \tag{7.3}$$

7.1.2.3 沿磁体间隔方向的磁场非均匀性匹配

式（7.1）中最后需要消除的系数为 α_x。虽然这个系数在幅度上比 α_z 小至少一个数量级，但仍必须在保持 G_y^{shim} 和 $|\alpha_z^{shim}|$ 不变的条件下将其消除。幸运的是，在不影响 G_y^{shim} 和 $|\alpha_z^{shim}|$ 的条件下，改变匀场单元沿 x 方向上的长度 L_x 可以实现的 α_x^{shim} 大范围调整 [图 7.3（a）]。图 7.3（b）表明 L_x 变长后（300mm）$|\alpha_x^{shim}| > |\alpha_x^{main}|$；而 L_x 变短后（58mm）$|\alpha_x^{shim}| < |\alpha_x^{main}|$。因此，存在一个中等匀场单元长度 L_x，使 $|\alpha_x^{shim}| = |\alpha_x^{main}|$。同样考虑到主磁体单元与匀场单元的极化方向相反，可以得到：

$$\alpha_x(y_0) = \alpha_x^{main}(y_0) + \alpha_x^{shim}(y_0) = 0 \tag{7.4}$$

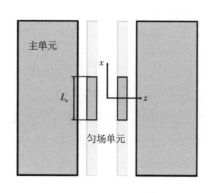

(a) 图7.1 (a) 中传感器阵列的俯视图

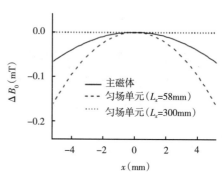

(b) 两个长度 L_x 条件下的匀场磁体和主磁体产生的磁场强度（幅值值）与 x 的关系

图 7.3　沿磁体间隔方向的磁场非均匀性匹配

为了便于比较，图中数据为减去 $x = 0$ 处磁场强度的结果。$L_x = 73$mm 时，主磁体单元与匀场单元的磁场分布曲率达到匹配

7.2　基于可移动永磁体的匀场技术

上文给出了如何利用匀场单元来补偿理想"U"形磁体在 $r_0 = (0, y_0, 0)$ 附近特定区域内的磁场非均匀性。实际中用于制作主磁体单元和匀场单元的磁块材料是不完美的，这将导致 G_y、α_z 和 α_x 发生变化。因此，在实际的磁体中必须引入能够校正 y、x^2 和 z^2 项的可控变量。磁体的非均匀性对上述磁场系数的影响是不可避免的，同时还会引入式（7.1）未包含的一类非均匀性。例如，用于假设磁场沿 z 轴和 x 轴为距离的偶函数这一条件就不再成立。此外，若主磁体单元中的一个磁块的极化程度大于另外一个，则将在 z 方向产生一个恒定的梯度。一般来说，磁片不完美性引起的任何磁场非对称条件的变化都可用线性分量（x 和 z）与交叉项（xy、xz 和 yz）描述（此处最高为二阶）。下面介绍产生这些匀场项所需的磁体控制变量。

7.2.1　生成沿 y 轴的线性项

上述数值模拟结果表明，利用两个磁体单元嵌套的方式能够产生一个"甜点"。实际操作中，两个磁体单元的梯度匹配的关键在于引入可控变量，实现对其中至少一个单元的磁场分布的控制。这种控制可以沿深度方向移动匀场单元来实现［图7.4（a）］。当匀场单元朝+y方向移动一个Δy距离时，图7.1（e）中的虚线右移。注意：参考坐标系始终固定在主磁体上。因此，匀场单元在y_0处的梯度在幅度上小于主磁体在此处产生的梯度，此时总磁场的梯度变为负值。但是如果匀场磁体朝-y方向移动一个Δy距离，图7.1（e）中的虚线左移，这时匀场单元在y_0处的梯度相比于主磁体起支配作用，总磁场的梯度变为正值。所以利用这种方式可以调整y方向的匀场分量，其调整幅度正比于Δy（可控项），如图7.4（b）所示。

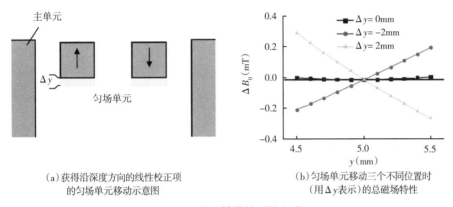

(a) 获得沿深度方向的线性校正项
的匀场单元移动示意图

(b) 匀场单元移动三个不同位置时
（用Δy表示）的总磁场特性

图7.4　沿y轴线性项的生成

7.2.2　生成沿x轴和z轴的线性项

消除主磁场非均匀性的匀场单元设计基于式（7.1）的原理，从而满足式（7.2）至式（7.4）的要求。同样的匀场单元可用于补偿沿x和z方向的线性磁场变化。这里以z方向为例进行分析（同样适用于x方向）。整个磁体移动一个位移Δz产生的总磁场为

$$
\begin{aligned}
B_0(0,\ y_0,\ z) &= B_0^{main}(0,\ y_0,\ z) + B_0^{shim}(0,\ y_0,\ z-\Delta z) \\
&= B_{00}^{main} + \alpha_z^{main}z^2 + B_{00}^{shim} + \alpha_z^{shim}(z-\Delta z)^2 \\
&= (B_{00}^{main} + B_{00}^{shim} + \alpha_z^{main}\Delta z^2) + (\alpha_z^{main} + \alpha_z^{shim})z^2 - (2\alpha_z^{shim}\Delta z)z
\end{aligned}
\tag{7.5}
$$

第一个括号内代表与z无关的主磁场（空间均匀场项）。如果满足式（7.3），则可消掉第二个括号内的项，最后一个括号代表沿z方向线性变化的均匀单元磁场。均匀单元磁场系数取决于位移Δz的幅度和方向，允许+z校正也允许-z校正。类似地，沿x轴移动整个单元也能获得沿x轴的线性校正项。

7.2.3　生成正交项x^2和z^2

利用数值模拟找到匀场磁体的最佳尺寸之后，通过调整匀场单元的间距来控制实际磁体中的z^2分量。主磁体磁场沿z轴上的曲率是正值（$\alpha_z^{main}>0$）。增大匀场单元的间距可减小磁场的曲率$|\alpha_z^{shim}|$。主磁体单元和匀场单元共同产生的磁场是二者互相做减法的结果，增加匀场单元间距将形成一个+z^2的匀场校正磁场（因为$|\alpha_z^{main}|<\alpha_z^{main}|$）；而减小匀场单元

间距形成一个$-z^2$的匀场校正磁场。注意间距的变化会引起不期望的G_y^{shim}变化，需要改变匀场磁体在y轴方向上的位置来重新调节。而y轴上位置的轻微调整又会改变z^2项，因此需要一个迭代过程来逐渐消除y和z两个方向上的磁场非均匀性。

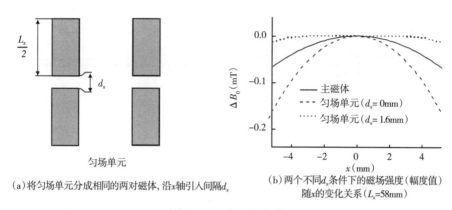

(a) 将匀场单元分成相同的两对磁体，沿x轴引入间隔d_x

(b) 两个不同d_x条件下的磁场强度（幅度值）随x的变化关系（L_x=58mm）

图 7.5　正交项的生成

为了便于比较，图中数据为减去$x=0$处磁场强度的结果。$L_x = 58$mm、$d_x = 1$mm时，主磁体单元和匀场单元的磁场曲率达到匹配

匀场项x^2的自然控制变量是磁块的长度。但是，磁块长度并不能作为真正的变量，因为这样需要制作大量不同长度的磁块，以供在匀场的过程中轮换使用。即使这个条件能够得到满足，其操作过程也非常耗时，因此并不实用。而且对于每组磁体对来说，还必须精确地调整其位置来消除另一轴向上的非均匀性。另一种控制x^2系数的方案为将磁块一分为二，由此沿x轴方向产生第二个间隔d_x（图7.5）。当d_x增幅较小时，对磁场的作用等价于增加磁块长度。由于d_x不能为负值，设计匀场单元时要注意能够使d_x覆盖足够大的范围。匀场项x^2对d_x的依赖关系与z^2对d_z的依赖关系相反。因此，d_x的增加会引起一个总的$-x^2$均匀校正场；间隔的缩小引起$+x^2$均匀校正场。

相比于线性项的生成，交叉项的生成要通过不对称地移动磁块对来完成。例如，x项的生成需要沿x轴移动所有四块磁体，而xz项需要分别将向上极化的磁体朝$+x$轴、向下极化的磁体朝$-x$轴方向移动（图7.6）。匀场单元经过非对称移动之后的磁场分布可以通过考虑每对磁体对总磁场的影响来理解。磁体对（左侧一对）沿$+x$轴移动会贡献一个G_x^{-z}（对于任意的z来说均为负值）[1]，其幅度随着磁体对从$z<0$（左）向$z>0$（右）移动而逐渐减小。磁体对（右侧一对）沿$-x$轴移动会贡献一个G_x^{+z}（对于任意的z来说均为正值），其幅度随着磁体对从$z>0$（右）向$z<0$（左）移动而逐渐减小。如果两对磁体的移动距离相等，则根据对称原则，二者在$z=0$处所产生的梯度的大小也相等并互相抵消，使$z=0$位置的$G_x=0$。对于$z>0$来说，$|G_x^{+z}|>|G_x^{-z}|$，因此均匀校正磁体产生的$G_x>0$。另一方面，对于$z<0$来说$|G_x^{+z}|<|G_x^{-z}|$，其作用恰恰相反。在一级近似条件下，磁场正比于xz。比例常数（换句话说为控制变量）是沿x轴方向的位移幅度。其他两个正交项可利用表7.1中

---

❶　根据式（7-5），磁场沿x的线性变化为$-(2\alpha_x^{shim}\delta x)\,x$，其中$\alpha_x^{shim}>0$。

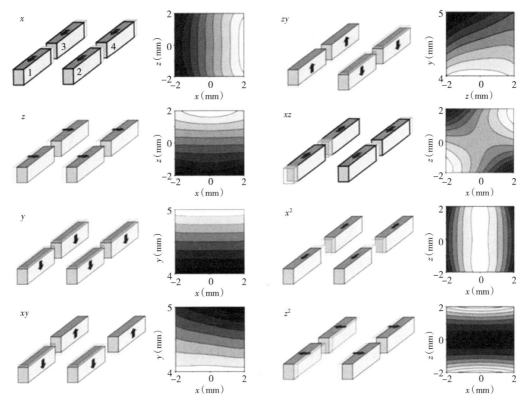

图 7.6 按照图中箭头指示方向移动匀场磁体对总磁场强度分布的影响效果

颜色从黑（弱）变白（强）代表磁场强度（幅度值）增大。在讨论线性 x 项时给出了磁体数字序号

给出的位移来生成，表中同时给出了上文提到的所有移动方案。匀场单元的移动引起二维总磁场的变化如图 7.6 所示。下一节将介绍基于这些匀场方案建立的实验设备和 ${}^1H$ 高分辨率波谱的实验结果。

表 7.1　匀场校正分量和所需磁体位移（磁体数量与图 7.6 对应）

匀场校正分量	磁 体			
	1	2	3	4
x	$-\Delta x$	$-\Delta x$	$-\Delta x$	$-\Delta x$
y	$-\Delta y$	$-\Delta y$	$-\Delta y$	$-\Delta y$
z	Δz	Δz	Δz	Δz
x^2	Δx	Δx	$-\Delta x$	$-\Delta x$
z^2	Δz	$-\Delta z$	Δz	$-\Delta z$
xy	$-\Delta y$	$-\Delta y$	Δy	Δy
zy	Δy	$-\Delta y$	Δy	$-\Delta y$
xz	Δx	$-\Delta x$	Δx	$-\Delta x$

7.3 实验结果

利用上述方法对间隔 $d_z^{main} = 100mm$ 的经典"U"形结构（280mm×120mm×280mm）进行了匀场校正（图 7.7）[4]。永磁体材料为钕铁硼合金，剩磁为 1.33T，矫顽力为 796kA/m，温度系数 $\kappa = -1200ppm/℃$。工作位置位于深度 $y_0 \approx 5mm$ 处，测量得到的磁场强度为 $B_{00} \approx 0.25T$（^1H 的拉莫尔频率为 10MHz），磁场非均匀性为：$G_y \approx -1000ppm/mm$，$\alpha_z = 300$ ppm/mm^2，$\alpha_x = -30ppm/mm^2$。这块磁体曾用于成像[6]，并利用磁场匹配技术做过单边波谱测量[7]。本次实验中，根据上述方法设计了匀场单元。第 7.1 节和第 7.2 节给出了如何利用四块磁体（两对理想磁体）消除主磁场的空间非均匀性，文献［4］表明使用两组（每组四块）磁体会更加方便，这两组磁体在图 7.7 中分别表示为上部匀场单元和下部匀场单元。下部匀场单元（体积较大）位于磁体间隔下部，主要作用为消除沿深度方向上的强梯度。磁块的位置固定不动，实际中可认为该组磁体为一种新型主磁体单元（降低了沿深度方向上的梯度）的一部分。上部匀场单元同样位于磁体间隔之内，但直接位于传感器表面之下。这四块磁体均可沿三个坐标轴方向移动来生成期望的匀场校正分量（表 7.1）。受益于下部匀场单元的存在，上部匀场单元可用较小的体积来校正相对较弱的非均匀性。因为实现匀场校正需要磁块有较大的移动范围，这样的设计非常有利于获得更精确的匀场效果。将主单元磁场的扫描测量结果作为匀场校正目标，利用计算机模拟了所有匀场磁体的尺寸和位置。绕制了四匝直径为 7mm 的 RF 线圈，放置在磁体表面上方 3mm 处，用于激发和探测 NMR 信号。利用 RF 线圈的天然侧向选择特性结合 90° 软脉冲来激发切片实现敏感区的选择性。

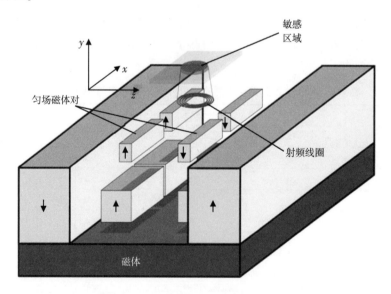

图 7.7 在磁体外部产生高度均匀磁场区域的磁体阵列

箭头表示磁体的极化方向。主磁体间隔内的四对匀场磁体用于补偿主磁体单元磁场的非均匀性

这种磁体结构生成的敏感区（侧向上尺寸约为5mm×5mm、厚度为0.5mm）位于磁体表面上方5mm，^{1}H共振拉莫尔频率为8.33MHz（图7.7）。传感器还装配有三个单边匀场线圈，放置在主磁体间隔内（未在图7.7中给出），可沿三个笛卡尔坐标轴方向产生脉冲梯度。用于沿x轴和z轴产生磁场梯度的线圈与文献［6］中的相似，但具有不同的纵横比。用于沿深度方向产生磁场梯度的线圈与z轴梯度线圈相似，但按反向平行结构绕制。这些线圈用于匀场校正过程的最后阶段。在匀场单元被装配和移动到其各自的最佳位置（由计算得到）后，再通过迭代完成最后的匀场操作。首先，用一个很小的水样（约1mm^3）对总磁场进行扫描测量，移动水样位置让其遍历整个敏感区域。然后，重新计算出能够消除剩余非均匀性的匀场磁体对的新位置，并在真实传感器中移动其位置。不断重复这个过程，直到与平均磁场的偏差达到小于10ppm。为了进一步地改善分辨率，通过测量一个大样品，优化单边匀场线圈中的电流大小使其频率域信号峰值达到最大为止。这个过程可以很好地校正线性项。如图7.8（a）所示为放置在传感器表面上的一个水样（体积远大于敏感区体积）的波谱测量结果，其谱线宽度为2.2Hz，对应的谱分辨率约为0.25ppm。作为对比，同样给出了在静磁场与RF场空间匹配的条件下，利用章动回波测得的单边NMR波谱的最佳结果[7]。从图中可以看出，谱分辨率提高了约30倍，激发敏感区的两个侧向范围也同时扩大了5倍。再加之使用了优化了敏感度之后的表面线圈，明显获得了更高的信噪比。所获得的优于1ppm的分辨率可用于区分不同分子结构的信息，例如甲苯和乙酸［图7.8（b）（c）］。该实验在实验室内进行，未使用恒温机，使用1mm厚的聚苯乙烯泡沫层进行隔热，加之磁体具有很大的热惯性，可保证频率在平均1分钟时间内不发生大的漂移。甲苯的^{1}H谱上的两个谱线峰分别位于7.0ppm和2.2ppm（二者相对强度比为5:3）分别对应于芳香族和甲基质子。对乙酸测量得到的结果中，两信号峰分别位于2.3ppm和11.3ppm（二者相对强度比为3:1），分别对应甲基和羟基质子[4]。

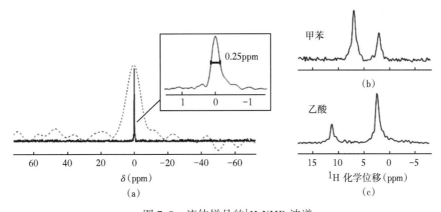

图 7.8　流体样品的^{1}H NMR波谱

（a）实线：放置在RF线圈上的水样（体积远大于敏感区体积）的幅度谱。该谱由对Hahn回波信号做傅里叶变换得到，测量Hahn回波信号使用了64次扫描（重复延迟时间为5s）改善信噪比。谱峰中心的质子共振频率为8.33MHz，全宽度为0.25ppm（见插图）。点线：章动回波方法获得的非原位NMR波谱的最好结果，线宽为8ppm[7]。两组数据所用的传感器尺寸相同、测量时间相同，工作深度一致，因此可定量对比二者的谱分辨率和敏感度。（b）（c）为不同流体样品的^{1}H NMR波谱，测量时间为1min以内。化学位移的差异和相对弱峰的幅度均与传统高分辨率NMR谱仪获得的结果很好地吻合

7.4 高阶磁场匀场

可动匀场单元甚至能利用非完美的磁体获得高分辨率波谱[4]。但如何优化上述磁体结构来进一步改善其分辨率、磁场强度和敏感区域大小呢？

式（7.2）至式（7.5）和表 7.1 给出了控制磁场展开式低阶均匀项的传感器几何参数。这些信息有助于获得高阶匀场校正。例如，通过改变匀场单元沿 x 轴方向的间隔 d_x 能够控制正比于 $-x^2$ 的非均匀项。对于一个已经过匀场校正的磁场来说，如果缩短匀场单元沿 x 轴的长度 L_x^{shim} 来补偿正比于 x^2 的正二次项，必须增加间隔 d_x 来保证其沿 x 轴的匀场效果。但是，正比于 x^4 的系数在此过程前后将出现差异。利用这个性质，可开发出不同的匀场单元结构来获得高阶匀场校正（将四阶项最小化的结构）。从这层意义上说，最优匀场单元结构并不是在由匀场单元自身参数（例如 L_x，L_y，L_z，d_x，d_z，z_0）定义的变量空间随机搜索得到，而是在一种控制状态下通过成对变量（例如 L_x^{shim} 和 d_x）的调整获得。

7.4.1 改善分辨率和工作区域尺寸

NMR 实验采集到的信号与以拉莫尔频率进动的自旋数量成正比。任何的频率偏移（例如由磁场非均匀性引起）都会使谱线变宽，谱线宽度决定传感器的分辨率，并间接地影响敏感工作区域。为了定量评价传感器的性能，必须分析其磁场的空间分布。经过匀场校正后的传感器（图 7.7）的磁场分布特性数值模拟结果如图 7.9 所示。图 7.9（a）给出了在 $x_0 = z_0 = 0$ 处沿深度方向的磁场变化，磁场为相对于 $y_0 = 5mm$ 处的相对值。虽然该传感器已经经过了匀场校正，在图中可以看出在 y_0 附近 4mm 的区域内的磁场变化在 100ppm 以内。将图放大后可见 1ppm 以下的磁场变化范围的切片厚度小于 $500\mu m$。另外，图 7.9（b）、图 7.9（c）分别为磁场沿 z 轴和 x 轴方向的空间分布。每个方向上给出了三个不同深度处（$y - y_0 = 1$，0，-1）的磁场值。首先看对应于 $y - y_0 = 0$ 的曲线（黑色方块）。图 7.9（b）和图 7.9（c）都显示 4mm 范围内的磁场非均匀性程度要比沿深度方向上的非均匀程度［图 7.9（a）］低一个数量级。沿 z 方向上的磁场变化程度［图 7.9（b）］还要比沿 x 方向上的变化［图 7.9（b）］更显著，表明沿间隔方向的控制变量相比 x 轴对磁场均匀项来说更关键。深度 $y - y_0 = 0$ 位置在侧向上的范围（<1ppm，图 7.9（b）和图 7.9（c）中的放大图）比 $y - y_0 = -1$ 或 $y - y_0 = 1mm$ 处的侧向范围要大得多，这两个位置上的磁场在侧向上 2mm 处的变化就轻松超过了 1ppm。这些图件给出了磁场均匀性对深度变量的敏感程度。然而在磁场侧向上较均的区域主要集中在工作深度 $y - y_0 = 0$ 附近，工作深度一旦偏离 1mm，磁场非均匀性就将变得无法接受，限制了敏感区域的大小。

为了优化这类传感器的性能，需要消除一定范围内而不是 y_0 单点处的磁场非均匀性。为了达到这个目的，观察磁场的导数来代替观察磁场强度会更方便。第一种方法中，在 $x_0 = z_0 = 0$ 位置上，磁场沿 y 轴的变化可通过磁场梯度的幅度 G_y 来定量描述。对于侧向方向来说，磁场的变化分别用正比于 x^2 和 y^2 的二阶项系数 α_x 和 α_z 描述，这两个参数在图 7.9（b）和图 7.9（c）中有所体现。可以清晰地看到，对于 $y - y_0 = 1mm$ 和 $y - y_0 = -1mm$，磁场强度沿 x 轴和 z 轴呈抛物线变化，图 7.9（c）显示磁场分布对 y 也有很强的依赖关

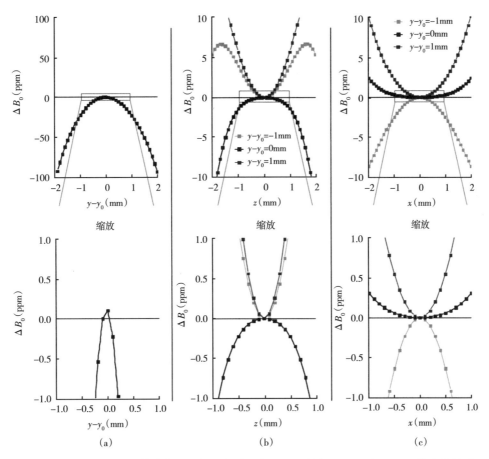

图 7.9 根据图 7.7 中磁体计算的磁场强度随深度（a）、侧向 z（b）和 x（c）的变化关系
图中的磁场变化值是相对于敏感区域中心 $r_0 = (0, 5, 0)$ mm 的结果。根据三个不同深度值计算了沿侧向坐标轴上的磁场变化。矩形框区域内的放大图位于每幅图下方

系，即 $y-y_0 = -1$ 时，$\alpha_x < 0$；$y-y_0 = 1$ 时，$\alpha_x > 0$。G_y、α_x 和 α_z 随 y 变化的具体关系见图 7.10 中的灰色点实线。图 7.9 中曲线所对应的磁场梯度的部分数值如图 7.10 中的空心灰色方框所示。可以看出，它们在 $y-y_0 = 0$ 时同时变为 0，与式（7.2）至式（7.4）及图 7.8 中所示结果相对应，质子化样品的波谱信息来自沿深度方向上的一个薄片。但是，对于 y_0 之外的深度 y 来说，这些参数（G_y、α_x 和 α_z）迅速偏离 0。

优化设计新型传感器的第一步是先按照第 7.1 节中的方案完成初步匀场。基于传感器最终的应用确定主磁体单元的尺寸，按照式（7.2）至式（7.4）的要求计算匀场单元的尺寸和上、下部分的位置。这时，为了增加均匀区域的优化过程包括：计算梯度 G_y、不同深度处的磁场曲率 α_x 和 α_z，目的是减小 y_0 处的斜率。理想情况是每条曲线的斜率和偏移都为 0。通过搜索构成匀场单元的不同尺寸和不同位置的小磁片形成的变量空间来监测这些变量（G_y、α_x 和 α_z）的数值。图 7.10 中的黑色曲线表示 G_y、α_x 和 α_z 在一组特定参数组合下（L_x、L_y、L_z、d_x、d_z、z_0）随深度变化的特性。为了将新的数值模拟结果与利用如

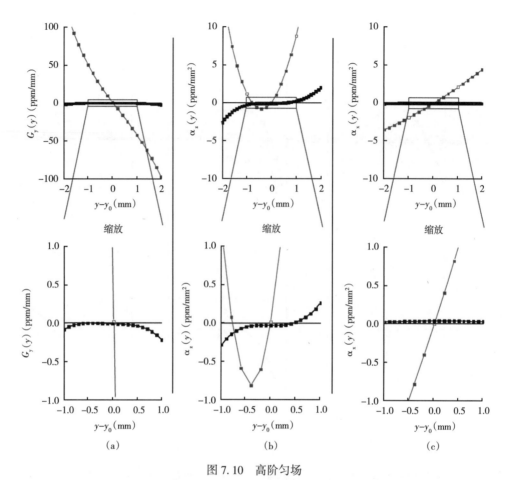

图 7.10　高阶匀场

（a）不同深度位置上沿 y 方向的磁场梯度 $G_y(y)$。灰色方块是图 7.7 中传感器的结果，黑色方块是新传感器设计的结果。（b）不同深度位置上的磁场沿 z 方向的曲率 $\alpha_z(y)$。灰色方块是图 7.7 中传感器的结果。空心灰色方块对应于图 7.9（b）中的曲线。黑色方块是优化后的传感器的结果。（c）是与（b）相同的沿 x 方向的结果。所有图形中，对于如图 7.7 所示传感器来说 $y_0 = 5\text{mm}$，而对新传感器来说 $y_0 = 4\text{mm}$

图 7.7 所示传感器获得的结果进行对比，将每个传感器的磁场分布曲线相对于敏感区域的中心 y_0 画出。两个传感器之间差异的细节可在图 7.10（a）至图 7.10（c）的放大图中看出。G_y 曲线上的平稳段表明沿深度方向上有 2mm 范围内的磁场变化小于 0.2ppm。此外，在此深度范围内的 α_z 也非常小（磁场变化低于 0.2ppm），说明敏感探测区域不是一个薄片，而是一个以 y_0 为中心、以 x 为轴的圆柱体。敏感区几何形状的变化大大提高了传感器的敏感度。

为了获得如图 7.10 中黑色曲线所示的结果，必须移动下部匀场单元。除了上一节提到的控制变量之外，还增加了新的变量，例如分别沿 x 轴和 z 轴方向上的间隔 d_x^L 和 d_z^L，以及下部匀场单元相对于上部匀场单元沿 y 轴方向上的位置 $y_0^U - y_0^L$（L 和 U 分别表示下部和上部匀场单元）。

7.5 温度补偿

虽然利用移动均匀磁体方案实现的高度均匀磁场可分析出溶剂中分子的质子波谱信息，在实验的过程保持系统的温度稳定性对获得图 7.8 中的结果也是十分必要的。这是因为永磁体的剩磁对温度有强烈的依赖。根据磁体材料的不同，温度变化 1℃ 可造成共振频率漂移几千 ppm，破坏了为改善敏感度所做的叠加平均的有效性和多次实验间的一致性。为了克服这个问题，可以考虑将具有不同磁性质的材料组合。最直接的方案为将两种具有相反温度系数的磁性材料进行组合。这样一来，如果一种材料产生的磁场随温度的增加而增加，那么引入另一种磁场随温度的增加而衰减的材料就有可能会保持总磁场恒定不变。虽然很大一部分磁性材料都具有负温度系数，使用将两种材料沿相反的方向极化也能获得相同的效果。注意：并非磁体组合中的每一个磁块都需要用两种材料组合而成。实际上，两种材料仅需要在特定目标区域产生反向的磁场即可，对他们的空间位置也没有限制。这里将两组不同磁性材料命名为"单元 A_1"和"单元 A_2"，总磁场可表示为

$$B(\boldsymbol{r}, T) = B^{A_1}(\boldsymbol{r}, T) + B^{A_2}(\boldsymbol{r}, T) \tag{7.6}$$

式中，B^{A_1} 和 B^{A_2} 分别表示由单元 A_1 和单元 A_2 产生的磁场的主分量。

在第一近似原则条件下，可设磁场与温度线性相关：

$$B^{A_1}(\boldsymbol{r}, T) = B^{A_1}(\boldsymbol{r}, T_0)(1 - \kappa^{A_1}\Delta T) \tag{7.7}$$

对 B^{A_2} 也有类似的关系成立。式中，$\Delta T = T - T_0$；$\kappa^{A_1}(\kappa^{A_2})$ 分为各自的温度系数。

将式（7.7）代入式（7.6），总磁场与温度 T 的关系为

$$B(\boldsymbol{r}, T) = \left[B^{A_1}(\boldsymbol{r}, T) + B^{A_2}(\boldsymbol{r}, T)\right] - \left[B^{A_1}(\boldsymbol{r}, T)\kappa^{A_1} + B^{A_2}(\boldsymbol{r}, T)\kappa^{A_2}\right]\Delta T \tag{7.8}$$

假设单元 A_1 和单元 A_2 能够产生理想的均匀磁场，第二项仅与谱线位置偏移有关，但不会引起谱线变宽。通过使这项失效，就可以建立不随温度变化的磁场。按照所用磁性材料的温度系数之比设置每个单元的磁场强度，可满足这个条件。

这个方法同样可以应用于单边 NMR 传感器，而单元 A_1 和单元 A_2 可分别直接与主磁体单元和匀场单元联系起来。但是，这时要考虑两个单元产生的磁场空间分布。正如 7.1 节所述，沿深度方向的磁场非均匀性至少比其他方向上的大三个数量级，因此式（7.7）右侧可表示为：

$$B^{\text{main}}(\boldsymbol{r}, T_0) = B^{\text{main}}(\boldsymbol{r}, T_0) + G_y^{\text{main}}(\boldsymbol{r}, T_0)\Delta y \tag{7.9}$$

式中，上角标 A_1 用"main"代替。

对于匀场单元也有类似的方程成立。将式（7.7）和式（7.9）代入式（7.6）可得总磁场随温度 T 的变化关系：

$$\begin{aligned} B(\boldsymbol{r}, T) = &\left[B^{\text{main}}(\boldsymbol{r}_0, T_0) + B^{\text{shim}}(\boldsymbol{r}_0, T_0)\right] \\ &- \left[B^{\text{main}}(\boldsymbol{r}_0, T_0)\right]\kappa^{\text{main}} + B^{\text{shim}}(\boldsymbol{r}_0, T_0)\kappa^{\text{shim}}\right]\Delta T \\ &- \left[G_y^{\text{main}}(\boldsymbol{r}_0, T_0)\right]\kappa^{\text{main}} + G_y^{\text{shim}}(\boldsymbol{r}_0, T_0)\kappa^{\text{shim}}\right]\Delta T y \end{aligned} \tag{7.10}$$

式（7.10）中使用了条件 $G_y^{main}(r_0, T_0) + G_y^{shim}(r_0, T_0) = 0$（式7.2），因为使用两个单元可产生一个均匀磁场。如上所述，当温度变化时，式（7.10）的第二项将改变敏感区中心位置处的场强。但是，由于厚度 Δy 的敏感区切片内存在有效梯度 $[G_y^{main}(r_0, T_0)]\kappa^{main} + G_y^{shim}(r_0, T_0)\kappa^{shim}]\Delta T$，式（7.10）的第三项将会使谱线变宽。为了考察每种贡献的重要程度，以图7.7中传感器的主磁体单元为例进行分析，其磁场为 $B^{main}(r_0, T_0) = 0.25T$、沿深度方向上的梯度为 $G_y^{main}(r_0, T_0) = 0.4T/m$。根据倍乘因子的不同，第三项的幅度比第二项小三个数量级。然后，为了测量温度变化条件下的波谱，首先必须消除谱线位置的巨大偏移，只有这样才能观测到谱线变宽现象。为了消除谱线位置偏移，必须满足如下条件：

$$B^{main}(r_0, T_0)\kappa^{main} + B^{shim}(r_0, T_0)\kappa^{shim} = 0 \tag{7.11}$$

由于两个单元的磁场方向是平行反向的，为了满足式（7.11），可变换匀场单元的尺寸，从而在保持满足匹配条件 [式（7.2）至式（7.4）] 的同时改变平均磁场强度。从这点出发，可能会想到匀场单元的尺寸是不能任意增加的，因为可能与主磁体单元发生重叠（匀场单元放置在主磁体单元之内）。这个限制使 $B^{shim}(r_0, T_0)$ 的最大值存在上限，限制了式（7.11）的应用。但是，由于主磁体单元和匀场单元的极化方向相反，二者重叠的区域相当于在主磁体单元上存在一个空洞。为了阐明这一点，暂时假设主磁体单元和匀场单元为相同磁性材料，并且保证二者的剩磁完全相同。在此条件下，二者在重叠区域产生的磁场互相完全抵消，总的效果相当于交叉区域不存在磁性材料 [图7.11（a）]。这个概念同样可以应用在主磁体单元与匀场单元所用磁性材料不一样的条件下。假设匀场单元（钕铁硼）的剩磁比主磁体（钐钴）高10%，则在二者重叠区域并不等价于一个空洞，而是相当于此处存在一个尺寸与重叠区域相等、但剩磁强度仅为匀场单元10%的材料，其方向与较强的单元同向 [图7.11（b）]。这组三个不同的磁体（匀场磁体、虚拟磁体和主磁体）可用一个带空洞的主磁体与一个变小的匀场磁体组合代替 [图7.11（b）右侧]。利用这种方法，可将匀场单元的材料"转移"至主磁体单元上，直到式（7.11）和由式（7.2）至式（7.4）构成的匀场条件同时得到满足。

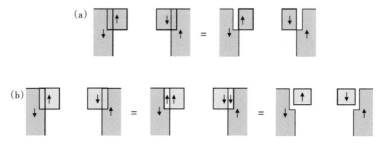

图7.11　主磁体和匀场单元（等号左侧）的叠加和等效结合示意图

即等效于主磁体上存在一个"洞"、并在匀场磁体上去掉与主磁体重叠的那部分材料（等号右侧）。相同的灰度表示两个单元具有相同的剩磁。(b) 与 (a) 的情况类似，但材料剩磁不同。最左侧图为重叠的情况，重合区域可假想为一块具有较低剩磁的磁体（中部图），最终等效于将主磁体上挖掉一小块、匀场单元体积也有所改变（右侧图）。剩磁的大小用不同的灰度表示（深色代表强、白色代表无）

从式（7.11）可以看出，当材料温度系数之比 $\kappa^{shim}/\kappa^{main}$ 增加时，传感器的总磁场也随之增加。当匀场单元和主磁体单元的材料分别为钕铁硼和钐钴时，$\kappa^{shim}/\kappa^{main}=4$。这意味着最终的传感器产生的磁场比主磁体单元单独产生的磁场弱 1/4。

为了消除式（7.10）等号右侧第三项，不能再用与消除式（7.11）等号左侧第二项时相同的方法。因为已经对主磁体单元和匀场单元施加了 $G_y^{main}(\boldsymbol{r}_0, T_0) + G_y^{shim}(\boldsymbol{r}_0, T_0) = 0$ 的限制条件，以便满足式（7.2）的均匀性条件。在此条件下，解决方案为设计一个传感器，使其单元满足 $G_y^{main}(\boldsymbol{r}_0, T_0) = G_y^{shim}(\boldsymbol{r}_0, T_0) = 0$。

按照 7.4 节和 7.5 节给出的方法对原有磁体[4]在均匀性、磁场强度、均匀区域大小和温度补偿方面进行了优化，得到一个新的传感器设计。这个传感器的"U"形主磁体使用钐钴材料，其尺寸与图 7.7 中的主磁体相同，其特别之处在于"U"形结构的每个磁块上都有两个空洞。这些洞可以解释为主磁体单元和小"U"形磁体在此区域重叠，形成了零磁场。在主磁体单元之外，传感器还包含两个可动匀场单元（钕铁硼材料）来满足式（7.11）。敏感区域中心（传感器表面上方 $y=4mm$）的磁场幅度为 9.6MHz。表明在主磁体为钐钴材料的情况下，新型传感器比图 7.7 中的传感器的磁场强度增加了 30%。

传感器在整个敏感区域范围内产生的磁场均匀性可用对 FID 做傅里叶变换得到的半高谱线宽度来很好地表示。利用传统布洛赫（Bloch）方程对一个圆柱形敏感区 [yz 平面上的半径 $R=1.5mm$，长 $L_x=4mm$，中心位置 $\boldsymbol{r}_0=$（0，4，0）] 内的自旋演化进行了数值模拟。结果得到的线宽小于 0.15ppm。可以说在此条件下，产生 70% 的信号的带宽小于 1.6Hz。同时还计算了磁场随温度的变化程度，结果显示为 1.7ppm/℃，比前一章中的传感器提高了三个数量级。

7.6 小结

本章深入讨论了如何利用小型可移动永磁体使单边磁体获得高度均匀性的匀场技术和策略。重点介绍了生成和控制低阶匀场校正项（x，y，z，x^2，z^2，xy，yz 和 xz）所需的匀场单元磁片的组合移动方案。对该方案进行了实现和实验测量，获得了 0.25ppm 的谱分辨率。该分辨率允许非原位 NMR 通过分析 ^{1}H NMR 波谱来确定流体分子组分。

为了增加磁体的性能，可以很方便地将主磁体单元与匀场单元在一个立体空间范围内完成匹配 [式（7.2）至式（7.4）]，而不是之前某一特定深度点处的匹配。监测磁场沿深度方向的导数方程可获得高阶磁场校正项。利用这些方程对传感器匀场单元的不同几何参数进行分析（例如长度、宽度、高度和间距），可获得用于改善敏感区域尺寸和磁场强度（二者均与敏感度相关）的最佳磁片组合。为了运用对高阶匀场项的控制，还必须移动位于下部的匀场单元。

最后，讨论了可克服温度对磁性材料剩磁影响的新方法。该方案包括：将具有不同温度系数的材料合理地组合来建立可以获得 1ppm 以下分辨率的"温度补偿"磁场。

参 考 文 献

［1］Golay MJE（1958）Field homogenizing coils for nuclear spin resonance instrumentation. Rev Sci Instrum 29（4）：313−315

［2］Fukushima E，Jackson JA（2002）Unilateral magnet having a remote uniform field region for nuclear magnetic resonance. US Patent 6489872

［3］Meriles CA，Sakellariou D，Heise H，Moule AJ，Pines A（2001，July）Approach to high-resolution ex situ NMR spectroscopy. Science 293（5527）：82−85

［4］Perlo J，Casanova F，Blümich B（2007，Feb）Ex situ NMR in highly homogeneous fields：H−1 spectroscopy. Science 315（5815）：1110−1112

［5］Popella H，Henneberger G（2001）Design and optimization of the magnetic circuit of a mobile nuclear magnetic resonance device for magnetic resonance imaging. COMPEL 20：269−278

［6］Perlo J，Casanova F，Blümich B（2004，Feb）3D imaging with a single−sided sensor：an open tomograph. J Magn Reson 166（2）：228−235

［7］Perlo J，Demas V，Casanova F，Meriles CA，Reimer J，Pines A，Blümich B（2005，May）High resolution NMR spectroscopy with a portable single − sided sensor. Science 308（5726）：1279−1279

8　生物和医学中的应用

诊断成像使医学发生了革命性变化。电子计算机断层扫描（CT）、磁共振成像和超声波成像已经成为医学中的标准诊断工具[1]。小型化超声波成像传感器已经用于医生办公室和重症监护患者。医学 MRI 已经获得了成功，将可移动 NMR 用于医学诊断也是一个令人兴奋的课题[2-3]。可移动 MRI 仪器正逐渐出现[4]，尤其是在神经外科领域[5]。专用的四肢扫描仪已经进入商业市场[4-6]。针对不同生物医学研究，已开发出许多封闭式的小型 NMR 成像仪器[7-9]。早期，在 NMR 测井传感器发展的背景下，人们提出将基于开放式磁体的便携式 NMR 仪器作为医学诊断工具[10-11]，并制作了微型 NMR 传感器作为血管内窥镜进入了临床试验阶段[12-14]。随着 NMR-MOUSE 的出现，人们开始研究较大的便携式单边 NMR 仪器在医学中的应用[15-16]。已报道的研究集中在近体表组织领域（例如跟腱[16,20-22] 和皮肤[16,23-24]），用于测量人体组织的各向异性和深度剖面。二维成像也已经应用于手指和生物组织成像[16,25,27]。生物组织的离体间接 NMR 测量已应用于木乃伊和骨骼研究[28]。单边 NMR 还作为硅胶乳房假体（SBI）无菌植入的质量控制工具，通过检测填充物与体内流体接触引起的变化来识别乳房假体外壳破裂[29]。本章介绍单边 NMR 在皮肤、肌腱和骨骼研究中的应用及一些成像研究。

8.1　皮肤

传统 MRI 仪器很难获得皮肤层理的细节图像，需要特殊的线圈[30-33] 或专用扫描仪器[34-39]。皮肤是人体最大的器官，其面积约为 $2m^2$。皮肤还是人体与外部环境之间的界面，起到保护人体和感知外界环境的作用。皮肤研究感兴趣的深度范围仅为几毫米，单边 NMR 非常适合皮肤研究，利用小型 NMR 传感器就能探测到人体几乎任何部位的皮肤[16,23-24]。皮肤研究领域关心的病理变化包括：癌症、皮肤愈合、伤疤形成和美容整形术。该领域首次使用的是原始"U"形 NMR-MOUSE[17]，但其弯曲的敏感区域致使深度分辨率不高[23]。但是由于表皮和皮下组织具有不同的弛豫行为，原始"U"形 NMR-MOUSE 已经能够将二者区分和识别。后续研究基本使用 Profile NMR-MOUSE[19] 完成，其深度高分辨率（优于 $5\mu m$）特别适用于表皮内部的细致分层。

乳腺癌是西方女性最常见的一种癌症，目前已经建立了较为完备的乳腺癌扫描测试方法，但在诊断上仍然存在一些问题，例如：（1）在致密腺体组织中未出现癌沉积的情况下识别癌变；（2）在手术或放射性治疗过程中识别或排除疤痕组织中的恶性瘤。此时，胸部NMR 层析成像应与造影剂一起使用。一些病人需要检查的位置非常明确，这时就不需要进行成像分析。早期的一项试验研究中使用"U"形 NMR-MOUSE 确定了乳腺癌的特征 [图 8.1（a）][40-42]。静脉注射造影剂（Gd-DTPA，Magnetvist®）之后，检测固定恢复时间的部分饱和 NMR 信号幅度与距造影剂注射时间的间隔的关系。信号增长时间函数提供了组织特征的信息[43]。造影剂能够显著地缩短 T_1，但信噪比较低。在饱和之后监测固定恢复时间 t_R（200~250ms）下的回波幅度，用于区分不同的组织。t_R 的选择原则是：无须造影剂就能观测到健康组织的低幅度信号。使用造影剂之后，信号由于快速 T_1 弛豫而增加。由于恶性组织迅速增长，而且供血很好，注射造影剂之后的信号增长变快。这样一来，就能利用 NMR-MOUSE 区分恶性组织和皮肤［图 8.1（b）］，甚至能区分伤疤组织和皮肤。伤疤形成是烧伤和皮肤移植需要涉及的医学问题。利用 Profile NMR-MOUSE 可透过绷带监测皮肤愈合过程。医学临床研究中发现，信号幅度［图 8.2（a）］和弛豫时间 T_{2eff}［图 8.2（b）］随皮肤以下深度的变化形态相似。二者都能清晰区分健康皮肤和做分层皮移植后的疤痕皮肤。相对于 T_{2eff}，CPMG 幅度对于疤痕外层皮肤更敏感。

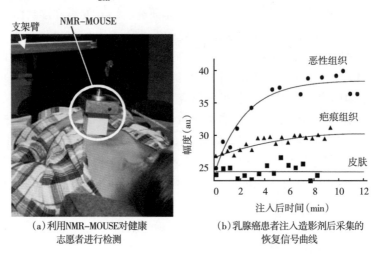

（a）利用 NMR-MOUSE 对健康　　　（b）乳腺癌患者注入造影剂后采集的
　　志愿者进行检测　　　　　　　　　　恢复信号曲线

图 8.1　造影剂引起炎性乳腺癌 T_1 变化的临床研究

测量部位为皮下 0~1mm，使用了固定恢复时间 t_R 的饱和恢复法。图中能够区分恶性组织（$t_R = 250$ms）、
疤痕组织（$t_R = 200$ms）和皮肤（$t_R = 200$ms）。根据实验数据计算得到信号增长时间常数：
恶性组织为 2.5min、疤痕组织为 2.7min、皮肤为无穷大

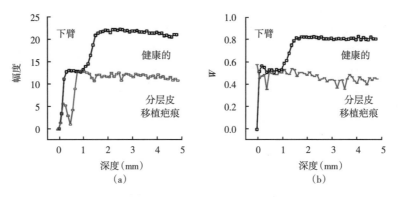

图 8.2　CPMG 幅度剖面（a）和 T_{2eff} 剖面（b）

测试对象为患者下臂，测量位置皮肤已被移植到身体其他部位

皮肤是人体的重要识别特征，利用 NMR-MOUSE 研究化妆品对皮肤的作用非常有意义。NMR 非常适合解决不同皮层的测量问题，利用临床 NMR 成像[30-33]和半开放式 GARfield 磁体[34-39]研究了皮肤摄取水分和干燥的过程。临床 MRI 的成本较高，GARfield 方法只能测量手掌一侧的皮肤。Profile NMR-MOUSE 是对活体不同部位进行皮肤成像和研究化妆品作用的功能最丰富的低成本 NMR 装置。对于活体皮肤深度维剖面测量，要求测量时间足够短。这可以通过限制深度范围内的测量点数和叠加 CPMG 回波提高信噪比来实现。对于皮肤测量，可将一个 300 个回波的 CPMG 回波串分为两部分，对两部分回波分别求和并相除得到对比参数 w。分母为前 50 个回波叠加之和，分子为剩余回波叠加之和。对比参数 w 可以理解为深度维剖面中由横向弛豫时间 $T_{2\text{eff}}$ 和自扩散系数加权的自旋密度幅度。扩散的权重依赖于回波间隔。

化妆品配方设计希望其仅作用在外层皮肤，并不穿透保护皮肤的隔离层。从皮肤外部开始向内最重要的两层为：表皮（表面上皮层）和真皮（深部结缔组织层）。表皮的分层为：外部角质层（将细胞角质化为扁平结构）、基底层（产生细胞的位置）。真皮分为两层：与表皮接触的最浅层是相对较薄的乳头状层，深处的是网状层。真皮以下为脂肪组织构成的皮下组织。虽然表皮附属物（例如毛发和汗腺）经常出现在这一层，但皮下组织并不属于皮肤。

由于个体差异或身体位置的不同，皮肤深度维剖面也不同 [图 8.3（a）（b）]，所有皮肤层均如此。另外，男性和女性的皮肤层的厚度也不同，如图 8.3 所示为两个年轻人的测量结果。可以预测，不同皮肤类型和不同年龄也会有类似的变化特征。

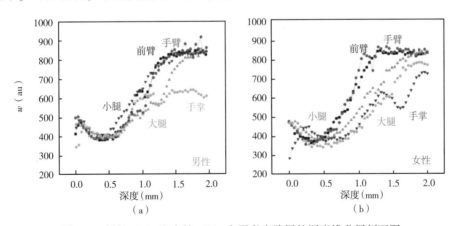

图 8.3　男性（a）和女性（b）志愿者皮肤层的深度维分层剖面图

皮肤中的水分含量很难用弛豫测量来定量描述，由于甘油酯（尤其是甘油）的强分子间相互作用，使其不能与水区分，但可通过其平移扩散来描述可动组分。当通过加长 CPMG 脉冲序列中的回波间隔 t_E 来增加扩散权重时，深度维剖面的形态发生了较大变化（图 8.4）。如果 t_E 足够短，就能忽略扩散引起的衰减；剖面的幅度仅在表皮区域有所改变。这与角质层中的死细胞向基质层中的软细胞以及湿润的皮下组织过渡相吻合。根据如图 8.4 所示的皮肤剖面测量结果，对应于表皮的区域受扩散影响最小，而深部的皮层受扩散影响较大。

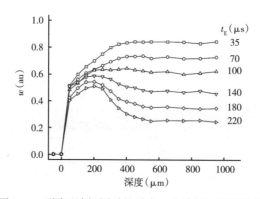

图 8.4　不同回波间隔时的手掌心皮肤剖面测量结果

采集时窗 20μs 对应的标称分辨率为 100μm。在前 500μm 中传感器位置每次移动步长 50μm，后至 1000μm
的移动步长为 100μm。每一点的采集时间为 20s（64 次扫描，重复时间为 300ms）

上面讨论了对比系数 w 对扩散和弛豫的敏感度，通过深度维剖面，它适合用来定量研究水分和护肤产品的效果。由于护肤产品并不穿透皮肤，探测深度范围略小于 1mm 就足够了，但需要高分辨率来识别并研究外部皮肤层状结构。对于这样低的探测深度，可使用更小型的 RF 线圈和足够短的 RF 脉冲产生更强的 B_1 场来激发 100μm 厚的切片。切片内的空间分辨率通过对回波做傅里叶变换得到。图 8.5 给出了一系列剖面，其激发切片厚度为 100μm，传感器移动步长也为 100μm，用于描述不同时间下水分和护肤品的水合作用[24]。浸泡在纯水里的手掌的吸水过程持续了 30min 以上［图 8.5（a）］；擦掉护肤品之后，保湿作用在很短时间内就消失了［图 8.5（b）］。手掌心皮肤与水和护肤品的接触引起的深度维剖面的变化范围达到 250μm，与皮肤表层厚度吻合。

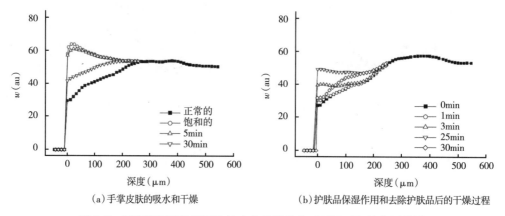

（a）手掌皮肤的吸水和干燥　　　　　　　（b）护肤品保湿作用和去除护肤品后的干燥过程

图 8.5　深度维剖面显示了涂抹水和护肤品之后不同时间的作用效果

单个剖面的采集时间为 1min

这些实例表明男性和女性的皮肤结构是不同的，身体不同部位的皮肤结构也不同。相应地，保湿深度也不同。NMR-MOUSE 的开放结构能够方便地应用于活体来研究不同护肤产品对于身体不同部位皮肤的效果。

8.2 肌腱

肌腱是具有出众的强度、大分子高度有序的高性能生物材料，已利用不同的 NMR 方法对其进行了详细研究[22,44-52]。肌腱结构为一束束的胶原三螺旋组成的层状结构，通过纤维卷曲和绕拧结构提供最佳机械稳定性［图8.6（a）][53]。肌腱和软骨之间为高度有序结构，当魔角与纤维同向时就能观察到张量自旋相互作用减弱的魔角效应[54-56]。传统人体层析成像只能通过波谱成像和基于脉冲梯度场的平移扩散各向异性[57-59]来考察活体内组织的各向异性[44]，而弛豫各向异性只能成功用于离体小型样品或动物标本[22,45-47,52]。

原始 NMR-MOUSE 和 Profile NMR-MOUSE 产生的静磁场平行于传感器表面，通过旋转传感器即可改变极化静磁场 B_0 和切片的方向［图8.6（b）］，非常适合研究大型物体中的 NMR 参数的角度依赖性。这些 NMR 参数包括弛豫速率、双量子 NMR 和自旋模型 NMR 中的其他变量[60-61]。由于跟腱靠近皮肤表面，单边 NMR 传感器非常适合活体跟腱研究［图8.6（c）］。

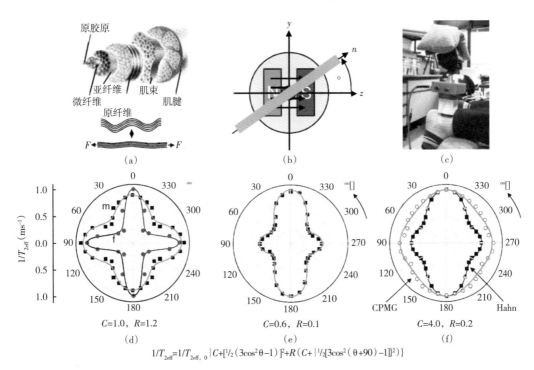

$$1/T_{2eff}=1/T_{2eff,\,0}\{C+[\tfrac{1}{2}(3\cos^2\theta-1)]^2+R(C+\{\tfrac{1}{2}[3\cos^2(\theta+90)-1]\}^2)\}$$

图 8.6　肌腱横向弛豫速率的角度依赖性研究　（a）肌腱和纤维卷曲（提供弹性）的层状结构示意图（b）NMR-MOUSE 的 B_0 方向和肌腱方向的角度定义　（c）利用 NMR-MOUSE 测量活体人的跟腱的方式　（d）$\theta=0°$ 时男性 m 和女性 f 跟腱的横向弛豫率（归一化于 1ms）　（e）离体羊跟腱的归一化 CPMG 弛豫速率　（f）鼠尾的归一化 CPMG 弛豫率（$t_E=0.1$ms）

点是测量数据，与图（f）中内侧的预测曲线吻合。连线利用图中的参数和方程得到。

所有测量的探测深度均为 4~5mm。每个方向上的数据测量用时为 5min

利用 NMR-MOUSE 在活体人类跟腱和离体猪跟腱上首次观测到了魔角效应[20,40,42]。弛豫率的角度依赖性遵循二次勒让德（Legendre）多项式的平方关系，与高场研究结果吻合[45-47]。随后对比研究了活体人类跟腱［图 8.6（d）］、离体羊跟腱［图 8.6（e）］和鼠尾［图 8.6（f）］的弛豫各向异性差异。魔角附近的横向弛豫速率很小。胶原中的弛豫在本质上是偶极的[62]，共振的自旋被锁定在 CPMG 脉冲序列中[23,63-65]，偶极相互作用被 CPMG 激发减弱了一部分，但在 Hahn 回波中不受影响，所以视各向异性在 CPMG 测量中有所减弱［图 8.6（f）］。此外，有效弛豫率的各向异性还可能因扩散引起的信号衰减而减弱。但 CPMG 脉冲序列测量时间快于 Hahn 回波序列[2]，仍然是活体研究的首选脉冲序列。

离体鼠尾和羊跟腱的 $1/T_{2eff}$ 的角度依赖性遵循二次勒让德多项式的平方关系，而对人体跟腱来说更加复杂。较好的拟合关系为两个二次勒让德多项式（二者互为 90°）的平方和，如图 8.6 所示底部的关系式。两个方向上增加的幅度相同，显示出活体人的肌腱中的胶原纤维层序排列的绞拧结构［图 8.6（a）］[16,22]。

活体肌腱的各向异性还可以利用基于条形磁体 NMR-MOUSE 的扩散测量进行研究[18]。利用恒定时间弛豫方法[66]消除测得回波幅度中的弛豫权重。与 Profile NMR-MOUSE 相似，基于条形磁体的 NMR-MOUSE 能够在磁体附近产生沿深度方向近似线性的 B_0 场，适合做扩散测量。虽然高场测量具有更高的敏感度，扩散过程也更容易区分，但实验显示基于条形磁体的 NMR-MOUSE 的扩散各向异性测量结果与高场测量结果吻合[51]。

一项针对不同类型跟腱问题的临床研究表明，并未发现 0° 角方向的弛豫时间与医学条件之间有明显的相关性[21]。运动员和健康年轻人的跟腱的弛豫时间 T_{2eff} 处于同一范围之内，测量对象中还包含一例跟腱破裂愈合后的情况。这些情况表明，跟腱 0° 角方向时的弛豫时间测量并不是一项有力的医学诊断工具，需要研究其他替代方法，例如不同角度下的弛豫测量、各向异性参数测量、弛豫加权信号和双量子滤波信号，并结合体积选择来消除周围组织的信号[22,49,52,67]。

8.3 木乃伊和骨骼

木乃伊和骨骼中包含的生物组织是可移动 NMR 无损检测的重要研究对象，这类样品不允许离开博物馆或者需要冷藏保存［例如意大利博岑市（Bozen）考古博物馆中的 5300 年的冰川木乃伊，图 8.7］。对于埃及木乃伊，深度剖面 NMR 能够区分纺织物、组织和骨骼；对冰川木乃伊，能够划分冰层和组织层的厚度及骨骼结构。有趣的是，冰川木乃伊骨骼区域的信号强于现代头骨和尸体标本（现代头骨和尸体标本均经过人工干燥至与冰川木乃伊具有相同重量）。此外，信号幅度随骨密度变化，并随腐烂程度的增加而减小。

NMR-MOUSE 能够快速、无损地确定骨密度，而传统检测方法（例如压汞）往往是破坏性的。骨密度是骨骼材料保存状态的重要指标。已经证实，埃及木乃伊头部和 900 年的颅骨的 NMR 深度剖面检测信号幅度明显低于现代颅骨。骨骼保存状态是寻找古代 DNA 所需的一个重要参数。骨密度越高，找到 DNA 的概率越大[16,28]。

为了解释处于 0℃ 左右条件下的冰川木乃伊的 NMR 测量结果，分别从现代颅骨和古代颅骨的前额上获取了骨骼切片，并分别在室温、干燥冷冻、潮湿、湿冷冻状态下进行了测量（图8.8）。在干燥状态下，无论是室温还是冷冻温度时，现代颅骨的信号幅度都高于古代颅骨（图8.7）。在饱和水状态下，由于水填充了骨骼的孔隙，潮湿状态颅骨的信号幅度有所增强。古代头骨的骨密度更低，骨骼孔隙中填充了更多的水分，因此信号增幅更大。在−30℃温度下暴露较长时间后，被水浸透的现代头骨的信号仍与室温下相同。这说明在约束效应作用下，骨骼内的水在低温状态下呈液态。而古代头骨在降温至−30℃之后的信号有所减弱，表明有部分水冻结。这部分水被认为残留在骨质疏松形成的大孔隙中。略低于0℃时，冰川木乃伊头骨的 NMR 剖面测量信号强度高于现代头骨，可得到冰川木乃伊骨骼中的水并未冻结的结论。

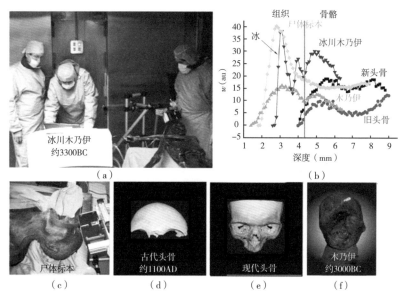

图 8.7　前额的深度维 NMR 剖面[16,28]以及木乃伊和头骨的照片
其中包含测量意大利提洛尔（Tyrol）博岑考古博物馆的冻冰川木乃伊时的照片。
将 Profile NMR−MOUSE 放置在木乃伊前额处测量深度剖面

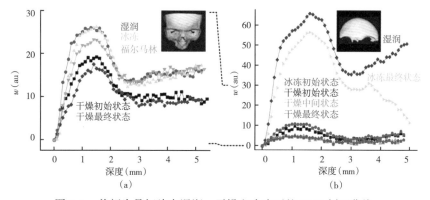

图 8.8　前额头骨切片在湿润、干燥和冷冻下的 NMR 剖面曲线
（a）现代头骨。干燥状态下，现代头骨信号强于古代头骨；（b）1100AD 古代头骨。湿润状态下，
无论在室温和−30℃冷冻时，相同剖面处的信号均高于现代头骨

8.4 生物物质的单边 NMR 成像

将 NMR 测量用于患者和活体生物时，要求测量时间足够短。这是便携式单边 NMR 成像尚未能用于医学领域的原因[25]。第一个单边二维 NMR 图像是通过移动 NMR-MOUSE 进行单像素测量再组合而成的，测量样品为取自肉店的一条猪腿。像素信息通过稳态饱和恢复脉冲序列得到，能够同时快速确定 T_1 和 T_2[23]。其空间分辨率较低（由敏感区域的范围决定），但对比度却非常好。

为了改进空间分辨率，同时解决单边 NMR 固有的磁场梯度问题，必须舍弃真实空间的单点成像，而转向傅里叶空间的单点成像[68-72]。单边 NMR 获得的生物组织的早期傅里叶图像如图 8.9 所示。测量时间为 9 分钟，获得了手指的一个切片，同时利用数据处理得到不同对比度的三幅图像 ［图 8.9（b）][25]（将每个像素的 CPMG 回波串的不同部分叠加）。切片厚度和侧向分辨率均为 1mm。图像大小为 32×32 像素。与第一幅医学傅里叶图像[73]相比，质量可以接受。与现代医学 MRI 相比（在商业 1.5T 层析成像仪器上获得）［图 8.9（a）]，图像质量相当。虽然单边 NMR 图像的分辨率较低，但骨骼、肌肉和动脉都能够识别出来。

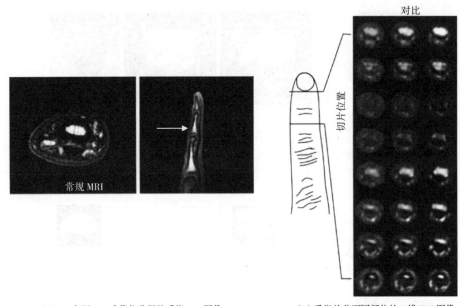

（a）1.5T商用NMR成像仪获得的手指NMR图像　　（b）手指关节不同部位的二维NMR图像

图 8.9　人类手指的 NMR 图像[25]

每个位置的采集时间为 9min，使用了三个对比值，手指放在单边 NMR 磁体的表面线圈中

基于 CPMG 检测的传统 MRI 和单边 MRI 单点成像能够获得相同的对比度和图像质量。如图 8.10（a）所示为一大块生腌肉的测量结果。用单边 NMR 扫描采集 32×32 像素、分辨率为 1mm³ 的图像，用时约 10min[25]。利用的是基于相位编码的单点成像附加 CPMG 回

波串的采集方法。CPMG 回波串的作用有两个：（1）获得对比参数和权重；（2）通过回波叠加增加信噪比[19,71]。通过改变两次扫描之间的重复时间 t_R 获得 T_1 对比。改变 t_R 和回波间隔 t_{EE} 考察了横向弛豫和纵向弛豫权重对图像对比的影响［图 8.10（b）］（见第 5 章）。由于开放式传感器具有很强的磁场梯度，长 t_{EE} 可增强可动水分子的横向磁化矢量衰减中的扩散权重。利用短 t_R 和长 t_{EE} 能够将肌肉和脂肪之间的差异放大，即增强脂肪信号、压制肌肉信号。肌肉和脂肪的 T_1 约为 400ms 和 250ms。

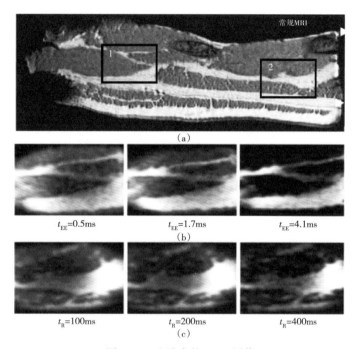

图 8.10 生腌肉的 NMR 图像

（a）临床 MRI 获得的腌肉的 NMR 图像；（b）CPMG 脉冲序列前面的自旋回波加权 T_2 对比随回波间隔 t_{EE} 的变化，测量位置为传统图像中的区域 1；（c）T_1 对比随等待时间 t_R 的变化，测量位置为（a）中的区域 2

利用该方法还获得了老鼠头部的相同质量的图像[26]。但传感器在深度方向上产生的高梯度只能得到平行传感器表面的很薄的切片。为了减小测量时间，需要匀场技术降低磁场梯度来增加切片厚度。设计和建立足够均匀的磁场[74]，就能够利用平面线圈脉冲梯度场[75-76]在三个空间方向上进行频率编码。这样的传感器最终能够用于偏远地区或救护车上，帮助中风患者急救。

8.5 小结

单边 NMR 在人类活体皮肤研究中具有广阔的应用前景，特别是几分钟就能完成 $10\mu s$ 分辨率的深度维剖面测量。其他应用包括：临床皮肤治疗、皮肤药物管理、过敏研究、伤口愈合和护肤产品开发。单边 NMR 可在治疗之前评估皮肤的状态，帮助选择独特的皮肤护理程序，并透过绷带监测治疗过程。肌腱和肌肉相对较难研究，信号的方向依赖性测量需要很长时间。目前，参数加权对比方法的应用并未完全挖掘出来，然而不具备侧向分辨能力的单边 NMR 就已经具有了很高的医学诊断价值，而且所提供的信息已经与超声波测量处于同一水平。NMR-MOUSE 的空间选择性可以结合脉冲梯度场技术得到提升，对厚度小于敏感区的结构进行更好地分析，例如改善肌腱研究的质量。在足够均匀的磁场中进行脉冲梯度场成像更有吸引力，这样的移动型 MRI 传感器最终能够装配于救护车或低预算医疗条件中。单边 NMR 成像可能会经历与传统医学成像相似的演化进程，并在几年内作为常规检查的工具出现在普通医生诊室中，用于皮肤、关节和韧带诊断，与专用的 MRI 扫描仪展开竞争。

参 考 文 献

［1］Oppelt A（ed）（2006）Imaging systems for medical diagnostics. Publicis Corporate Publishing, Erlangen

［2］Jackson JA, Burnett LJ, Harmon JF（1980）Remote（inside-out）NMR. 3. Detection of nuclear magnetic-resonance in a remotely produced region of homogeneous magnetic-field. J Magn Reson 41（3）：411-421

［3］Ferguson J（2001）The promise of portable MRI. Eng Sci 2：29-33

［4］Esaote S. p. A. Via Siffredi 58, 16153 Genova, Italy. www. esaote. com

［5］Odin Medical Technologies Inc. Coal Creek Circle, Louisville, CO. www. odinmed. com

［6］MagneVu. Carlsbad, CA. www. magnevu. com.

［7］Rokitta M, Rommel E, Zimmermann U, Haase A（2000, Nov）Portable nuclear magnetic resonance imaging system. Rev Sci Instrum 71（11）：4257-4262

［8］Trequattrini A, Coscia G, Pittaluga S（2000）Double-cavity open permanent magnet for dedicated MRI. IEEE Trans Appl Supercond 10：756-758

［9］Kose K（2006）Compact MRI for chemical engineering. In：NMR in chemical engineering. Wiley-VCH, Weinheim

［10］Kose K, Matsuda Y, Kurimoto T, Hashimoto S, Yamazaki Y, Haishi T, Utsuzawa S, Yoshioka H, Okada S, Aoki M, Tsuzaki T（2004, Aug）Development of a compact MRI system for trabecular bone volume fraction measurements. Magn Reson Med 52（2）：440-444

［11］Iita N, Handa S, Tomiha S, Kose K（2007, Feb）Development of a compact MRI system for measuring the trabecular bone microstructure of the finger. Magn Reson Med 57（2）：272-277

［12］Zur Y（2004, Nov）An algorithm to calculate the NMR signal of a multi spin-echo sequence with relaxation and spin-diffusion. J Magn Reson 171（1）：97-106

［13］Blank A, Alexandrowicz G, Muchnik L, Tidhar G, Schneiderman J, Virmani R, Golan E（2005, July）Miniature self-contained intravascular magnetic resonance（IVMI）probe for clinical applications. Magn Reson Med 54（1）：105-112

［14］Schneiderman J, Wilensky RL, Weiss A, Samouha E, Muchnik L, Chen-Zion M, Ilovitch

M，Golan E，Blank A，Flugelman M，Rozenman Y，Virmani R（2005，June）Diagnosis of thin-cap fibroatheromas by a self-contained intravascular magnetic resonance imaging probe in ex vivo human aortas and in situ coronary arteries. J Am Coll Cardiol 45（12）：1961-1969

［15］Mitchell J，Blümler P，McDonald PJ（2006，July）Spatially resolved nuclear magnetic resonance studies of planar samples. Prog Nucl Magn Reson Spectrosc 48（4）：161-181

［16］Blümich B，Perlo J，Casanova F（2008，May）Mobile single-sided NMR. Prog Nucl Magn Reson Spectrosc 52（4）：197-269

［17］Eidmann G，Savelsberg R，Blümler P，Blümich B（1996，Sep）The NMR mouse, a mobile universal surface explorer. J Magn Reson Ser A 122（1）：104-109

［18］Blümich B，Anferov V，Anferova S，Klein M，Fechete R，Adams M，Casanova F（2002，Dec）Simple NMR-mouse with a bar magnet. Concepts Magn Reson 15（4）：255-261

［19］Perlo J，Casanova F，Blümich B（2005，Sep）Profiles with microscopic resolution by singlesided NMR. J Magn Reson 176（1）：64-70

［20］Haken R，Blümich，B（2000）Anisotropy in tendon investigated in vivo by a portable NMR scanner，the NMR-mouse. J Magn Reson 144：195-199

［21］Miltner O，Schwaiger A，Schmidt C，Bucker A，Kölker C，Siebert CH，Zilkens KW，Niethard FU，Blümich B（2003，Mar）Portable NMR-mouse（r）：a new method and its evaluation of the Achilles tendon. Z Orthop Ihre Grenzgeb 141（2）：148-152

［22］Navon G，Eliav U，Demo DE，Blümich B（2007，Feb）Study of order and dynamic processes in tendon by NMR and MRI. J Magn Reson Imaging 25（2）：362-380

［23］Guthausen A，Zimmer G，Eymael R，Schmitz U，Blümler P，Blümich B（1998）Soft-matter relaxation by the NMR-MOUSE. In：Spatially resolved magnetic resonance. Wiley-VCH，Weinheim

［24］Casanova F，Perlo J，Blümich B（2005）Depth profiling by single-sided NMR. In：NMR in chemical engineering. Wiley-VCH，Weinheim

［25］Blümich B，Kölker C，Casanova F，Perlo J，Felder J（2005）Kernspintomographie für medizin und materialforschung：Ein mobiler und offener kernspintomograph. Phys Unserer Zeit 36：236-242

［26］Goga NO，Pirnau A，Szabo L，Smeets R，Riediger D，Cozar O，Blümich B（2006，Aug）Mobile NMR：applications to materials and biomedicine. J Optoelectron Adv Mater 8（4）：1430-1434

［27］Perlo J，Casanova F，Blümich B（2006）Advances in single-sided NMR. In：Modern magnetic resonance. Springer，Berlin

［28］Ruhli FJ，Boni T，Perlo J，Casanova F，Baias M，Egarter E，Blümich B（2007，July）Non-invasive spatial tissue discrimination in ancient mummies and bones in situ by portable nuclear magnetic resonance. J Cult Heritage 8（3）：257-263

［29］Kruger M，Schwarz A，Blümich B（2007，Feb）Investigations of silicone breast implants with the NMR-mouse. Magn Reson Imaging 25 (2): 215-218

[30] Richard S, Querleux B, Bittoun J, Idyperetti I, Jolivet O, Cermakova E, Leveque JL (1991, July) In vivo proton relaxation-times analysis of the skin layers by magnetic-resonance imaging. J Invest Dermatol 97 (1): 120-125

[31] Richard S, Querleux B, Bittoun J, Jolivet O, Idyperetti I, Delacharriere O, Leveque JL (1993, May) Characterization of the skin in vivo by high-resolution magnetic-resonance-imaging - water behavior and age-related effects. J Invest Dermatol 100 (5): 705-709

[32] Querleux B, Richard S, Bittoun J, Jolivet O, Idyperetti I, Bazin R, Leveque JL (1994, July) In-vivo hydration profile in skin layers by high-resolution magnetic-resonance-imaging. Skin Pharmacol 7 (4): 210-216

[33] Mirrashed F, Sharp JC (2004, Aug) In vivo morphological characterisation of skin by MRI micro-imaging methods. Skin Res Technol 10 (3): 149-160

[34] McDonald PJ (1997, Mar) Stray field magnetic resonance imaging. Prog Nucl Magn Reson Spectrosc 30: 69-99

[35] Bennett G, Gorce JP, Keddie JL, McDonald PJ, Berglind H (2003, Apr) Magnetic resonance profiling studies of the drying of film-forming aqueous dispersions and glue layers. Magn Reson Imaging 21 (3-4): 235-241

[36] Dias M, Hadgraft J, Glover PM, McDonald PJ (2003, Feb) Stray field magnetic resonance imaging: a preliminary study of skin hydration. J Phys D Appl Phys 36 (4): 364-368

[37] Backhouse L, DiasM, Gorce JP, Hadgraft K, McDonald PJ, Wiechers JW (2004, Sep) Garfield magnetic resonance profiling of the ingress of model skin-care product ingredients into human skin in vitro. J Pharm Sci 93 (9): 2274-2283

[38] McDonald PJ, Akhmerov A, Backhouse LJ, Pitts S (2005, Aug) Magnetic resonance profiling of human skin in vivo using garfield magnets. J Pharm Sci 94 (8): 1850-1860

[39] Doughty P, McDonald PJ (2006) Drying of coatings and other applications with GARField. In: NMR in chemical engineering. Wiley-VCH, Weinheim

[40] Eymael R (2001) Methoden und Anwendungen der Oberflächen - NMR: Die NMR - MOUSE. PhD thesis, RWTH Aachen University

[41] Heller F, Schwaiger A, Eymael R, Schulz-Wendtland R, Blümich B (2005, Oct) Measuring the contrast-enhancement in the skin and subcutaneous fatty tissue with the NMR-mouse (r): a feasibility study. Rofo-Fortschr Geb Der Röntgenstr Bildgeb Verfahr 177 (10): 1412-1416

[42] Schwaiger A (2002) Biomedizinische Anwendungen der NMR - MOUSE. PhD thesis, RWTH, Aachen University

[43] Heywang-Köbrunner SH (1990) Contrast-enhanced MRI of the breast. Karger-Verlag, Basel

[44] Henkelman RM, Stanisz GJ, Kim JK, Bronskill MJ (1994, Nov) Anisotropy of NMR properties of tissues. Magne Reson Med 32 (5): 592-601

[45] Xia Y (1998, June) Relaxation anisotropy in cartilage by NMR microscopy (μm MRI) at 14-μm resolution. Magn Reson Med 39 (6): 941-949

[46] Xia Y (1998) Relaxation anisotropy as a possible marker for macromolecular orientations in carticular cartilage. In: Spatially resolved magnetic resonance, vols 351-362. Wiley-VCH, Weinheim

[47] Xia Y, Moody JB, Alhadlaq H (2002, Sep) Orientational dependence of t-2 relaxation in articular cartilage: a microscopic MRI (mu MRI) study. Magn Reson Med 48 (3): 460-469

[48] Fechete R, Demco DE, Blümich B (2002, July) Segmental anisotropy in strained elastomers by h-1 NMR of multipolar spin states. Macromolecules 35 (16): 6083-6085

[49] Fechete R, Demco DE, Blümich B (2003, Nov) Parameter maps of h-1 residual dipolar couplings in tendon under mechanical load. J Magn Reson 165 (1): 9-17

[50] Fechete R, Demco DE, Blümich B, Eliav U, Navon G (2003, May) Anisotropy of collagen fiber orientation in sheep tendon by h-1 double-quantum-filtered NMR signals. J Magn Reson 162 (1): 166-175

[51] Fechete R, Demco DE, Eliav U, Blümich B, Navon G (2005, Dec) Self-diffusion anisotropy of water in sheep Achilles tendon. NMR Biomed 18 (8): 577-586

[52] Wellen J, Helmer KG, Grigg P, Sotak CH (2004, Sep) Application of porous-media theory to the investigation of water ADC changes in rabbit Achilles tendon caused by tensile loading. J Magn Reson 170 (1): 49-55

[53] Kastelic J, Galeski A, Baer E (1978) Multicomposite structure of tendon. Connect Tissue Res 6 (1): 11-23

[54] Fullerton GD, Cameron IL, Ord VA (1985) Orientation of tendons in the magnetic-field and its effect on t2 relaxation-times. Radiology 155 (2): 433-435

[55] Erickson SJ, Cox IH, Hyde JS, Carrera GF, Strandt JA, Estkowski LD (1991 Nov) Effect of tendon orientation on MR imaging signal intensity-a manifestation of the magic angle phenomenon. Radiology 181 (2): 389-392

[56] Timins ME, Erickson SJ, Estkowski LD, Carrera GF, Komorowski RA (1995, July) Increased signal in the normal supraspinatus tendon on MR-imaging-diagnostic pitfall caused by the magic-angle effect. Am J Roentgenol 165 (1): 109-114

[57] Chenevert TL, Brunberg JA, Pipe JG (1990, Nov) Anisotropic diffusion in human white matter-demonstration with MR techniques in vivo. Radiology 177 (2): 401-405

[58] Basser PJ, Mattiello J, Lebihan D (1994, Jan) Diffusion tensor spectroscopy and imaging. Biophys J, 66 (1): 259-267

[59] Knauss R, Schiller J, Fleischer G, Karger J, Arnold K (1999, Feb) Self-diffusion of water in cartilage and cartilage components as studied by pulsed field gradient NMR. Magn Reson Med 41 (2): 285-292

[60] Wiesmath A, Filip C, Demco DE, Blümich B (2002, Jan) NMR of multipolar spin states

excitated in strongly inhomogeneous magnetic fields. J Magn Reson 154 (1): 60-72

[61] Wiesmath A, Filip C, Demco DE, Blümich B (2001, Apr) Double-quantum-filtered NMR signals in inhomogeneous magnetic fields. J Magn Reson 149 (2): 258-263

[62] Mlynarik V, Szomolanyi P, Toffanin R, Vittur F, Trattnig S (2004, Aug) Transverse relaxation mechanisms in articular cartilage. J Magn Reson 169 (2): 300-307

[63] McDonald PJ, Newling B (1998, Nov) Stray field magnetic resonance imaging. Rep Prog Phys 61 (11): 1441-1493

[64] Guthausen A, Zimmer G, Blümler P, Blümich B (1998, Jan) Analysis of polymer materials by surface NMR via the mouse. J Magn Reson 130 (1): 1-7

[65] Blümich B, Blümler P, Eidmann G, Guthausen A, Haken R, Schmitz U, Saito K, Zimmer G (1998, June) The NMR-mouse: construction, excitation, and applications. Magn Reson Imaging 16 (5-6): 479-484

[66] Klein M, Fechete R, Demco DE, Blümich B (2003, Oct) Self-diffusion measurements by a constant-relaxation method in strongly inhomogeneous magnetic fields. J Magn Reson 164 (2): 310-320

[67] Alhadlaq HA, Xia Y (2004, Nov) The structural adaptations in compressed articular cartilage by microscopic MRI (μm MRI) T2 anisotropy. Osteoarthr Cartil 12 (11): 887-894

[68] Emid S, Creyghton JHN (1985) High-resolution NMR imaging in solids. Physica B Physica C, 128 (1): 81-83

[69] Balcom BJ, MacGregor RP, Beyea SD, Green DP, Armstrong RL, Bremner TW (1996, Nov) Single-point ramped imaging with T-1 enhancement (sprite). J Magn Reson Ser A 123 (1): 131-134

[70] Casanova F, Blümich B (2003, July) Two-dimensional imaging with a single-sided NMR probe. J Magn Reson 163 (1): 38-45

[71] Casanova F, Perlo J, Blümich B, Kremer K (2004, Jan) Multi-echo imaging in highly inhomogeneous magnetic fields. J Magn Reson 166 (1): 76-81

[72] Perlo J, Casanova F, Blümich B (2004, Feb) 3D imaging with a single-sided sensor: an open tomograph. J Magn Res 166 (2): 228-235

[73] Edelstein WA, Hutchison JMS, Johnson G, Redpath T (1980) Spin warp NMR imaging and applications to human whole-body imaging. Phys Med Biol 25 (4): 751-756

[74] Perlo J, Casanova F, Blümich B (2007, Feb) Ex situ NMR in highly homogeneous fields: H-1 spectroscopy. Science 315 (5815): 1110-1112

[75] Godward J, Ciampi E, Cifelli M, McDonald PJ (2002, Mar) Multidimensional imaging using combined stray field and pulsed gradients. J Magn Reson 155 (1): 92-99

[76] Paulsen JL, Bouchard LS, Graziani D, Blümich B, Pines A (2008) Volume-selective magnetic resonance imaging using an adjustable, single-sided, portable sensor. Proc Natl Acad Sci USA 105 (52): 20601-20604

9 材料科学和文化遗产中的应用

NMR 丰富多样的技术使其成为医学、化学和材料学中非常有价值的研究工具[1-3]。虽然单边 NMR 较难获得高分辨率波谱，而且与超导磁体 NMR 相比来说敏感度较低，但单边 NMR 采用开放式磁体结构，是一种完全无损的检测技术[4-5]。首个 "U" 形磁体单边 NMR 传感器设计为测量靠近传感器表面物体的性质。对该磁体结构的改进使其获得了空间定位分辨能力，实现的方法有：（1）利用传感器静态梯度场获得深度方向定位能力；（2）给磁体装配梯度线圈获得侧向定位能力。在传统单边 NMR 传感器的非均匀磁场中很难进行波谱测量，因此主要用自旋密度和弛豫时间参数表征材料性质。自旋密度反映的是敏感区内氢核的数量，可用于指示材料的非均匀性和孔隙度。纵向和横向弛豫时间（T_1 和 T_2）用于探测样品内部的分子移动能力。这些信息往往和样品的宏观机械性质有密切关系，因此弛豫时间可作为质量控制参数用于产品生产控制。CPMG 脉冲序列是测量横向弛豫时间的最快方法，绝大多数情况下采用这种测量方式。但是梯度磁场中的 CPMG 回波串衰减信号并不完全由横向弛豫时间控制，其衰减时间常数称为有效横向弛豫时间 $T_{2\text{eff}}$。静磁场 B_0 和射频场 B_1 的非均匀性造成偏共振效应，扳转角度的分布导致沿 z 轴磁化量不能完全扳转至横向平面上，所测量得到的信号衰减中含有 T_1 的固有贡献（见第 2 章）。

本章介绍如何利用单边 NMR 传感器测量得到的弛豫时间和自旋密度来描述不同材料，这些材料包括弹性体、半晶态聚合物和绘画涂层。此外，高精度空间定位单边 NMR 也有许多应用，例如：描述多层结构、探测材料失效和监测溶剂侵入高分子材料的过程。

9.1 弹性体

弹性体具有较软的机械性质，有着非常广泛的工业应用，例如轮胎、密封和管道[6]。这些材料包括玻璃相变温度（此时发生交联作用形成网络结构）低于环境温度时的聚合物。因为分子链的移动性很大程度上依赖于分子的移动性[7-10]，利用 NMR 弛豫时间测量可检测是否存在交联作用。基于固体横向弛豫时间 T_2 对偶极耦合强度敏感的事实，可动分子的偶极耦合作用被部分均化（均化程度取决于分子运动的时间尺度和几何路径），使 T_2 变长。但是，如果聚合物骨架发生交联作用，分子移动能力受阻，则均化作用变弱使弛豫时间变短。T_2 对分子运动敏感这一性质还使其成为探测给定温度下的材料老化和橡胶品内部应力的有效参数。下面以实例说明如何利用单边 NMR 技术测量交联密度、跟踪老化过程、探测材料失效和测量橡胶制品的载荷分布。

9.1.1 交联密度

交联密度是确定聚合物机械性质的关键参数之一[6]。交联作用发生在固化过程中，通常添加硫来连接聚合物链形成网络[11]。当聚合物承受应力或发生不可逆变形时，要避免聚合物链松脱。传统的交联密度确定方法基于拉伸或剪切的机械变形测试[12]。但是，这些方法是破坏性的，而且不能提供关于样品内部的交联密度空间分布信息。单边 NMR 是一种无损检测技术，对交联密度的变化敏感，结合 NMR 成像技术还能解决材料内部的非均匀性问题[13]。

为了建立 NMR 测量得到的弛豫时间与材料属性之间的相关关系，准备了硫含量为 2～5phr❶ 的四个天然样品。利用门尼·里夫林（Mooney-Rivlin）近似法[14]确定了所有样品的交联密度，在硫化过程中监测剪切模量来测量应力—应变的相关性。如图 9.1（a）所示为得到的交联密度与硫含量的关系。这两种方法得到的交联密度均保持线性增加。两条曲线的差异产生的原因在于：流变学在动态变形频率下探测剪切模量，而应力—应变法在零频率条件下测量弹性模量。

利用基于条形磁体的 NMR-MOUSE 对这组样品进行了 CPMG 测量分析。CPMG 回波串包含 512 个回波，$t_E = 0.1\text{ms}$，进行 100 次测量叠加平均来改善信噪比。虽然样品的 T_1 约为 50ms，测量循环延迟还是设定为 3.5s 来避免由于 RF 线圈功率损耗造成的样品温度上升。弹性体测量时必须保持样品温度恒定，因为分子移动性及其对应的横向弛豫时间对温度非常敏感。确定温度是否恒定的简单方法为：在同一位置连续地对样品进行相同的 CPMG 测量。如果发现弛豫时间随实验次数的增加而增加，则样品的温度正在升高，需加大测量循环延迟时间。为了减少对样品的加热效果，还可在 RF 线圈和样品之间引入气流降温，通过将样品与线圈隔绝来帮助带走产生的热量。

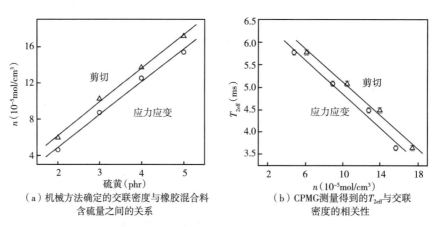

（a）机械方法确定的交联密度与橡胶混合料含硫量之间的关系

（b）CPMG测量得到的 $T_{2\text{eff}}$ 与交联密度的相关性

图 9.1　不同方法测得的交联密度关系

图 9.1（b）显示了 $T_{2\text{eff}}$ 与利用机械方法确定的交联密度之间的关系。$T_{2\text{eff}}$ 通过广延指数方程拟合回波衰减信号得到。在所观测的范围内，$T_{2\text{eff}}$ 与交联密度呈线性关系。利用该刻度关系就能确定任意尺寸样品不同侧向位置上的交联密度。在许多情况下，垂直样品表面的方向上会出现交联密度的非均匀性，其原因可能是在硫化过程中出现了温度的不均匀

---

❶ phr 表示每一百份中添加的含量。

分布。利用 Profile NMR-MOUSE[15] 传感器能够更好地识别这种非均匀性。这类传感器的信号来自一个很薄的平面敏感区，在缓慢向样品内部移动的过程中进行测量，能够获得样品深度方向上的剖面信息（见第 5 章）。

图 9.2（a）为 5mm 厚的弹性体样品的 T_{2eff} 测量剖面。其中一个样品在恒定温度下测量，另一个样品在硫化过程中引入了温度梯度（线性温度变化）。在图中可以看到，在恒定温度下测得的样品的 T_{2eff} 在整个样品范围内都是一致的，而具有温度梯度的样品的 T_{2eff} 在低固化温度一侧明显增大。这是由于较低温度下的固化率较低，交联程度也较低。

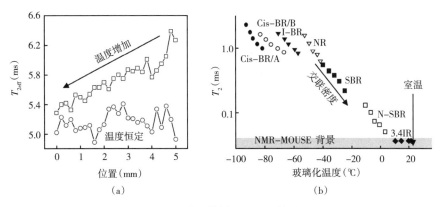

图 9.2 弹性体样品的测量结果

（a）橡胶样品的深度维 T_{2eff} 剖面。其中一个样品在恒温下测量，另一个样品在固化过程中引入温度梯度。温度梯度引起的交联密度变化在 T_{2eff} 上有所反映。低固化温度一侧的 T_{2eff} 较高，对应低交联密度。（b）不同橡胶样品的 T_2（Hahn 回波序列）与玻璃相变温度的相关性

由于交联作用改变了聚合物链的移动性，玻璃相变温度 T_g 同样受交联密度影响。Herrman 等[16]考察了大量聚合物的玻璃相变温度 T_g 对 T_2 的影响，所选样品具有不同空间位阻的侧基团和不同的交联密度。T_2 利用 NMR-MOUSE 在室温下测量 Hahn 回波衰减得到，而 T_g 通过动态热机械分析法确定。如图 9.2（b）所示为 T_2 与 T_g 之间的关系。随着 T_g 的增大，材料可动性变差，造成 T_2 的减小。对于一种确定的聚合物样品来说，弛豫时间与交联密度的相关性为一条直线，而对于多种不同聚合物组合来说并非如此，表明交联密度的变化对于玻璃相变的影响方式与侧基的空间位阻影响方式大不相同。

9.1.2 老化

弹性体在其生命周期中经历老化过程。老化过程源于材料本身的化学物理性质变化，并经常改变分子链网络的可动性，这种变化可利用 NMR 弛豫时间测量来探测[17-20]。化学老化由自由基或氧元素对聚合物主链的攻击引起，可产生分子链断裂或额外交联作用[12]。老化的形成可由以下条件触发：高温、高臭氧含量或暴露在光或紫外线（UV）辐射下。可利用单边 NMR 传感器测量横向弛豫时间来跟踪材料性质的变化。

图 9.3（a）为 T_{2eff} 与老化时间的关系，考察了两个样品，一个含有酚类防老化剂，另一个不含。二者的 T_{2eff} 最初非常接近，说明防老化剂的计量不足以影响未老化样品的弛

豫。随着老化程度的加深产生了额外的交联作用，二者的 $T_{2\text{eff}}$ 都有所减小，这是分子可动性降低、偶极相互作用加强的结果。在老化开始的前几天内，含有防老化剂样品的弛豫时间减小相对缓慢，证明了防老化剂的作用。经历更长的老化时间后，二者的弛豫时间趋向于相同值，这是由防老化剂的不断消耗造成的。73 天之后，两种配方样品的弛豫时间完全相同，说明防老化剂已经消耗完毕。此外，还可以对不同配方进行研究，考察哪种配方的抗老化性最好。如图 9.3（b）所示为加入特殊添加剂的氟化橡胶在 120℃ 空气中老化前后的 $T_{2\text{eff}}$。可以看出，含有老化保护剂但不含炭黑的 4 号样品具有最高的抗老化性。

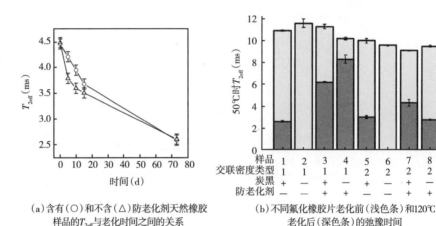

（a）含有（○）和不含（△）防老化天然橡胶样品的 $T_{2\text{eff}}$ 与老化时间之间的关系

（b）不同氟化橡胶片老化前（浅色条）和 120℃ 老化后（深色条）的弛豫时间

图 9.3　测量弛豫时间跟踪材料老化

4 号样品具有最好的抗老化性

为了更好地研究老化机理，进行了剖面 $T_{2\text{eff}}$ 测量[19]。如图 9.4（a）所示为一个天然橡胶样品的 $T_{2\text{eff}}$ 剖面测量结果，采用"加热—氧化"老化法将样品在烤箱 80℃ 条件下进行不同时间的老化。可以看出，即使对于非老化样品，$T_{2\text{eff}}$ 剖面也并非一致。原因是在硫化过程中样品内部存在温差。随着老化时间的变长，整个样品范围内的 $T_{2\text{eff}}$ 降低程度较为一致，但最初的 $T_{2\text{eff}}$ 差异依然存在。这一现象表明：后固化过程并没有像期望的那样在低交联密度区域产生更多交联现象。

利用剖面 NMR 探测技术能将不同老化机制的作用可视化。对两块天然橡胶样品进行了研究，一块在干燥箱 120℃ 下老化 3 天，另一块暴露在 UV 辐射下相同时间。图 9.4（b）为两块老化样品的权重方程剖面，同时给出了未老化样品作为基准。

利用权重方程评价时，将 CPMG 回波串分为两个连续的时间段，分别将各段内的回波幅度相加求和，计算两个和的比值作为弛豫加权自旋密度数 w。当衰减信号具有复杂的时间依赖性时或者当 $T_{2\text{eff}}$ 或最小弛豫组分与 t_E 相当时，这种方法比拟合函数具有更好的效果（无须定义拟合方程）。权重方程定义如下：

$$w(i_i, i_f, j_i, j_f, t_E) = \frac{\displaystyle\sum_{j=j_i}^{j_f} S(jt_E)/(j_f - j_i)}{\displaystyle\sum_{j=j_i}^{j_f} S(it_E)/(i_f - i_i)} \tag{9.1}$$

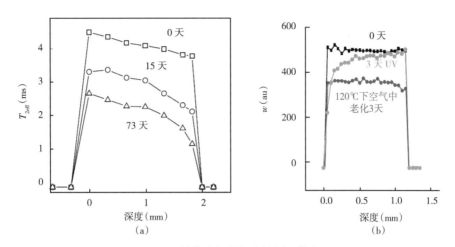

图 9.4 天然橡胶板的深度维剖面信息

（a）在80℃空气中老化：新鲜（□）、15天（○）和73天（△）。整个老化阶段均能观察到不均匀固化
产生的 $T_{2\text{eff}}$ 差异。（b）新鲜、120℃老化和 UV 辐射老化的天然橡胶板的深度维剖面

式中，$S(t)$ 为 t 时刻的信号强度；调整叠加上下限 i_i、i_f、j_i 和 j_f 以获得最佳对比度。

经"加热—氧化"老化后的橡胶在整个样品范围内的弛豫时间下降非常均匀，而 UV 老化的样品却有所不同[21]。在橡胶暴露表面一侧观察到很强的弛豫时间衰减，这个部位产生了大量的自由基原子团，它们攻击聚合物链并产生额外的交联使材料脆化。随着探测深度的增加，弛豫时间按指数规律增大，并逐渐达到与未老化样品一致。这可以解释为聚合物内部的自由基含量具有空间依赖性，并遵守朗伯—比尔（Lambert-Beer）定律[21]。

9.1.3 成像

如第 5 章所述，单边 NMR 传感器装配额外的梯度线圈同样可以测量二维图像[22]。由于自旋密度和弛豫时间等参数可在 NMR 图像中作为对比度，这项技术可用于描述橡胶制品的材料结构、探测材料失效和表征载荷分布[14,19]。为了在合理的时间内获得 NMR 图像，利用纯相位编码脉冲序列后接 CPMG 回波串来增加探测敏感度（见第 5 章）。图 9.5 为利用这项技术监测增强橡胶产品中嵌入的交叉纺织纤维的位置，例如囊式空气弹簧和高性能橡胶管路。

囊式空气弹簧是一种空气压缩橡胶球，用于承载火车或汽车等交通工具车体［图 9.5（a）］。轿车所用囊式空气弹簧［图 9.5（b）］的外壁厚约 2mm，包含 2 层交叉纺织纤维［图 9.5（c）］。纤维间距和层间距均约为 1mm。第 4 章和第 5 章中介绍的单边 NMR 传感器能够在样品壁内进行切片选择成像（厚约 0.2mm）。每个纤维层的二维 NMR 图像的视场为 2cm×2cm，层内分辨率为 0.2mm，单个图像采集时间约为 2 小时［图 9.5（d）］。纺织纤维的信号与橡胶骨架相比可忽略不计，所以纤维在图像中为深色。将二维图像沿纤维的方向映射，就能得到一维投影图像［图 9.5（e）］。从剖面上的最小值就能够获得纤维的高精度定位，进而识别纤维位置上的缺陷。

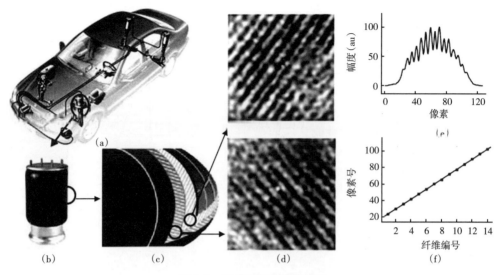

图9.5　材料结构的成像检测

（a）用于智能承载系统中的囊式空气弹簧（b）调节橡胶囊中的气压来控制减震硬度（c）利用交叉纺织纤维
加强的橡胶骨架（d）NMR成像能够分辨出每个纤维层（e）将二维图像沿纤维方向投影可分析出纤维间距
（f）一维剖面确定的纤维位置在空间内成线性分布

　　单边 NMR 成像还可应用于纤维增强橡胶管。如图 9.6（a）所示为一根橡胶管的内层出现了一处缺陷。对此进行层厚为 0.66mm 的单边 NMR 成像，其分辨率为 0.2mm×0.2mm，视场为 4cm×4cm。为了将测量时间缩短至 120min 之内，将检测阶段得到的整个回波串叠加。如图 9.6（b）所示 NMR 图像显示了纺织纤维信息，表明内橡胶层存在一个破洞。此缺陷在侧向上的延伸可利用二维图像描绘，而在管壁方向上的延伸可用不同深度位置处的切片选择成像描绘。

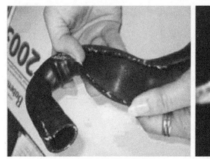

（a）纤维增强橡胶管的照片　　（b）高精度分辨率（0.2mm×0.2mm）
　　　　　　　　　　　　　　　　　NMR获得的横切面图

图9.6　材料失效分析

失效部位位于内橡胶层，发生在生产过程中。图像在揭示材料缺陷的同时也显示了纺织纤维

　　除了在材料结构和材料失效方面的分析应用之外，基于温度和张力对弛豫时间的影响，NMR 成像还可以提供这类物理参数的信息。这对于在橡胶部件设计过程中识别临界

高张力非常有用，因为橡胶部件在使用过程中往往要承受一定的载荷。与之前将自旋密度作为对比参数的检测材料失效相比，弹性体网络内部的张力是通过弛豫时间的变化来反映的。如图9.7（a）所示，一块橡胶条带在不同伸长率条件下的 CPMG 衰减信号（对应 T_{2eff}）几乎没有差异。图中的 $\lambda = l/l_0$ 为伸长率，l 是拉长状态下的长度，l_0 是初始长度。但是，在伸长率增加时，利用 Hahn 回波衰减观察到弛豫时间很快降低［图9.7（b）］。当用第5章中的脉冲序列获得二维图像时，可在编码阶段利用回波间隔 t_{EE} 控制 T_{2Hahn} 的对比度，将检测阶段测得的所有回波相加来改善信噪比。本例中将 t_{EE} 设置为 1.5ms 来获得最大对比度。通过对 λ 刻度，像素密度可直接转化为伸长率。但对于单边 NMR 传感器来说，还必须考虑 B_1 非均匀性和由于拉伸引起的敏感区样品量的变化。这可以通过将测量图像与短编码时间获得的图像进行归一化来实现。因为短编码时间条件下，不同伸长率在 Hahn 回波强度上的差异最小。

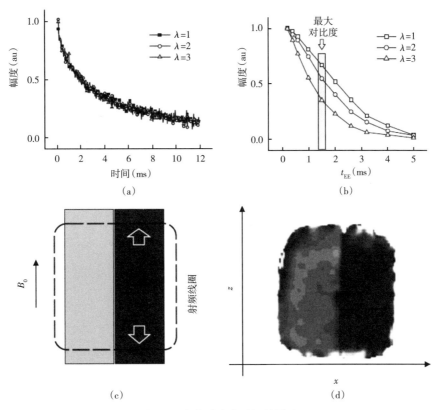

图 9.7　张力对弛豫时间的影响

利用 CPMG（a）和 Hahn（b）回波脉冲序列测量不同伸长率橡胶制品得到的衰减信号。Hahn 回波序列的回波间隔设置为 1.5ms 时获得最大对比度。（c）样品结构示意图。两个橡胶条带（一个拉长，一个松弛）放置在传感器敏感区域内。（d）编码时间为 1.5ms 和 0.5ms 时获得的两幅 NMR 图像揭示出橡胶带被拉长了

　　图 9.7（c）为考察利用这种方法检测材料拉伸的实验装置图。样品由两个橡胶条带组成（10mm 宽），二者紧靠在一起并与 B_0 方向平行放置。右侧橡胶被拉长（$\lambda = 3$），而

左侧橡胶不受力。如图 9.7（d）所示为利用归一化方法得到的图像。视场大小为 30mm×30mm，长编码时间设置为 1.5ms 来获得最大对比度，短编码时间受梯度脉冲长度限制，设置为最小值 0.5ms。被拉长的橡胶条带的 T_2 更短，显示为深色图像。但是与之前的例子不同，橡胶部件所受应力可能来自不同方向。在此情况下，T_2 的方向依赖性可用于确定应力的方向，这通过在与 B_0 成不同的方向上进行成像测量来实现。

该实验结果表明单边 NMR 适用于橡胶材料研究。通过与基准数据刻度，横向弛豫时间可直接与交联密度建立相关性。剖面 NMR 技术可获得交联密度的均匀性信息，研究不同的老化机制机理。此外，单边 NMR 传感器装配梯度线圈还可识别材料失效和监测橡胶材料的载荷分布。这些信息在橡胶产品设计过程和质量控制中具有很高的应用价值。

9.2 硬聚合物

20 世纪下半叶，硬聚合物市场经历了惊人地增长。以前使用金属制造的器件越来越多地开始利用聚合物制造。聚氯乙烯（PVC）和聚乙烯（PE）管材具有重要的市场价值，它们的状态评估对于产品质量优化和寿命预测具有重要意义。单边 NMR 在该领域有很大优势，因为它是无损的，而且对聚合物形态的变化非常敏感[23-28]。另一方面，由于硬聚合物的刚性链表现出非常短的 $T_{2\mathrm{eff}}$，对它的检测要比弹性体更有挑战。采用多回波脉冲序列时，单边 NMR 传感器探测特定时间窗内的回波信号，因此能采集到的数据点十分有限。但是，通过搭建具有更短死区时间的 RF 探头，在信号衰减过程中能够采集到更多的回波，可改善数据评价的准确性。

用来生产管材的 PE 材料是一种半晶体聚合物，由结晶相（有序聚合物链）和连续非晶相（无序聚合物链）组成。这两相具有不同的形态，在横向磁化矢量衰减信号中出现两种弛豫时间，A_{short} 对应刚性结晶相，A_{long} 对应移动性更强的非晶相。利用如下双指数方程拟合 CPMG 回波串：

$$S(t) = A_{\mathrm{short}} \exp\left(\frac{-t}{T_{2\mathrm{eff,short}}}\right) + A_{\mathrm{long}} \exp\left(\frac{-t}{T_{2\mathrm{eff,long}}}\right) \tag{9.2}$$

定义 NMR 结晶度为 $\alpha_{\mathrm{NMR}} = A_{\mathrm{short}} / (A_{\mathrm{short}} + A_{\mathrm{long}})$。因为 NMR 探测分子的移动性，而不是材料的有序结构状态，所以该参数与 X 光散射测量得到的不同。NMR 结晶度还包含构成结晶相和非晶相界面的那部分分子。经过正确的刻度之后，α_{NMR} 可用于监测生产、退火和老化过程中发生的聚合物形态变化。此外，还可以在物体不同深度、不同侧向位置测量这些信息，以获得其空间分布。如图 9.8（a）所示为 PE 管材的 NMR 结晶度与深度的关系[26]。可以看出，结晶度随深度的增加而增加。这是将融化状态的聚合物挤入管材模具之后受冷却作用形成的。冷却过程的温度差使管壁内外具有不同的结晶度。

利用单边 NMR 不但可以研究不同深度上的材料性质变化，改变传感器位置还能测量侧向上的变化[28]。这时的空间分辨率由敏感区侧向大小决定，主要取决于 RF 线圈的尺寸。据此，利用如图 9.8（b）所示实验方案对 PE 管材内圆周进行了研究。将一个单边"U"形 MOUSE 放置在 PE 管内部。为了对管材做扫描，将 MOUSE 传感器固定，利用步

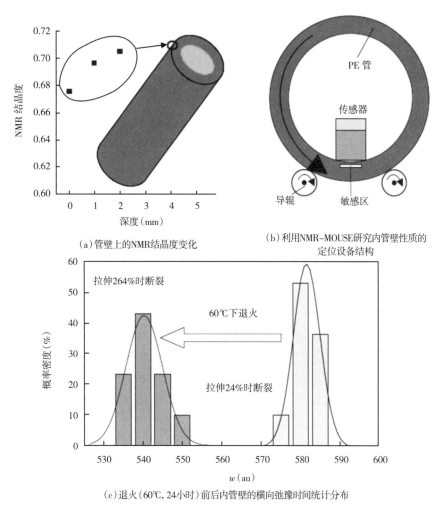

（a）管壁上的NMR结晶度变化　　　（b）利用NMR-MOUSE研究内管壁性质的
　　　　　　　　　　　　　　　　　　　　　定位设备结构

（c）退火（60℃，24小时）前后内管壁的横向弛豫时间统计分布

图 9.8　利用 NMR-MOUSE 测量 PE 管材
退火改变了 PE 材料的结构形态，进而影响其机械性质的动态范围

进电机旋转管材。传感器沿管材内圆周运动的同时进行测量获得二维图像。运用逐点法对一个 10cm×10cm 的矩阵区域进行了测量，两个方向上的步长均为 1cm。分别在退火（60℃，24 小时）前后进行扫描测量。利用类似式（9.1）的权重方程分析 CPMG 回波串。将回波串的前一部分（对应于结晶相）相加，再除以长组分回波串（对应于非晶相）之和，将得到的参数 w 用聚合物结晶度标定。退火前后的数据呈现的统计规律如图 9.8（c）所示。可以看出，即使在低于玻璃相变稳定 55℃ 的情况下也对聚合物形态产生了重要影响。这表明单边 NMR 仪器可探测聚合物形态变化。此外，在远低于玻璃相变温度的条件下探测到的形态变化说明，在预测这类半晶体聚合物的寿命（将高温下的结果外推至工作温度）时，必须谨慎考虑能够加速老化的环境因素。

　　单边 NMR 的剖面测量能力在研究硬聚合物的多层结构时也非常有用。例如混凝土墙壁经常用聚合物层包裹，以保护混凝土不被腐蚀和降解。如图 9.9 所示为一种四层水泥涂料抹面的剖面测量结果，这四层分别为：砂层外表面、混砂聚氨酯层、纯弹性聚氨酯层和环氧树脂层[29]。不同的材料层可在信号幅度［图 9.9（a）］和弛豫时间［图 9.9（b）］曲线上区分开来。两个聚氨酯层显示出了相同的 T_{2eff}，而其中混砂层的信号幅度较低，由此得到砂与聚氨酯材料各自所占比例。

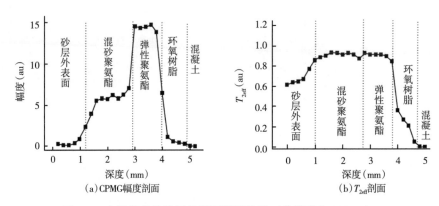

（a）CPMG幅度剖面　　　　　　　　（b）T_{2eff}剖面

图 9.9　水泥样品外涂层的剖面测量结果（分辨率为 200μm）

结果表明，NMR-MOUSE 适用于研究橡胶和处于玻璃相变温度以下的半结晶质聚合物。特别地，诸如 NMR 结晶度和分段移动性等参数均可用 T_{2eff} 表征，进而与聚合物形态学建立联系。这些参数的平均值和分布特性与处理过程和工作条件相关，可用于产品寿命预测。此外，利用剖面技术研究多层结构还可获得材料性质的空间分布信息。

用于制造外壳、管材、容器和包装的聚合物经常与侵入性流体接触。绝大多数情况下，应将这类侵入限制在最小范围内，以阻止毒性组分释放到容器外部，以及防止发生造成机械强度变弱的聚合物材料形态变化。这类动态过程的动力学可利用第 5 章中的剖面技术无损地观测[15]。其中一个有趣的应用是研究汽油对燃料仓外壁的侵入过程[15,19]。燃料仓外壁通常由多层聚合物结构组成，主要包含一层环保橡胶和一层聚乙烯材料，中间用隔离层隔离并粘接。隔离层可由乙烯—乙烯醇共聚物（EVOH）制成，目的是阻止挥发性组分扩散到外部环境之中。

如图 9.10（a）所示为燃料仓外壁暴露在汽油中不同时间的深度剖面测量结果。由于要在动态侵入的过程中测量，测量时间要足够短，以保证单个剖面信息采集测量过程中的系统变化可以忽略不计。为了克服单边 NMR 传感器敏感度相对较小的问题，将 CPMG 回波串叠加是增加单位时间内信噪比的有效手段。然而，可以合理叠加的回波个数依赖于样品的 T_{2eff} 和可用最小回波间隔。这两个参数同样决定了测量的分辨率，因为分辨率由静磁场梯度决定。正是由于这些不同采集参数之间的相互依赖性，根据特定的应用来选择所需要的最小分辨率是非常关键的。将分辨率增加一倍所需采集时间将增加一个数量级。

本次实验采用 CPMG 脉冲序列，回波时间为 45μs，开窗采集时间为 20μs，能够获得 50μm 的分辨率。将 CPMG 回波串的前 64 个回波叠加，并按位置的不同画出。图中幅度对应的自旋密度是 T_{2eff} 的加权结果。汽油从环保橡胶一侧侵入。随着聚合物中燃料含量的增加，信号幅度快速增加，反映出当聚合物中含有汽油时的 T_{2eff} 发生很大变化。图 9.10（b）

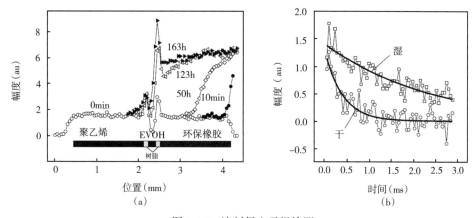

图 9.10　溶剂侵入无损检测

（a）燃料仓外壁暴露在常规标号汽油中不同时间后的深度剖面测量结果。每个数据点为 CPMG 回波串（$t_e =$ 45μs）前 64 个回波幅度之和。标称分辨率为 50μm，开窗采集时间为 20μs，静磁场梯度为 21T/m。在侵入前（0min）的测量剖面结果上可以清晰地区分不同材料层（聚乙烯、树脂、隔离层、树脂、环保橡胶）。汽油由环保橡胶层开始侵入，之后被隔离层阻挡。（b）环保橡胶层的 CPMG 衰减信号，干燥（○）和被侵入后（□）。两条衰减曲线的初始信号幅度较为相近，溶剂的侵入使 T_{2eff} 快速增加

（原文为 9.5b，译者根据上下文做了调整）给出了两个 CPMG 衰减信号，分别来自环保橡胶的干燥位置和湿润位置。曲线用单指数方程进行拟合。衰减信号的初始幅度非常相近，但 T_{2eff} 相差 6 倍：干燥位置为 0.4ms，湿润位置为 2.4ms。T_{2eff} 的增加是由于湿润状态的聚合物链可动性变强，偶极耦合的平均效应更好。溶剂不断侵入，直到到达隔离层为止。经过足够长的时间后，环保橡胶层的信号幅度达到饱和状态，而外部的 PE 层仍然没有变化。注意树脂层和隔离层的 T_{2eff} 有所增加，反映出这两层侵入了一部分溶剂。

　　除了有机溶剂之外，水也可以侵入聚合物。在某些情况下，聚合物专门设计成具有很高的吸水率（例如水凝胶），但在绝大多数情况下是不需要具有这种性质的。在汽车工业中，常用聚合物部件代替车体中的金属部件，以降低车身重量和油耗。由于这些部件暴露在所有气候条件下，水分含量连续变化的同时改变着它们的机械性质，聚合物部件的膨胀还改变部件之间的空隙。利用剖面单边 NMR 技术能够监测这种水侵过程[29]。下面的例子中，使用剖面单边 NMR 技术检测 PVC 材料样品的水侵过程。共研究了室温条件下两种情况：第一种情况为浸泡在水中，第二种为暴露在潮湿环境中。为了在实验之前除去样品中的剩余水分，先将样品在 100℃ 下烘干 48 小时。利用固体回波序列进行剖面测量，回波间隔 30μs，单个回波的开窗采集时间为 6μs，得到的标称分辨率为 200μm。由于样品的 T_2 极短（仅 200μs），只将回波串前 8 个回波叠加来改善信噪比。如图 9.11（a）所示为不同侵入时间下的一系列剖面测量结果。剖面的变化清晰地显示水是如何从样品两侧向中心侵入，并在 65 天之后达到平衡状态的。另一个实验中，将已烘干的样品暴露在潮湿环境中。如图 9.11（b）所示结果中观察到较低的饱和度。与上一个例子相似，幅度的变化是由 T_{2eff} 的改变造成的。但是，T_{2eff} 的变化幅度要小于燃料仓时的情况，燃料仓中吸收的流体量更大。为了获得图中包含的定量信息，对干燥样品、水中饱和样品和暴露在湿度环境中的

样品进行称重。将样品重量与对应的 NMR 幅度之间的关系画出，利用二者之间的线性关系进行刻度。结果显示，甚至能够准确探测到 1% 的含量变化。

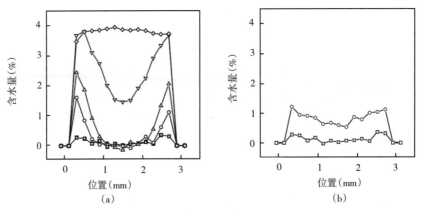

图 9.11　水侵过程监测

（a）片状 PVC 材料的剖面测量结果：干燥（□）和经过 3 天（○）、6 天（△）、27 天（▽）和 65 天（◇）水侵。
65 天之后水侵达到饱和状态。（b）水分含量剖面：干燥（□）和暴露在潮湿环境 4 周（○）后的测量结果

　　这些例子证明，剖面 NMR 技术同样适用于无损检测溶剂对聚合物材料的侵入过程。这对于接触流体或湿润空气的聚合物部件设计具有重要意义。单边 NMR 传感器的移动性和无创性优势使这项技术特别适用于实验室之外的研究和应用。

9.3　文化遗产

　　单边 NMR 技术在文化遗产检测领域有重要应用价值。文化遗产物品具有唯一性，非常需要无损检测技术。此外，文物通常无法运输或者运输需要非常高的成本，因此也非常需要能够带至物品附近的移动设备。单边 NMR 技术已经成功应用于多种不同种类的文化遗产研究，例如：壁画[30]、木乃伊[31]或古代纸张[32-35]。这里介绍将剖面 NMR 技术用于研究古代大师绘画作品，绘画作品的结构和复杂性特别具有挑战性。根据不同的绘画风格，绘画作于木板或画布之上，具有多层结构。为了获得色彩渐变、细节、阴影和高亮等效果，一幅画作上可能涂有多层颜料。在画作干燥之后通常涂上清漆层以保护画作和饱和颜色。

　　对意大利佩鲁贾（Perugia）翁布里亚（Umbria）地区的国家美术馆（Galleria Nazionale）中的众多不同古代大师的绘画作品进行了研究。图 9.12（a）为用于测量绘画不同涂层性质的实验方案，图中所示为真蒂莱·达·法布里亚诺（Gentille da Fabriano）于 1441 年所作的一幅"圣母与圣子（Virgin and Child）"。NMR 传感器放置在可移动桌台上控制深度位置，移动传感器来实现侧向位置的控制。由于两个方向上（上下和左右）的侧向分辨率都约为 1cm（由 RF 线圈尺寸决定），定位精度能够满足要求。此时深度方向上的移动精度需求为 20μm 则更加关键。这通过小心地将升举设备上的亚克力（丙烯酸）平板与画作表面平行对齐来完成，二者间隔 1mm。根据平板与敏感区尺寸的比例关系，平板边缘

0.5mm 的误差等价于敏感区 15μm 的偏移。注意，这里不需要将设备与画作接触。一旦将平板对齐，利用高精度设备将传感器相对于平板移动。如图 9.12 （b） 所示为在两个不同位置进行的深度维剖面测量结果。第一个峰值（0mm 深度）对应于颜料层，其厚度为 130μm；然后为厚度约 800μm 的平缓区域，对应于底漆层。第二个深度 1mm 处的峰值是粘在木质支撑体上面的画布层。

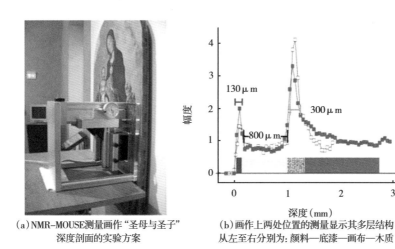

（a）NMR–MOUSE测量画作"圣母与圣子"深度剖面的实验方案

（b）画作上两处位置的测量显示其多层结构从左至右分别为：颜料—底漆—画布—木质

图 9.12　绘画作品多层结构研究

这种"涂层—准备层—画布—木板"的结构在许多绘画作品中都能观察到，例如："圣坛圣图（Altar Frontal）""圣母与圣子""贤士来朝（Adoration of the Magi）"和"圣安东尼奥的三联图（Triptych of Sant′Antonio）"。但是每幅画作的这些层次的厚度却不尽相同。有趣的是，在"贤士来朝"上发现了非常规的画布层厚度。如图 9.13（a）所示，区域①处，薄层底漆后面的画布层厚约 1mm，比其他作品都厚。一个可能的解释为：木质

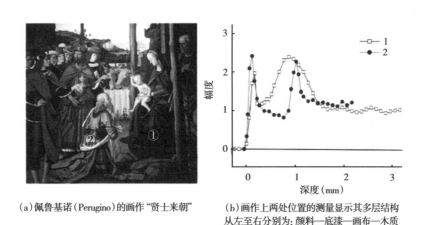

（a）佩鲁基诺（Perugino）的画作"贤士来朝"

（b）画作上两处位置的测量显示其多层结构从左至右分别为：颜料—底漆—画布—木质

图 9.13　绘画作品画布层厚研究

区域①处的画布厚度比其他作品都厚。一个可能的解释为：木质支撑物由多片拼接组成，并使用多层画布进行了加固。在测量点附近发现了这类结合处

支撑物由多片拼接而成，并使用多层画布进行了加固。在测量点附近发现了这类结合处。

对古代大师绘画作品的研究表明，单边 NMR 技术可以以非接触的方式对文化遗产物品进行检测，并得到许多关于其颜料层状结构的新见解。单边 NMR 技术能够区分绘画作品上的不同颜料层结构，并定量确定其厚度，甚至能总结出绘画的制备技术。此外，应用弛豫时间剖面对比能够帮助评估画作的颜料、装裱老化和画作真伪[36]。

参 考 文 献

[1] Ernst RR, Bodenhausen G, Wokaun A (1987) Principles of nuclear magnetic resonance in one and two dimensions. Clarendon Press, Oxford

[2] Blümich B (2000) NMR imaging of materials. Clarendon Press, Oxford

[3] Callaghan PT (1991) Principles of nuclear magnetic resonance microscopy. Clarendon Press, Oxford

[4] Blümich B, Perlo J, Casanova F (2008) Mobile NMR. Progr. Nuc Magn Reson Spec. 52：197-269

[5] Blümich B (2004) NMR-Bildgebung in den Materialwissenschaften, Nordrhein-Westfälische Akademie der Wissenschaften, Vorträge zur 483. Sitzung, Verlag Ferdinand Schäningh, München, pp 33-54

[6] Cowie JMG (1991) Polymers, chemistry and physics of modern materials, 2nd edn. Blackie Academic & Professional, London

[7] Litvinov VM, Dee P (eds) (2002) Spectroscopy of rubber and rubbery materials. Rapra Press, Sheffield

[8] Blümler P, Blümich B (1997) NMR imaging of elastomers：a review. Rubber Chem Tech (Rubber Reviews) 70：468-518

[9] Blümich B, Demco DE (2002) NMR imaging of elastomers. In：Litvinov VM, De PP (eds) Spectroscopy of rubbers and rubbery materials. Rapra Technology Limited, Shawbury, pp 247-289

[10] Blümich B, Blümler P, Gasper L, Guthausen A, Göbbels V, Laukemper-Ostendorf S, Unseld K, Zimmer G (1999) Spatially resolved NMR in polymer science. Macromol. Symp. 141：83-93

[11] Dinges K (1984) Kautschuk und Gummi. In：Batzer H, Polymere Werkstoffe 3. Band Georg Thieme Verlag, Stuttgart, pp 330-387

[12] Gent AN (1992) Engineering with rubber. Carl Hanser Verlag, München

[13] Kolz J, Martins J, Kremer K, Mang T, Blümich B (2007) Investigation of the elastomer-foam production with single-sided NMR, Kautschuk Gummi Kunststoffe 60：179-183

[14] Mooney M (1940) A theory of large elastic deformation. J Appl Phys 11：582.

[15] Perlo J, Casanova F, Blümich B (2005) Profiles with microscopic resolution by single-sided NMR. J Magn Reson 176：64-70

[16] Herrmann V, Unseld K, Fuchs H-B, Blümich B (2002) Molecular dynamics of elastomers

investigated by DMTA and the NMR-MOUSEÒ. Colloid Polym Sci 280: 758-764

[17] Anferova S, Anferov V, Adams M, Fechete R, Schroeder G, Blümich B (2004) Thermooxidative aging of elastomers: a temperature control unit for operation with the NMR-MOUSE® Appl Magn Reson 27: 361-370

[18] Wolter B, Köller E (2001) Prüfung von Elastomeren mit NMR, DGzfP-Jahrestagung, 21-23 May, Berlin

[19] Kolz J, Goga N, Casanova F, Mang T, Blümich B (2007) Spatial localization with single-sided NMR sensors. Appl Magn Reson 32: 171-184

[20] Somers AE, Barstow TJ, Burgar MI, Forsyth M, Hill AJ (2000) Quantifying rubber degradation using NMR. Polym Degrad Stab 70: 31-37

[21] Goga NO, Demco DE, Kolz J, Ferencz R, Haber A, Casanova F, Blümich B (2008) Surface UV aging of elastomers investigated with microscopic resolution by single-sided NMR. J Magn Reson 192: 1-7

[22] Perlo J, Casanova F, Blümich B (2004) 3D imaging with a single-sided sensor: an open tomograph. J Magn Reson 166: 228-235

[23] Blümich B, Casanova F, Perlo J, Anferova S, Anferov V, Kremer K, Goga N, Kupferschläger K, Adams M (2005) Advances of unilateral, mobile NMR in nondestructive materials testing. Magn Reson Imaging 23: 197-201

[24] Blümich B, Casanova F (2006) Mobile NMR. In: Webb GA (ed) Modern magnetic resonance. Springer, Berlin, pp 369-378

[25] Blümich B, Casanova F, Buda A, Kremer K, Wegener T (2005) Mobile NMR for analysis of polyethylene pipes. Acta Physica Polonica A 108: 13-23

[26] Blümich B, Buda A, Kremer K (2006) Non-destructive testing with mobile NMR. RFP 1: 34-37

[27] Blümich B, Casanova F, Buda A, Kremer K, Wegener T (2005) Anwendungen der mobile NMR zur Zustandsbewertung von Bauteilen aus Polyethylen. 3R Int 44: 349-354

[28] Blümich B, Adams-Buda A, Baias M (2007) Alterung von Polyethylen: Zerstörungsfreies Prüfen mit mobiler magnetischer Resonanz. Gas Erdgas 148: 95-98

[29] Casanova F, Perlo J, Blümich B (2006) Depth profiling by single-sided NMR. In: Stapf S, Han S (eds.) NMR in chemical engineering. Wiley-VCH, Weinheim, pp 107-123

[30] Proietti N, Capitani D, Lamanna R, Presciutti F, Rossi E, Segre AL (2005) Fresco paintings studied by unilateral NMR. J Magn Reson 177: 111-117

[31] Rühli F, Böni T, Perlo J, Casanova F, Baias M, Egarter E, Blümich B (2007) Noninvasive spatial tissue discrimination in ancient mummies and bones by in situ portable nuclear magnetic resonance. J Cult Heritage 8: 257-263

[32] Capitani D, Emanuele MC, Bella J, Segre AL, Attanasio D, Focher B, Capretti G (1999) 1H NMR relaxation study of cellulose and water interaction in paper. TAPPI J 82: 117-124

[33] Blümich B, Anferova S, Sharma S, Segre A, Federici C (2003) Degradation of historical paper: nondestructive analysis by the NMR-MOUSE® J Magn Reson 161: 204-209

[34] Casieri C, Bubici S, Viola I, De Luca F (2004) A low-resolution non-invasive NMR characterization of ancient paper. Solid State Nucl Magn Reson 26: 65-73

[35] Viola I, Bubici S, Casieri C, De Luca F (2004) The codex major of the collectio altaempsiana: a non-invasive NMR study of paper. J Cult Heritage 5: 257-261

[36] Presciutti F et al (2008) Noninvasive nuclear magnetic resonance profiling of painting layers. Appl Phys Lett 93: 033505

10 单边核磁共振的谱仪硬件

本章的目的是让读者熟悉单边 NMR 成像仪器的特殊硬件需求。首先，给出医学 NMR 成像装置作为对比，如图 10.1 所示。单个器件的技术细节并不是本书的研究范畴，以下章节中假设读者已具备基本 NMR 硬件知识。读者可以参考标准教材[1-2]深入了解这部分内容。

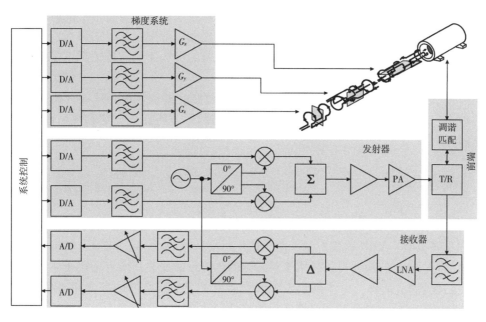

图 10.1 装配线性极化全身发射/接收鸟笼谐振器的医用 MRI 系统框图

10.1 单边与传统系统的差异

传统 NMR 成像仪器与单边 NMR 仪器的根本差别在于磁场的强度和均匀性。全身扫描系统中，超导螺线管线圈产生的磁感应强度为 1.5~11.7T，在 30~50cm 球形空间内的典型均匀性为 10~50ppm[3]；典型的脉冲磁场梯度范围可从宽孔磁体的 60mT/m 到动物核磁共振成像（MRI）系统的 1000mT/m[4]。相比之下，单边层析成像仪器的永磁体产生的最大场强约为 0.25T，探测方向上的静磁场梯度最高为 2.5T/m（见第 4 章）[5]。

因此，有必要分析非均匀 B_0 对射频硬件的特殊要求。假设系统的窄带发射器具有放大质子共振频率附近 1MHz 带宽（BW）信号的能力❶，若切片方向上的梯度为 66mT/m，则该

---

❶ 1MHz 带宽看似不太大，但对于 0.25T 系统来说意味着 10%的相对带宽，或者说要求放大器、滤波器和匹配电路的 Q 不大于 10。

发射器激发的切片厚度达 35.60cm。而单边层析成像仪器受强梯度磁场的影响，切片方向上的视场（FOV）仅为 1cm。换句话说，1cm 厚切片的信号，在医学成像仪器中的带宽为 28.5kHz，在单边仪器中的带宽则为 1.06MHz。这相应地导致噪声带宽增加 37.8 倍，或者信噪比降低 16dB。此外，表面线圈在较深探测深度时的敏感度较低，这时信噪比还将进一步变差。由于单边探头内部的可用空间限制了第三个成像维度的扩展，单边 NMR 层析成像仪器必须使用表面线圈。

熟悉 RF 线圈设计的读者可能会提出，利用表面线圈无法通过一次实验覆盖整个 1cm 的视场。因为这不仅要求发射器具有巨大的发射功率，还要求线圈的品质因子（Q）在 10 左右。尽管可以重新调谐线圈来探测不同的切片位置，但发射器仍必须能够激发整个敏感区域内的全部切片。同样，模拟接收器前端也必须具有相同的宽带特性。此时，数字滤波器可调整为只接收来自激发切片的频率范围，所以仍能保持接收信号的最优信噪比。然而如上所述，对于给定的切片厚度，单边层析成像系统的带宽比均匀场情况下宽得多，信噪比也较差。

在构建单边层析成像系统的过程中，RF 前端硬件的最优化极为重要，是系统应用成功的关键[6]。上述案例正是想强调这一事实。下面的章节将深入介绍和探讨图 10.1 系统中主要器件。

10.2 前端设计

简单地说，NMR 层析成像仪器的前端包括发射器和接收器之间的所有电路，如图 10.1 所示，主要有：NMR 线圈本身、阻抗匹配网络和接收/发射（T/R）转换器。根据系统配置的不同，T/R 转换器可以是用于单线圈的传统线圈开关，或者是用于主动去耦多线圈的 PIN 二极管❶。此外，许多商业系统整合了用于正交线圈的信号合并器和支持模块。这些模块包括：阻抗测量设备，根据连接的组件自动修正系统配置的硬件检测设备，以及特定吸收比率（SAR）的监视设备。

10.2.1 匹配与平衡

工业标准层析成像仪器通常采用"双电容"匹配，其结构简单、容易调谐。由于整个磁体装配在 RF 屏蔽室内，这类电路基本不受电磁干扰影响。很明显，便携式层析成像仪器必须在没有这些保障的条件下工作。因此，必须寻找其他方法将外部（或人为）噪声最小化、并消除干扰信号（可轻易淹没接收信号）的影响❷（文献［1］就是很好的例子）。平衡接收线圈与大地电位的匹配电路是一个较好的解决方案。平衡式线圈的优势有以下几个方面。

（1）减小线圈与大地或检测样品之间的电容耦合，通常认为这种电容耦合是接地的损耗路径。通过将接地回路的分路效应减到最小，增加了线圈中的电流。此外，线圈末端的

---

❶ 该技术也称作"Q 泻放"。

❷ 工作在 10MHz 的线圈的噪声温度约为 $2 \times 10^5 \text{K}$[7]。

电容缩短了线圈的电气长度，沿线圈产生更均匀的电流分布。这即使在低频情况下仍然非常重要，因为一般来说，只有线性尺寸小于 $\lambda/16$ 的器件（包括线圈绕组的线长）才能看作具有集总元件特性。

（2）不易受外界干扰。干扰源在线圈两端产生的共模电压互相抵消。无线电爱好者非常熟悉这个概念，他们经常将平衡—不平衡变压器（巴伦）接在线圈上来改进系统性能。

（3）降低远场辐射。平衡式线圈上耦合的电流趋向于在所探测的介电体积内产生四极子场分布，而不是非平衡电流分布产生的电偶极场[8]。这大大降低了辐射，并将相应损耗最小化。

在分析替代的匹配电路之前，需要定量考察其平衡特性。奇偶模波传播理论提供了所需工具[7]。将 NMR 线圈顶部和底部的复数电压分别给定为 $\underline{v}_{\text{top}}$ 和 $\underline{v}_{\text{bottom}}$，则平衡（奇）和不平衡（偶）电压可表示为

$$\underline{v}_{\text{even}} = \frac{1}{2}\left(\Re\{\underline{v}_{\text{top}}\} + \Re\{\underline{v}_{\text{bottom}}\}\right) + j\frac{1}{2}\left(\Im\{\underline{v}_{\text{top}}\} + \Im\{\underline{v}_{\text{bottom}}\}\right) \tag{10.1}$$

$$\underline{v}_{\text{odd}} = \frac{1}{2}\left(\Re\{\underline{v}_{\text{top}}\} - \Re\{\underline{v}_{\text{bottom}}\}\right) + j\frac{1}{2}\left(\Im\{\underline{v}_{\text{top}}\} - \Im\{\underline{v}_{\text{bottom}}\}\right) \tag{10.2}$$

线圈两端跨频率的奇偶电压图版可用来分析给定匹配电路的平衡特性。

除了上面提到的传统"双电容"匹配电路之外，实际中用到的匹配电路还有：电感耦合[9-10]、集总元件巴伦[11]、传输线匹配[12]，以及许多从无线电爱好者那里借鉴来的解决方案（他们对对称线圈传输有很深的研究[13]）。

从平衡的角度来说，电感耦合看似是最佳选择。但单边层析成像探头内的可用空间受限，很难装配第二个线圈使其既能与主线圈充分耦合、又能忽略对 NMR 信号本身的耦合。电感耦合的另一个不足在于容易产生振铃，这在极端情况下可能对患者造成安全危害。空间的限制还难以实现反向回路。装配双线圈（极性相反连接）的系统能够抵消外部干扰，可认为其在检测区域（ROI）内产生均匀磁场。同样，一个线圈必须要配置成不与 NMR 信号发生耦合。

深入分析图 10.2（a）和图 10.2（b）中的两种匹配电路。与传统匹配方法相比，两种方式都改进了线圈的平衡特性。图 10.2（c）和图 10.2（d）给出了基于式（10.2）计算得到的奇偶模电压的绝对值。两种电路的另一个区别是二者的输入阻抗在 NMR 共振频率附近的变化方式，如图 10.2（e）和图 10.2（f）所示。图 10.2（a）中电路的阻抗变化较大，因为它的谐振频率不同于 NMR 共振频率。因此，对于给定的 NMR 线圈来说，图 10.2（b）中的电路具有更大的带宽。

作为对比，标准"双电容"匹配方案的效果如图 10.2（c）中实线所示。该方案使用一个分流电容 C_1 与线圈并联，并通过另一个串联电容 C_2 与传输线连接。标准匹配的 C_1 与 C_2 通过求解下列方程得到：

$$S_1 = \frac{Q \pm \sqrt{(Q^2+1)k-1}}{Q^2+1} \tag{10.3}$$

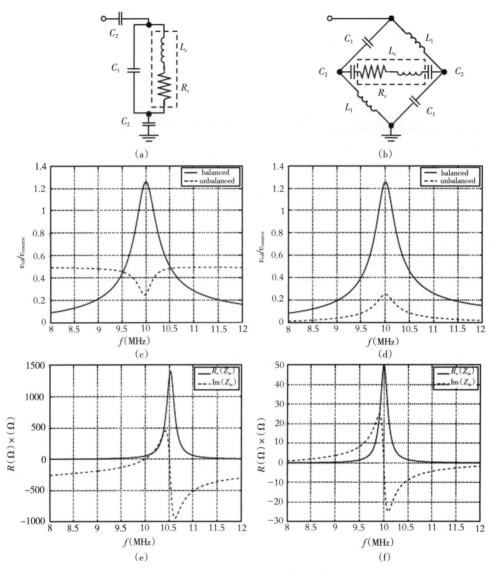

图 10.2　匹配电路表现出不同程度的对称性

NMR 线圈用损耗电感（L_C 和 R_C）表示，位于虚线框中。传统双电容匹配的平衡与非平衡电压相同，

都等于图（c）中的实线值

$$S_2 = \frac{k}{\pm\sqrt{(Q^2+1)k-1}} \tag{10.4}$$

其中：　　　　　　$S_1 = \omega_0 C_1 R_c$，$S_2 = \omega_0 C_2 R_c$，$k = R_c/R_0 = (1-QS_1)^2 + S_1^2$

式中，R_0 为参考阻抗。

10.2.2　发射—接收转换

所有层析成像仪器都必须配备 T/R 转换电路。当采用专用发射和专用接收线圈时，无

源线圈要进行失调以阻止它接收大量信号。这样做还可以避免电磁场失真，并对接收器硬件提供破坏过压保护。在单边层析成像仪器中，受限的可用空间通常决定了必须使用单个线圈进行发射和接收。因此，功率放大器（PA）和接收器在物理上是连接的，必须使用转换电路将其隔断。图 10.3 给出了一种解决方案。

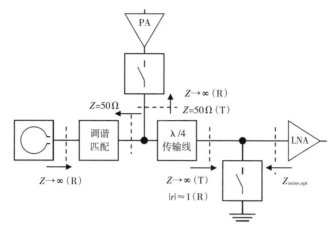

图 10.3　单线圈单边 NMR 系统的调谐和匹配需求

（T：发射；R：接收）。图中还包括系统使用线圈阵列情况下的其他需求。标有"调谐匹配"
的方框中包含上一节给出的调谐和匹配电路

最简单的 T/R 转换电路是交叉 PN 二极管对。这些二极管在发射高压脉冲时导通，而在信号采集期间处于高阻抗状态。图 10.3 中的电路可在功率放大器输出端串联二极管，在低噪声放大器（LNA）前并联二极管。在发射期间，两对二极管都处于低阻抗状态。这时功率放大器与线圈接通，而 λ/4 传输线的右侧短路阻止了发射脉冲的高压损坏低噪声放大器。同时，传输线将低噪声放大器处的短路转换为放大器处的开路。因此，可以忽略低噪声放大器及其后面已与传输路径建立功率匹配的器件的影响。在接收期间，电压不足以将二极管导通。这时功率放大器将被高阻抗隔离，并沿 λ/4 传输线（连接低噪声放大器与线圈）建立起一条低损耗接收路径。

不幸的是，PN 二极管需要最小阈值电压才能导通。对于整形和低功率脉冲将导致严重的交叉失真。取决于脉冲的功能与目的，该失真可能表现为切片剖面变形或脂肪抑制效果不足。PN 二极管的替代方案为 PIN 二极管[1]。在正向直流电流（DC）或反向电压的作用下，PIN 二极管分别表现为具有低阻抗或高阻抗的受控 RF 电阻。串联转换器和并联转换器的结构均可以应用于图 10.3 中的前端之中，具体如图 10.4 所示。

发射时，两个 PIN 二极管均为正向偏压；采集 NMR 信号时，则施加反向电压。这种结构简化了驱动回路。因为在信号采集过程中几乎没有直流流动，这种结构还有避免产生散粒噪声的优点，所以能够最大限度地保持接收信号的信噪比。另外一个优点在于反向偏压 PIN 二极管阻止了静态下的功率放大器发射噪声。尽管功率放大器生产商已经采取了噪

● 　PIN 二极管在 P 和 N 掺杂区之间具有一个额外的本征区。

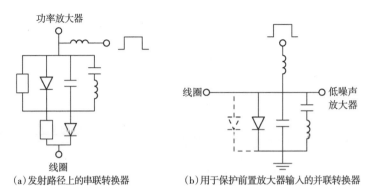

（a）发射路径上的串联转换器　　　（b）用于保护前置放大器输入的并联转换器

图 10.4　PIN 二极管转换器的细节图

转换器整合在并联谐振电路中以增加隔离效果。（a）中的高阻抗电阻为全部两个二极管提供反向偏压条件。（b）中的并联转换器可使用多个二极管来降低正向偏压电阻（虽然当单个电阻特性差异太大时，并联电阻可能出现问题）

声消除方法，但还总是存在一些来自接收器的噪声。

有人认为单边层析成像仪器工作频率较低（由低磁场强度决定），简化了 RF 系统设计。通常来说确实如此，但也有一些例外。第一，注重大众市场（例如 ISM、GSM、GPS 均覆盖不同频带）的半导体生产商忽视了单边 NMR 的频率段。第二，PIN 二极管的正常工作存在低频下限。这依赖于特定二极管的载流子寿命 τ。长载流子寿命二极管适合在低频下工作，但切换时间较长。最后，许多简单的、可复制生产的、使用传输线的电路必须用集总电路来近似替代。

图 10.3 中还包含了多线圈系统（称为相控阵列）的需求[14]。多接收线圈广泛用于提高图像采集速度或改善信噪比。单边层析成像仪器较多的平均叠加经常导致成像时间很长，所以相控阵列是个有吸引力的技术选择。如果接入的低噪声放大器的输入反射系数绝对值接近 1，则文献［15］中提出的匹配电路就能实现多个线圈的去耦。根据 $\lambda/4$ 传输线的阻抗转换性质 $Z_{\text{in}} = \dfrac{Z_{\text{L}}^2}{Z_{\text{out}}}$ 和现代 Si/GaAs 场效应晶体管（FET）❶ 的输入高阻抗性质，该条件很容易满足。

10.3　发射器设计

在详细讨论之前，先给出四个最常见的功率放大器性能标准。理解了这些参数，就能将其与 NMR 实验建立联系，进而选择合适的放大器结构。功率放大器的主要性能标准如下：

（1）输出功率：通常指峰值输出功率，在连续波（CW）模式下不能持续保持。以峰值功率输出的硬脉冲受限于最大脉冲持续时间，而它们的重复速率受限于最大占空比。

（2）带宽：最低要求发射器能够覆盖层析成像的拉莫尔频率范围。对于质子成像，窄带放大器就能满足要求；当需要研究不同原子核时，则需要使用宽带放大器。

---

❶　注意：商用 GaAs HEMT 很难应用于高场 NMR 中，因为它们产生很强的霍尔效应。

（3）效率：功率效率具有双重意义。高效率可以减小冷却装置和散热片的尺寸，实现发射器的小型化，还可以降低对供电的要求。

（4）脉冲上升时间：快速的上升时间对获得满功率输出（尤其对于短时硬冲）非常必要。对于输入的矩形电压波形，常以峰值包络功率（PEP）的10%~90%作为考察标准。快速上升时间需要晶体管输出匹配电路具有较低的 Q，同时具有较大带宽。

下面分析单边 NMR 层析成像仪器所用功率放大器的这些参数。尽管较大的功率可将180°脉冲长度降低至微秒级，就激发表面线圈附近的小敏感区来说，所需要的输出功率相对较低。取决于探测方向上的视场 FOV，50~500W 应该足够了。

如上所述，带宽必须能够覆盖所期望的拉莫尔频率范围。需要记住，即使对于质子成像来说，这个频率范围也可能很宽，因为 B_0 随着探测深度快速衰减。最后，效率是移动型仪器关心的重要问题。MRI 的功率放大器通常具有较大的体积和重量，因为它们包含为脉冲供电的大型环形变压器和电容组，以及庞大的散热片❶。因此，具有小型散热片的高效放大器对于移动型单边设备具有很大优势。对于现代应用，特别对于能够降低 B_1 场非均匀性的并行发射 SENSE（TSENSE）[16] 技术来说，小型轻量化放大器的优势更明显。

10.3.1 传统功率放大器

传统功率放大器通常为 A 类或 AB 类（推挽式放大器）。这类放大器固有优点是其线性度。在高功率下工作时，其输出遵循输入电压波形且波形无明显失真。通常，这类放大器的非线性在低于载波信号30~35dB 处开始出现谐波信号。据说这类放大器的互调失真（IMD）为-35~-30dB。

线性功率放大器的主要不足在于对电源功率的浪费。当用连续波信号以峰值包络功率（PEP）驱动时，理想 A 类放大器的最大效率为50%。推挽式放大器可将理论效率提高至78.5%。然而，绝大多数 NMR 脉冲（例如整形脉冲）的包络幅度远不是恒定的，因此线性放大器的效率快速衰减。表10.1 给出了对于一些常见形状脉冲对应的放大器效率（假设有源设备是理想的，其自身不消耗功率）。表中第2~4列表示，非工作期间通过移除供电电压将发射功率放大器断开。这是一种阻止非工作功率放大器产生噪声干扰 NMR 信号的常用方法。在极少情况下，例如施加快速 RF 序列，由于等待功率放大器恢复至可用状态需要太长时间，就不能移除掉放大器的偏置电压，进一步降低了总体效率。最后一列为放大器在连续工作条件下，自旋回波实验下（$T_R = 2s$，$T_E = 20ms$）的理论结果。

表 10.1　线性功率放大器发射常见 NMR 脉冲的平均效率

类型	Sinc3（%）	Sinc5（%）	高斯（%）	连续工作（%）
A 类	11.9	8.1	16.6	0.5
AB 类	28.6	21.2	36.6	2.5

注：第2~4列为非工作时将晶体管关闭情况下的结果；第5列为功率放大器连续运行并发射硬脉冲情况下的结果。详细的功率放大器效率与输入包络统计参数的关系可在文献［17-18］中找到。

❶　许多千瓦级高功率放大器甚至需要水冷。

单边 NMR 系统对功率放大器的带宽和快速上升时间有较高要求。理想的情况是放大器能够激励敏感区范围内的所有切片。此外，B_0 的强非均匀性造成信号快速散相，需要较短激发脉冲和快速脉冲上升时间。因此，在绝大多数情况下，放大器不能使用窄带电路，输出滤波器必须具有合适的低 Q。最后一条可通过在输出电路中添加电阻元件来实现，这明显会进一步降低发射器的效率。

10.3.2 其他放大器设计

相对于线性放大器，开关放大器的效率更高。但开关放大器具有较大的非线性度，这会丢失信号包络中包含的信息，且未经滤波的输出谱中包含很强的内部调制（IM）项。常见调制模式下的典型功率放大器的线性度和效率的对比见文献 [18]。

图 10.5 为放大器工作模式的分类。开关放大器使用的有源器件工作在截止或饱和模式下，是对线性放大器的补充。图的右侧扩展出两类放大系统的应用，分别为"效率增强系统"和"信号处理放大系统"。二者均可同时实现高效率和线性传输功能。

"效率增强系统"设计成让功率放大器工作在其峰值包络功率（PEP）附近。这可以明显改善效率，且不改变放大器的线性度。为此，必须使用线性放大器，同时决定了其理论效率上限为 78.5%（例如理想 B 类放大器）。但是，实际获得的效率通常要低得多。对于 20dB 的功率回退，该值略小于 2 旁瓣或 4 旁瓣的 sinc 脉冲的平均功率回退值，理想 A 类放大器的效率低于 5%，理想 B 类放大器的效率为 24.8%。使用理想 B 类有源放大器的多尔蒂（Doherty）系统的效率可增至约 43%[22]。自适应偏置和包络跟踪（ET）技术的功率也大致处于这个范围。

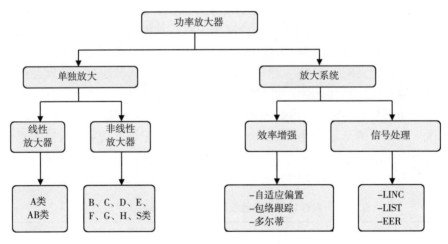

图 10.5　功率放大器和放大系统的分类
不同放大方法的具体介绍见文献 [18-21]

"信号处理放大系统"使用非线性但更高效的放大器。这样组合成的线性放大系统比上述方法的效率更高。文献显示，即使对于大功率回退，其效率也能高于 50%[23-24]。

单独放大方法的内在优势和潜在的技术难题见表 10.2。就效率而言，"信号处理放大系统"优于"效率增强系统"。在第一组中，包络消除与恢复技术（EER）的潜力最大，其效率仅仅随着功率回退值的增加而缓慢降低。采用非线性元件的线性放大系统（LINC）和采用采样技术的线性放大系统（LIST）性能更差，因为它们需要在两个功率放大器的输出端使用信号合并器或变压器。受合成器电阻的异相功率消耗或负载牵引的影响，其效率有所下降。

　　就带宽而言，频率选择性器件（如 $\lambda/4$ 传输线）往往是其瓶颈。这类器件限制了放大器的工作频率范围，进而影响单边层析成像的探测深度。放大系统需要的频率选择性器件包括多尔蒂、希莱克（Chireix）移相器和并行放大系统。虽然 EER 也使用谐振电路，但却能获得较好的结果。目前在符合 IS-95 标准的功率放大器中已经实现了大于 1.2MHz 的带宽[25]。

表 10.2　单种效率改善技术的优点与不足[6]

技术类别	潜在优点	潜在不足
自适应偏置控制	系统复杂程度低	（1）效率提高有限。 （2）晶体管增益随着偏置变化而引起 AM/AM 失真
包络跟踪	系统复杂程度低	（1）效率提高有限。 （2）放大器的不线性
多尔蒂	（1）带宽不因非线性信号处理而变宽。 （2）无须高功率调制器。 （3）效率高	（1）$\lambda/4$-传输线使带宽有限。 （2）负载阻抗变化（负载牵引）。 （3）IMD 性能相对较差
LINC	（1）功率散耗发生在有源器件外部。 （2）系统复杂程度低	（1）信号合并器使效率降低。 （2）PM 信号带宽更大，必须采用宽频带消除技术
LIST	（1）功率散耗发生在有源器件外部。 （2）增益/相位平衡要求低于 LINC	（1）需要良好的负载匹配。 （2）信号合并器使效率降低。 （3）高差分编码频率。 （4）重建滤波器构架复杂。 （5）差分编码器斜率过载引起 ACI
EER	（1）较宽功率水平范围内的效率高。 （2）线性度性能良好	（1）需要高边调制。 （2）信号器件的高带宽。 （3）低功率信号的失真

　　目前还很难马上回答 EER 能否达到 NMR 实验所需的线性度。第一，文献显示对功率放大器线性度的关注甚少❶；第二，单边磁体 B_0 非均匀性在传统成像仪器中从未遇到过。文献［6］构建了最新的 EER 系统，并测量了能够获得的效率。对于表 10.1 中的脉冲，能将效率保持在 50%以上。同时，在发射间隙断开放大器输出的方法已经被淘汰，因为在零输出功率时末期已有效地移除了供电电压。图 10.6 给出了该 EER 系统的效率图。

────────────

❶　文献［26］对所需发射放大器线性度有一定论述。

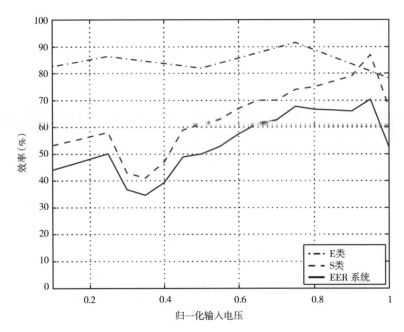

图 10.6　E 类和 S 类放大器的效率测量结果

根据单独放大器线性度相乘计算得到的整个 EER 系统的效率作为对比

10.4　接收器设计

单边 NMR 仪器 B_0 的强非均匀性需要前端器件具有较大的带宽。同样，接收器也必须至少覆盖指定 FOV 内的频率范围。由于噪声来自整个模拟带宽，尽管只激发一个薄切片，噪声水平也极其重要。在一个精心设计的系统中，决定整体噪声因数（F）[1] 的器件是低噪声放大器。为了实现最佳性能，低噪声放大器应尽可能近的靠近接收线圈。

受扳转角度的不均匀和深探测深度时的低敏感度影响，单边 NMR 仪器接收到的信号幅度要比传统封闭式 NMR 仪器低很多。由于接收信号幅度仅为若干微伏，驱动 1V 满量程的模数转换器（ADC）需要 100dB 的增益。因此，第二个需要考虑的问题是如何获得高接收器增益。当然如果不进行频率分离，这个量级上的稳定放大是无法实现的。实现一个真正平衡的相敏探测器（PSD）较为困难，建议使用降频转换将其降至中频（IF），以便于利用快速模数转换器采集接收信号。同时，这个方案避免了末级（"音频"）放大器的直流耦合和相关的偏置漂移问题。

10.4.1　低噪声放大器

Friis 方程指出，接收系统链路中的第一个器件在理想情况下应是具有高增益、低噪声因数的放大器，其位置要尽量靠近线圈，以减小损耗和伴随的信噪比降低。由于功率匹配下的晶体管噪声性能因放大器增益而变差，所以低噪声放大器需要在噪声匹配下工作。为

---

[1]　F 定义为放大器输出与输入信噪比的比值。

了减少晶体管输入端的噪声电流和电压源的影响，基本原则是获得最优输入阻抗。这样能够实现输入信号的噪声水平最小，同时获得晶体管输出端的最佳信噪比。真实情况下噪声匹配的影响主要取决于所使用的有源器件类型。

相比半导体器件中的晶格缺陷（空穴），电子的迁移能力更强，单极性晶体管的本征噪声水平要低于双极性晶体管。因此，场效应晶体管是低噪声放大器的选择。根据所用半导体材料、工作原理和布局结构等性质的不同，场效应晶体管有多种选择可用。对于30MHz 以下的频率，传统金属氧化硅半导体场效应晶体管（MOSFET）拥有较低的噪声系数，这是由于砷化镓（GaAs）场效应晶体管和高电子迁移率晶体管（HEMT）的 $1/f$ 噪声边缘截止频率更高[7]。

假设一个简化的 MOSFET 等效电路[7]，晶体管输入端的最佳噪声阻抗为

$$Z_{\mathrm{noise,opt}} = 0.67\omega C_{\mathrm{GS}} - J\omega C_{\mathrm{GS}} \tag{10.5}$$

式中，C_{GS} 为晶体管栅源电容。

场效应晶体管的 $Z_{\mathrm{noise,opt}}$ 通常在几百欧姆到几千欧姆的范围内，与虚部电抗并联。

传输线图能够帮助在最大增益（功率匹配）和最优信噪比（噪声匹配）性能之间进行权衡。图 10.7 中给出了等增益（点线）和等噪声因数 F（虚线）的圆形图。这些圆圈

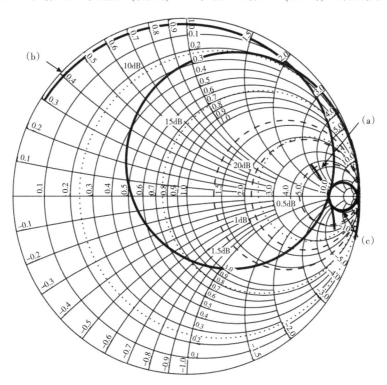

图 10.7　史密斯图上显示了 BF998 MOSFET 的等增益圆（点线）和等噪声因数 F 圆（虚线）
该晶体管无条件稳定，因此未标出任何潜在的不稳定区域。图中实线所示为经 $\lambda/4$ 传输线（$Z_L \approx 158\Omega$）
转换后的 4MHz 范围内的特性阻抗变化，（a）一个固定的 50Ω 负载，（b）传统双电容匹配，
（c）基于图 10.2（b）的集总巴伦匹配

内的所有源阻抗都分别对应于给定的增益和噪声性能。图中还将一些通过 $\lambda/4$ 传输线转换的线圈匹配网络加入史密斯（Smith）圆中来说明匹配网络的影响。很明显，给定频率范围内的匹配电路阻抗变化越小，整个视场 FOV 内的噪声性能越好。

注意，某些器件有时无法实现最佳噪声匹配。高性能晶体管对正反馈回路非常敏感，可能会产生不期望的振荡。因此每个设计都应该检查稳定性，例如计算林威尔（Linvill）因数，并在图 10.7 中加入的潜在不稳定区。

一种使用双栅极 BF998 MOSFET 结合图 10.2（b）中桥式匹配电路的样机设计，获得了 0.7dB 的噪声因数。双栅极 MOSFET 的优点在于简化了偏置电路的实现，同时具有高增益的特点，其噪声性能也与单栅极 MOSFET 接近。在柯林斯（Collins）滤波器的帮助下实现了噪声匹配，柯林斯滤波器将匹配的 NMR 线圈的 50Ω 源阻抗转换成晶体管输入端的高阻抗。

10.4.2 频率生成和混频

NMR 是一种共振现象，必须采用高分辨率和高稳定的基准频率。这驱动许多谱仪使用锁频技术，一种让频率发生器的输出追踪到静磁场 B_0 的微小变化的技术，这些微小变化可能来自匀场线圈或梯度线圈电源的噪声，或来自主静磁场的漂移。

另一个重要问题是基准振荡器相位的控制。这将影响信号叠加平均（改善接收信号信噪比的常用方法）的效果。采用相位循环的成像脉冲序列同样需要相位控制。相位循环可以消除由相敏探测器不完美引起的干扰信号，还可压制由脉冲通过引起的滤波器振铃。通常，需要校正的失真阶数越高，所需相位步长越小，循环次数越多。

谱仪频率发生器必须满足的第三个要求是低相位噪声。自由感应衰减（FID）或自旋回波信号的 $1/f$ 噪声与来自本地振荡器（LO）的相位噪声混合，造成信噪比的下降。此外，相位噪声还影响信号和噪声，同时降低信号叠加平均方法的有效性。高性能频率源的相位噪声仅出现在载波信号（距中心频率 10Hz~1kHz 频带之外）的 80dB 以下[1]。

如图 10.8 所示为频率发生器的一种实现方式。所有时钟频率均来自一个稳定恒温晶体振荡器（OCXO），因此具有相同的频率稳定性。恒温晶体振荡器的频率偏移通常低于 5×10^{-9}/d。基准频率经过分频作为模数转换器和数模转换器的时钟，并利用这种方法实现同步。对于其他本地振荡器的频率，恒温晶体振荡器输出首先通过锁相环（PLL）实现上变频。锁相环信号依次驱动直接数字合成（DDS）电路产生所需本地振荡器频率。直接数字合成使用数字计数器来寻址只读存储器（ROM）中存储的数字正弦函数。只读存储器的输出被数模转换器转换成模拟信号。通过改变每个时钟周期叠加到计数器上的增量或加载一个偏移量，直接数字合成能够实现输出信号频率的快速、高精度的变化，并能够直接控制输出信号相位。直接数字合成的另一个优势在于能够基于噪声传递函数（$|\Theta_{DDS}|^2 = 20\lg\dfrac{f_{out}}{f_{clock}}$）降低输入时钟的相位噪声。

基于图 10.8 方案搭建的样机设计[6]的本底相位噪声约为 -105dBc/Hz，在偏离载波频率小于 1kHz 的情况下降至 -96dBc/Hz 之下，频率分辨率优于 1.0Hz。相位寄存器允许的初始相位增量为 11.25°。

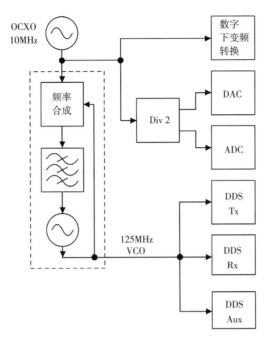

图 10.8 一种基于稳定基准频率的本地振荡器方案

该设计实现了稳定的频率生成和在所有本地振荡器信号之间建立相位相干性

在中频范围内对接收信号采样的方案简化了接收器结构，避免了模拟基带检测带来的相关问题[27]，例如正交增益平衡和直流漂移。然而，由于接收器需要高增益，因此至少需要进行一次模拟变频。混频器应采用单边带（SSB）构架❶。单边带变频采用双平衡混频器，前面接一个镜像频率滤波器，后面跟一个低通滤波器。第一个滤波器消除镜像频率范围的噪声，否则该噪声可能叠加到 NMR 信号上；第二个滤波器消除混频过程中产生的求和项。两个模拟滤波器偏离线性相位应该尽可能地小，以避免离散化产生的失真。利用滤波器系数表[28]和现代电子设计自动化（EDA）软件可以进行滤波器快速设计和简单性能评价。

10.5 数字硬件

NMR 实验过程中的大量数据任务通常分配给多个处理器来处理。对于有严格时间要求和大运算量的任务，需要数字信号处理器（DSP）或现场可编程门阵列（FPGA）来实现。非关键的工作可以由微处理器或标准个人电脑（PC）系统来实现。RF 和梯度通道的信号合成、接收信号处理和图像重建需要高性能处理器，而诸如硬件监控和状态控制等任务只需要很少的硬件资源。用户交互通常使用易于实现的常见商用个人电脑硬件。

---

❶ NMR 信号包含在以拉莫尔频率为中心的频带内。从工程的角度来看，这是一种 SSB 信号。

对于小型移动 NMR 单元来说，基于个人电脑构架的优势在于可将高运算速度的 DSP 和 FPGA 板卡直接插入主系统的扩展槽中。因此，可用一台装有功能强大 FPGA 的标准个人电脑，以及用于安装外部硬件和磁体的机架来建立一套基本 MRI 成像仪器。利用高效放大器和小型散热片，外部硬件可较容易地集成到尺寸与个人电脑相当的机架中。

10.5.1　前端信号处理器

主数据处理器的选择主要取决于数据处理速率。单通道接收的数据速率相对较低，常见的接收器带宽通常为几百千赫兹，从而允许高的降采样速率；多通道接收则需要强大的数据处理能力。由于单边 NMR 系统的信噪比必定低于传统 NMR 成像仪器，多接收器方案作为一种减少实验时间的高度有效方法，自系统设计之初就应考虑。

由于单边仪器的 $\boldsymbol{B}_0$ 非均匀性很强，1MHz 的最小接收器带宽❶较为合理，适用于数字正交检测的 IF 同样可以为 1MHz。因此接收到的信号频率位于 500kHz~1.5MHz 的范围内。将模数转换器的时钟定为 5MHz，对于可能的最高频率来说能够获得的过采样率为 3.3。

影响数据处理速率的另一个重要因素是分辨率。现有接收器所用模数转换器的硬件分辨率为 12~16b。过采样和利用多个转换器对一个接收通道进行并行采集，可将有效分辨率增加至大约 20b 并得到 120dB 的动态范围。在单边系统中，动态范围格外重要。这是由于共振区域靠近接收线圈，靠近物体表面的切片产生的信号较大，较深距离处的信号较弱。若要增加动态范围，可在采集期间使用增益开关，也可以使用压缩电路。对这部分内容的深入研究已经超出了本书范围，更多有关压缩电路的信息可参考文献［29］。

为了估算所需数据速率，可以对一个虚拟的单边 NMR 系统进行研究。该系统具有 4 个接收通道，每个通道的物理分辨率为 16b，采样频率为 5MHz。这种结构的数据速率为

$$r = 4 \times 16b \times 5MHz \approx 38.15MB/s \qquad (10.6)$$

注意，这里使用了转换关系 $1MB = 1024^2 b$。输出通道至少包含 RF 脉冲数据和其他三道独立的梯度数据流，并需要相应的数据处理能力。将梯度波形的时钟定为 5MHz 看似有些超出需求，但现代成像脉冲序列使用越来越多的复数波形，因此该假设仍是合理的。对于发射数据和接收数据同时存在的情况，处理器必须具备处理超过 80MB/s 爆发式数据速率的能力。

许多数字信号处理器都无法满足如此繁重的数据处理任务，有时甚至还需要考虑接收信号的实时滤波和数字 PSD。当前，现场可编程门阵列是处理上述任务的更好选择。现场可编程门阵列能够对单独的数据流做并行处理，因此可工作在较低的时钟频率下。这种方案的不足在于灵活性较低，并且现场可编程门阵列编程的工作量较大。这些不足可以在一定程度上弥补，例如使用标准个人电脑进行脉冲序列编程，并将预处理过的输出数据存储在通过高速总线与现场可编程门阵列互相连接的随机存取存储区（RAM）内。这种结构的顶层原理图如图 10.9 所示。

---

❶　参考本章开始时给出的单边磁体性能说明。

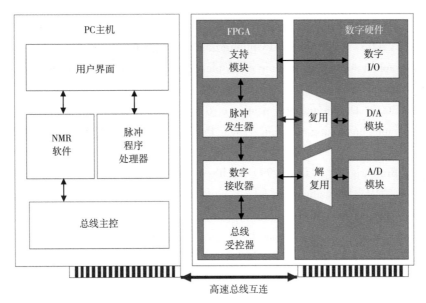

图 10.9　PC 和专用处理器（例如现场可编程门阵列）之间的任务共享

该结构是兼顾了灵活性和快速处理速度的折中方案。现场可编程门阵列和数字硬件间的连接常用先进先出（FIFO）缓存实现，而个人电脑和处理器模块之间的连接使用标准 PCI 构架

10.5.2　数字相敏检波器

　　数字基带检波的优势在于高增益和相位平衡能力，有两种实现方式。第一种方式将中频信号乘以单个复数本地振荡器，后面接低通滤波器；另一种利用希尔伯特（Hilbert）变换将中频信号转换至基带。通常来说优先选择后者，因为接收信号失真更小。希尔伯特滤波器近似于一个在较宽频率范围内具有线性相位的滤波器，由于具有恒定群延迟[30]，能够将离散化影响最小化。这样避免了使用普通四阶巴特沃斯（Butterworth）滤波器经常要做的折中处理。

　　希尔伯特滤波器最好通过调用帕克斯—麦克莱伦（Parks-McClellan）算法使用Ⅲ型有限冲击响应（FIR）滤波器实现。非对称性和零偶滤波系数允许在数字硬件上实现滤波器结构的高效资源布置。用于向基带变频的数字合成振荡器可用模拟硬件实现相位同调，方法是将参考信号（通常是恒温晶体振荡器输出信号）传递给数字处理器，并利用该信号驱动数字振荡器。这样，整个模拟和数字接收器部分都实现了相位同调。

参 考 文 献

[1] Chen CN，Hoult DI（1989）Biomedical magnetic resonance engineering. Adam Hilger，Bristol

[2] Vlaardingerbroek MT，den Boer JA（1996）Magnetic resonance imaging. Springer，Berlin

[3] Liang Z-P，Lauterbur PC（2000）Principles of magnetic resonance imaging. IEEE Press，New York，NY

［4］BioSpec-MR Imaging and in vivo Spectroscopy at High Magnetic Fields. Bruker BioSpin MRI GmbH. http：//med. cornell. edu/research/cbic/facilities/biospec_apps. pdf

［5］Popella H（2003）Auslegung und Optimierung des magnetischen Kreises eines mobilen Kern-spintomographen sowie Entwicklung eines planaren Gradientenspulensystems. Ph. D. thesis, RWTH Aachen University

［6］Felder J（2004）Design and optimisation of RF frontend components for unilateral and mobile MR tomographs employing efficient. Linear Power Amplifiers. Ph. D. thesis, RWTH Aachen University

［7］Zinke O, Brunswig H（eds）（1999）Hochfrequenztechnik, vol 2, 5th edn. Springer, Berlin 8. Peterson DM, Duensing GR, Fitzsimmons JR（1997, Jan）MRI basics and coil design principles. RF design, 56-64

［8］Suddarth S（1998, Aug）A method for matching high-temperature superconductor resonators used for NMR signal pickup at 400 MHz. IEEE Trans Biomed Eng 45（8）：1061-1066

［9］Raad A, Darasse L（1992）Optimization of NMR receiver bandwidth by inductive coupling. Magn Reson Imaging 10：55-65

［10］Peterson DM, Wolverton BL（2002）Simulation and analysis of balanced matching circuits at 3 Tesla. Proc 10th scientific meeting Intl Society for Magnetic Resonance in Medicine, May 2002, Hawaii, USA, page 885

［11］Hirata H, Ono M（1997, Sep）Impedance-matching system for a flexible surface-coil-type resonator. Rev Sci Instrum 68（9）：3528-3532

［12］Texas Instruments（2001, May）Technical application report. Radio frequency identification systems

［13］Roemer PB et al（1990）The NMR phased array. Magn Reson Med 16：192-225

［14］Reykowski A, Wright SM, Porter JR（1995）Design of matching networks for low noise preamplifiers. Magn Reson Med 33：848-852

［15］Ullmann P et al（2005）Experimental verification of transmit SENSE with simultaneous RF transmission on multiple channels. Proc 13th scientific meeting Intl Society for Magnetic Resonance in Medicine, May 2005, Miami Beach, USA, page 15

［16］Krauss HL, Bostian CW, Raab FH（1980）Solid state radio engineering. Wiley, New York, NY

［17］Kenington PB（2000）High-linearity RF amplifier design. Artech House, Bristol

［18］Cripps SC（1999）RF Power amplifiers for wireless communications. Artech House, Bristol

［19］Cripps SC（2002）Advanced techniques in RF power amplifier design. Artech House, Bristol

［20］Breed GA（1993, Aug）Classes of power amplification. RF Design

［21］Raab FH（1987, Sep）Efficiency of doherty RF power-amplifiers. IEEE Trans Broadcast 33（3）：77-83

［22］Raab FH（1985, Oct）Efficiency of outphasing RF power amplifier systems. IEEE Trans

Commun 33 （10）： 1094-1099

［23］ Raab FH, Rupp DJ（1994）High-efficient single-sideband HF/VHF transmitter based up-on envelope elimination and restoration. International Conference on HF radio systems and techniques, pp 21-25, July

［24］ Hannington G, Chen PF, Asbek PM, Lawrence LE（1999, Aug）High-efficiency power amplifier using dynamic power supply voltage for CDMA applications. IEEE TransMicrow Theory Tech 47（8）： 1471-1476

［25］ Chan F, Pauly J, Macovski A（1992）Effects of RF amplifier distortion on selective excitation and their correction by prewarping. Magn Reson Med 23： 224-238

［26］ Crols J, Steyart SJ（1998, Mar）Low-IF topologies for high-performance analog front ends of fully integrated receivers. IEEE Trans Circ Syst II 45（3）： 269-282

［27］ Zverev AI（1967）Handbook of filter synthesis. Wiley, New York, NY

［28］ Gittinger NC（1991, June）Analog signal compression circuit. United States Patent 5023490 30. Oppenheim AV, Schafer RW（1989）Discrete-time signal processing. Prentice Hall, Upper Saddle River, NJ